面向21世纪课程教材
Textbook Series for 21st Century

LANDSCAPE ARCHITECTURE DESIGN
园林建筑设计 第二版

成玉宁 主编

中国农业出版社
北　京

内容简介

本教材采取分类法,集中分析各类园林建筑的基本特点,从环境、功能、空间、造型及细部着手,分类讲解园林建筑的设计方法、程序与技巧,并就园林建筑的地方特点、形式与风格、技术与创新及其表现方法等做深入探讨。本教材可供风景园林(景观学)专业教学使用,同时也可供建筑学及城乡规划专业师生及相关从业人员参考。教材主要内容有:园林建筑设计总论;各类园林建筑设计的方法与技巧,包括入口建筑、休憩建筑、服务小建筑、餐饮建筑和展陈建筑等。教材收录了园林建筑实例60余例,共附图和照片1 000余幅,每个实例均以图解分析及文字加以说明。

■ 第二版更新工作人员名单

统筹者　成玉宁
参与者　樊柏青　方煜昊　程子倩
　　　　张　宁　顾　佳　李维娇
　　　　王思远　郎蕾洁

■ 第一版编审人员名单

主　编　成玉宁
编　者（按姓氏笔画排列）
　　　　王胜永（山东建筑大学）
　　　　王晓俊（东南大学）
　　　　成玉宁（东南大学）
　　　　伊宏伟（邢台职业技术学院）
　　　　杜　娟（山东建筑大学）
　　　　张　浪（上海绿化管理局）
　　　　陈　烨（东南大学）
　　　　陈永生（安徽农业大学）
审　稿　杜顺宝（东南大学）
　　　　单　踊（东南大学）

第二版前言

党的二十大报告指出："中华优秀传统文化源远流长、博大精深，是中华文明的结晶。"中国园林文化底蕴深厚，园林建筑更是几千年中华优秀传统文化的瑰宝，是全人类共同的物质和精神财富。

《园林建筑设计》自2009年3月出版以来，已在全国30多所高等院校中使用。由于风景园林学科专业的实践应用性，随着园林科技水平的不断提高、园林建筑施工技术的不断更新，新园林建筑材料的不断出现，教材部分内容须进一步修订，以适应创新型人才和创业型人才培养的需求。另外，各地园林建筑设计课程的办学规模、资源优势、办学特色及培养目标不尽相同，为寻求符合不同地域背景与学科特色的教学目标，本教材从满足新时期教学改革与实践的需要出发，总结多年教学经验，广泛征求了园林、风景园林、建筑学、城乡规划等专业的专家和教授的意见，编写而成。

园林建筑多为形体小巧、功能简单、形式丰富并承载点景、观景及休憩功能的一类建筑。作为风景园林环境中的重要组成要素，园林建筑设计的主要价值是为人们提供一个良好的娱乐休闲、亲近自然、满足人们回归自然愿望的场所，是丰富景观环境、改善城市生活环境的重要措施。与普通民用建筑相比较，园林建筑有其独有特征，一方面需要满足常规建筑的功能，另一方面则更多地需要融于景观环境，因此园林建筑的选址、规模的调控、形态的生成离不开景观环境的支撑，因而在设计方法上具有一定差异。园林建筑的设计总体上遵循由环境到功能到结构选型，最后到细节处理这一设计流程。

其一，好的园林建筑设计是与场地融合的，是有机且有序的，建筑所处的环境决定了其位置、体量、形态、布局等。首先，景观建筑从属于环境，而非建筑师个人风格特征的展示，将其所处的地理空间作为建筑构思的最大依据；其次，设计师应从场地出发寻求属于场地的设计逻辑，以及引领性线索，彰显场地的固有特征。

其二，在生成园林建筑体块的基础之上，形成功能、流线。环境决定了建筑体量、位置、形态，功能则是由人的需求决定。当建筑的功能属性确定后，内部空间及流线组织则要遵循该类功能建筑的共性特征和相关规范，并与建筑体量有机结合。

其三，园林建筑的结构选型须从属于外部的表现形式和内部的空间表达。设计师通过确定恰当的结构选型来表达和强化园林建筑的形体，起到功能引导的作用，同时也需要兼顾实用与安全。建筑技术在此过程中给予了有力的支撑作用。

最后，细节设计是对园林建筑的进一步完善，细节设计很大程度上由功能来决定，功能决定了细节，最终也能转换成建筑造型的一部分。

园林建筑设计的四个步骤之间紧密联系、交互作用，可以有效引导设计思路的形成。本教材针对园林景观建筑，以景观环境、建筑功能、文化特征为前提，设计建筑的空间形态与容量。运用聚类法，集中分析各类园林建筑的共性特征，并结合中外优秀的园林建筑实例加以全面、详细阐述，就其地方特点、形式与风格、技术与创新及其表现方法等做深入探讨，系统地介绍了园林建筑设计的技巧与方法。

教材第二版的编写由成玉宁统筹，对第一版教材的不足之处做了调整，并更新了设计案例，东南大学建筑学院研究生樊柏青、方煜昊、程子倩、张宁、顾佳、李维娇、王思远、郎蕾洁参与了本教材的校对及案例更换工作，在此一并致谢。

成玉宁
2023年7月

第一版前言

当前风景园林（景观学）专业在我国得以空前发展，不论是农林院校、建筑院校还是艺术院校都纷纷开办风景园林专业。由于各类学校的专业背景不同，其相关课程的设置侧重点不尽相同，但园林建筑设计均作为专业必修课程。一方面是专业教学亟须具有普遍适用性的园林建筑设计教材；另一方面，改革开放以来，园林建设事业日趋兴旺，涌现出了一大批优秀的园林建筑设计作品，因此编写一部能够反映当代园林建筑设计新进展同时又满足各类院校风景园林专业教学要求、具有较强实用性的园林建筑设计教材迫在眉睫。

由于园林建筑属于小型公共建筑，既具有普通建筑的特点，又具有鲜明的园林建筑个性。因此园林建筑又具有相对特殊的设计技巧与方法。对于广大风景园林专业的学生而言，深入研究园林建筑的基本特征、掌握园林建筑设计的基本技能是从事园林建筑设计及景园规划设计的必备专业条件。

园林建筑一般体量不大，功能也较简单，因而其建筑组合的可能性相对于大型建筑要小得多，加之景观环境及视觉要求很高，因此，园林建筑设计有一定的特殊性与难度。作为一类特殊的公共建筑，园林建筑类型十分丰富，而相同类型的建筑往往具有类似或相近的设计方法。从这一角度来看，以相类似建筑作为研讨对象，通过对个案的解剖、类比分析，实现对一类建筑的了解，从而归纳出共通的设计方法，具有触类旁通的功效，以达到提高教学效率、改进教学效果的目的。另外，不同院校园林建筑设计课程的设置学时数长短不一，相应的师资配备也有差异，因此依据建筑的功能由简单到复杂，教材内容呈梯度编排也是为了适应当前教学实际的需要，不同类型的院校可根据各自情况灵活使用。景观环境中因为构成需要而有不同类型的园林建筑存在，对于以园林规划设计为主要教学目标的院校而言，可能并不一定要求学生深入掌握诸如"展陈建筑"这一类功能相对较复杂的单体建筑的设计，但全面地了解不同类型的园林建筑（包含较复杂的建筑）及其对环境的要求，对恰当地规划建筑选址、布局，包括确定建筑的规模以及有效地与专业建筑师开展合作都具有重要意义,这正是本教材以建筑类型为编排线索的主要思考。基于上述原因,建议第一、二、三、四章适宜学时数64,第五、六章学时数64。

本教材共分为六章,各章编著者分工如下:

第一章　园林建筑设计总论　成玉宁

第二章　入口建筑　张浪、伊宏伟、陈永生

第三章　休憩建筑　王晓俊

第四章　服务小建筑　王胜永、杜娟

第五章　餐饮建筑　成玉宁

第六章　展陈建筑　陈烨

全书由成玉宁负责统稿。

本书承蒙东南大学杜顺宝教授、单踊教授审阅初稿并提出宝贵修改意见,南京市园林规划设计院李浩年院长提供了该院设计项目的相关资料,在此一并致谢。

成玉宁　于东南大学

2008年8月

目 录

第二版前言
第一版前言

第一章 园林建筑设计总论 1

第一节 景观与园林建筑设计 1
一、园林建筑及其特点 1
二、景观环境与园林建筑设计 3
三、园林建筑的类型 6
四、园林建筑的设计过程 10

第二节 园林建筑设计的方法与技巧 13
一、场地分析 13
二、建筑平面与功能 19
三、建筑形态的生成（造型语言） 20
四、整合设计 33

第三节 结构选型与园林建筑设计 39
一、结构形式与建筑功能及造型 40
二、框架结构 40
三、混合结构 41
四、木结构 41
五、钢结构 42
六、空间结构 44
七、膜结构 45

第四节 设计思维与表达 47
一、园林建筑设计思维 47
二、园林建筑设计表达 50

第五节 园林建筑发展与创新 52
一、《营造法式》《工程做法则例》《清式营造则例》及《营造法原》 52

二、传统园林建筑的类型 ··· 54
　　三、民族风格园林建筑的发展与创新 ·· 55

第二章　入口建筑 61

第一节　入口建筑的作用和分类 61
　　一、入口建筑的作用 ··· 61
　　二、入口建筑的分类 ··· 63

第二节　入口建筑的设计要求及方法 67
　　一、入口建筑的设计要求 ··· 67
　　二、入口建筑的设计方法 ··· 69

第三节　入口建筑的布局 72
　　一、入口建筑的选址 ··· 72
　　二、入口建筑内外广场的设计 ··· 75

第四节　入口建筑本体设计 82
　　一、大小出入口的布局设计 ··· 82
　　二、大门出入口的宽度设计 ··· 83
　　三、大门出入口的立面形式设计 ··· 85

第五节　入口附属建筑设计 90
　　一、售票室、收票室、门卫室和管理室设计 ··· 90
　　二、小型服务设施建筑设计 ··· 93

第六节　案例 94
　　一、邳州人民公园入口 ··· 94
　　二、黄遵宪纪念公园入口 ··· 96
　　三、南京白马石刻公园主入口 ··· 98
　　四、西安大唐芙蓉园入口 ··· 99
　　五、南京花卉公园主入口 ··· 102
　　六、北京玉渊潭公园西门 ··· 104
　　七、昆明呈贡洛龙公园入口 ··· 106

第三章　休憩建筑 107

第一节　休憩建筑的功能和特点 107
　　一、功能 ··· 107
　　二、特点 ··· 109

第二节　休憩建筑设计要点 110
　　一、选址与布局 ··· 110
　　二、建筑与地形 ··· 113

三、建筑与植物···115
第三节　亭榭···116
　　一、亭的造型与体量···116
　　二、榭的造型与体量···135
　　三、亭榭的设计···139
第四节　廊··145
　　一、功能···145
　　二、廊的造型与体量···145
　　三、廊的设计··152
第五节　楼阁···159
第六节　实例···166
　　传统园林建筑的延续··166
　　一、南京珍珠泉鱼乐轩··166
　　二、苏州沧浪亭看山楼··168
　　三、苏州网师园月到风来亭···169
　　四、南京煦园夕佳楼···170
　　五、苏州拙政园香洲···172
　　1949年至20世纪90年代的传承与创新···174
　　六、无锡锡惠公园垂虹爬山游廊···174
　　七、上海南丹公园伞亭水榭···176
　　八、马鞍山雨山湖公园水榭···178
　　九、桂林芦笛岩水榭···180
　　十、桂林杉湖湖心亭、榭··182
　　20世纪90年代至当代的更新··185
　　十一、南京航空航天大学校园休息廊··185
　　十二、南京古林公园晴云亭···187

第四章　服务小建筑··189

第一节　服务小建筑概述··189
　　一、服务小建筑的内涵··189
　　二、服务小建筑的选址··190
　　三、影响服务小建筑设计的因素···194
第二节　游船码头设计···197
　　一、游船码头的选址···197
　　二、游船码头的功能及组成···203
　　三、游船码头的设计···204

四、游船码头实例 ··· 209
第三节　游览索道站设计 ··· 210
　　一、游览索道选线 ··· 210
　　二、游览索道站房设计 ·· 210
　　三、索道站房设计实例 ·· 211
第四节　售货亭设计 ·· 214
　　一、售货亭选址布局和功能要求 ·· 214
　　二、售货亭造型设计 ··· 214
　　三、售货亭设计实例 ··· 217
第五节　园厕设计 ·· 218
　　一、园厕选址 ·· 218
　　二、园厕造型设计 ··· 218
　　三、园厕平面设计 ··· 221
　　四、园厕设计要求 ··· 222
　　五、园厕设计实例 ··· 228

第五章　餐饮建筑 ·· 234

第一节　餐饮建筑与景观环境 ·· 234
　　一、餐饮建筑的选址 ··· 234
　　二、建筑布局 ·· 238
　　三、餐饮建筑的设计规范 ·· 241
第二节　餐饮建筑的功能构成 ·· 242
　　一、餐厅建筑 ·· 242
　　二、茶室建筑 ·· 250
第三节　餐饮建筑的空间构成 ·· 253
　　一、空间布局的原理 ··· 253
　　二、空间布局与功能 ··· 253
　　三、空间布局与建筑形体 ·· 254
第四节　实例 ·· 256
　　一、南京老山国家森林公园餐厅 ·· 256
　　二、淮安中州公园餐饮休闲中心 ·· 256
　　三、淮安楚秀园人和酒家 ·· 262
　　四、苏州石湖风景区桃花岛游客中心 ·· 265
　　五、盐城市大丰区银杏湖公园餐厅 ·· 269
　　六、南京雨花逐梦江淮餐厅 ··· 274
　　七、南京中山陵园梅花山茶餐厅 ·· 275

八、南京玄武湖公园白苑餐厅 278
　　九、宿迁市河滨公园茶餐厅 279
　　十、葡萄牙波·诺瓦餐厅茶室 281
　　十一、连云港花果山屏竹禅院 284
　　十二、浙江建德习习山庄 285
　　十三、常熟市尚湖风景区望虞台 288
　　十四、伦敦海德公园茶室 296
　　十五、盐城市二卯酉河景观带茶餐厅 297
　　十六、福建漳浦西湖公园茶室 209
　　十七、南京古林公园牡丹园茶室 300
　　十八、松江方塔园何陋轩（茶室） 302
　　十九、广州白云山凌香馆冰室 305
　　二十、黄河小浪底公园茶室 307
　　二十一、桂林隐山茶室 309

第六章　展陈建筑 311

第一节　展陈建筑的主要种类 311
　　一、书画类 313
　　二、纪念类 315
　　三、民俗文化类 315
　　四、科技类 316
　　五、杂项展览类 316
　　六、动、植物展示类 318

第二节　展陈建筑的基地环境 322
　　一、基地环境的基本要求 322
　　二、景观环境与设计创意 322

第三节　基本设计要点 329
　　一、总体布局 329
　　二、功能与布局 331
　　三、流线组织 331
　　四、空间组织 332
　　五、空间设置 333

第四节　技术设计要点 334
　　一、结构特点 334
　　二、采光照明 336
　　三、展示空间设计 337

四、库房设计 339
　　五、动、植物生境设计 340
第五节　造型与环境 352
　　一、材料与技术的要求 352
　　二、景观评价的要求 352
第六节　实例 353
　　一、邓小平故居陈列馆 353
　　二、昆明世博会人与自然馆 356
　　三、威尔士国家植物园大玻璃温室 358
　　四、石家庄盆景艺术馆 359
　　五、英国纽卡斯尔植物园温室 361
　　六、重庆南山植物园展览温室 362
　　七、贝耶勒基金会博物馆 364
　　八、"昆蒂利尼别墅"考古发现储存间 366
　　九、广州动物园河马池 368
　　十、上海动物园虎山 369
　　十一、上海虹口公园艺苑 370
　　十二、上海复兴公园展览温室 371
　　十三、萧娴纪念馆 372
　　十四、林散之纪念馆 374
　　十五、福建漳浦西湖公园民俗馆 380
　　十六、高二适艺术馆 383
　　十七、林散之艺术馆 386
　　十八、昆明西华园标本陈列室及接待室 390

主要参考文献 392

第一章 园林建筑设计总论

第一节 景观与园林建筑设计

一、园林建筑及其特点

建筑空间是通过人为手段所创造的人工环境,建筑空间建造的目的,就是为了满足人们的使用及心理需求,园林建筑的特殊性就在于其既是观景的设施又是被观赏的对象,具有"观"与"被观"双重属性。所以园林建筑设计的出发点是"观景"与"造景",营造自然和舒适的游憩环境。园林建筑大多处于自然或人工环境之中,具有亲近自然的倾向。从景观环境出发,山水树木等环境要素均为园林建筑设计的源泉。追求与景观环境的和谐,融入并强化景观环境固有的肌理与特征,重组、建构园林建筑与环境之间和谐的新秩序,是园林建筑设计的最基本准则。

从事园林建筑设计需要具备项目前期策划、建筑设计方案和建筑施工图绘制的能力;具备一定的科学研究能力及对各类建筑从使用功能、空间组织、建筑造型、场地环境、技术经济等方面进行分析、综合、优选评价、建筑构造的能力;同时需要灵活运用建筑结构及建筑设备的基本知识。从环境、功能、空间、造型及细部构造着手,学习园林建筑的基本设计方法、程序与技巧。在此基础上,进一步研讨园林建筑的地方特点、形式与风格、技术与创新及其表现方法等,实现由"学步"到"创造"的飞跃。

生物学提供了"形态学"的概念,由此而有了"仿生"的概念,除了形态和功能的意义外,还拥有自然力和类神经的网络等内在机理的相关启示。从西班牙高迪的诡异的建筑到美国赖特的有机建筑,在很大程度上都是受到自然的启发而产生的灵感。"有机的"作为重要的生物学概念被引入建筑设计,从而使建筑与环境成为一个有机的整体,建筑不再是独立的物体而是所处环境的一部分,其形态必然随着环境的空间特征、自然过程而不断地变化。就有机建筑而言,则指由内而外发展的建筑,它与其存在的条件相一致,与环境天然融合,整体性、和谐性是有机建筑的基本特征。设计者具备的不仅仅是出众的敏锐感,还需要协调性。建筑与生物共同具有这四个特点:有机体与环境,器官的相互作用,形式与功能的关系,生命力本身的原理。

园林建筑形象并不是独立存在的,它必须与环境、技术紧紧相关联。赖特于1936年设计建造的"流水别墅"是其"有机建筑理论"的代表作,其最成功之处是强调钢筋混凝土运用及其建筑造型与周围自然风景紧密结合,建筑如同自然生长出的一般。流水别墅是建筑与景观环境积极融合的典范。

清人袁枚在《峡江寺飞泉亭记》中称"飞泉亭"的景观特征:"登山大半,飞瀑雷震,从空而

图1-1-1 拙政园中的扇面亭"与谁同坐轩"成功地起到了点景作用
（彭一刚，中国古典园林分析，1999）

下，瀑旁有室，即飞泉亭也。纵横丈余，八窗明净，闭窗瀑闻，开窗瀑至。人可坐可卧，可箕踞，可偃仰，可放笔砚，可瀹茗置饮。以人之逸，待水之劳，取九天银河置几席间作玩，当时建此亭者其仙乎！"短短的文字对园林建筑的特点、选址、尺度、功能、意境等做出了生动的描述。园林建筑通常具有以下作用与特点。

1. 点景　园林建筑作为被观赏的对象，通常既是景观节点，又起到点景作用。即通过有意识地设置园林建筑引起游人对某一景观区域关注。因此园林建筑与风景环境融合，起到了强化景观特征、丰富景观内容的效果。此时的园林建筑成为该区域主要景观的构成部分，建筑在景观环境构图中具有画龙点睛的功效，此类园林建筑的设计可以适度夸张表现。"点景"可以强化自然环境和自身景观，从建筑场论的角度来看，"点景"建筑首先在构图上占据了"力场"的中心点，可以起到控制全局的作用；点景的作用更在于自然环境景观意义上意境的升华，创造出不同环境条件下景观的特殊意境。（图1-1-1）

2. 观景　建筑可供游人长时间停留，因而是观赏景物的理想场所。景区的主题体现在所要表现的景观上，建筑为赏景而设，因此园林建筑的选址、布局、朝向、门窗开设均以观景面、观景视线为主要考虑对象，不仅如此，建筑的体量、布局的显隐均应视景观环境而定。作为观赏园内外景物的场所，一栋建筑常成为观赏景观的停留点，而一组建筑物与游廊相连则成为动观全景的观赏线。因此，建筑朝向、门窗位置及大小均要考虑实现视域的要求。（图1-1-2）

3. 组景　建筑较之于自然环境要素更易于加以人工控制，因此建筑成为园林中组织空间的重要手段。园林中常以建筑组合形成系列空间的变化，如传统园林中以建筑构成院落及以游廊、花墙、洞门等组织空间、划分空间，留园、拙政园入口空间的组织均为典范。

园林建筑设计作为一门综合性的科目，学生不仅要学习建筑设计的基本技法、相关技术、建筑材料、设计规范以及表达技巧等单纯"设计"的内容，更应学会熟练地分析研究基地环境的方法，从中寻求园林建筑设计的契机。因此需要充分研究景观环境的地貌地形、空间形态、围合尺度、植被、气候等要素，同时对软环境要素也应加以充分的研究，诸如历史、文化、语言、社会学、民俗学、行为心理等，从软、硬两个方面着手分析建筑设计的出发点与依据，因此园林建筑设计是一门综合性极强的课程。因此园林建筑设计是一个通过对场地进行分析，针对景观构成的要求，同时依据其建筑功能的要求、建造所用的技术及材料等，对建筑物从平面、外观立面、内部空间以及建筑与景观环境的关联，从无到有建立起新的秩序的过程。学习园林建筑设计，应加强理论与实践相结

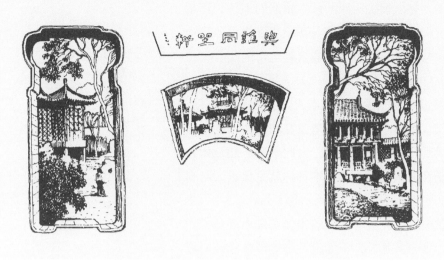

图1-1-2　拙政园中的扇面亭"与谁同坐轩"漏窗起到了很好的框景与观景的作用

(彭一刚，中国古典园林分析，1999)

合，强化实践环节教学，注重培养学生的动手能力，侧重对园林建筑设计方法的训练，达到举一反三、触类旁通的学习效果。现在获取世界各地的建筑信息相对于历史上其他任何时代都更加便捷，全面研究优秀的建筑师及其成功案例是学习建筑设计的重要途径之一。然而，如果沉湎于"庞大"的信息量，或"裁剪拼贴"，或"惟妙惟肖"模仿，忽视对基本设计方法与创造性思维的学习，则不可能成为一名合格的园林建筑师。

二、景观环境与园林建筑设计

追求园林建筑与自然、建筑与城市、建筑与人之间的和谐关系，相互尊重，彼此交融，是园林建筑设计的最高境界。建筑与人们生活及环境息息相关，建筑本身就是功能与空间、形体与环境、科学与艺术的结合。感受并参与到存在于我们周围的文化延续性之中，设计出来的建筑自然会带有这种文化的味道。这种情境不是刻意追求出来的，而是在建筑中的自然流露。了解我们自己的传统建筑风格，学习和了解我们的祖国及其文化，注重各地的空间形式探索、气候特征和生活方式以及风俗习惯对建筑的影响。例如，岭南与江南、东北地区相比较，在气候、景观环境上均存在差异。气候上，岭南炎热潮湿，江南温润多雨，东北则干燥多风，反映在建筑形式上，岭南建筑出檐较大、空透，江南建筑轻巧质朴，北方建筑则厚重沉稳，这样一些客观存在的自然条件的差异是促成建筑风格形成的基本原因。(图1-1-3)

实践是园林建筑设计教学的重要环节，是纯理论讲授教学无法取代的。园林建筑设计课程应当鼓励"真题假做"，即从真实的环境中探讨园林建筑设计基本方法以及生成多方案的途径。这样的方式有助于培养学生的环境意识，使其学会从环境中寻求设计的切入点。园林建筑设计应当遵循环境→空间→建构的基本思路，从景观环境空间出发探讨建筑空间的生成。突出场所对建筑限定作用的景观与建筑结合的一体化设计思路，从感性着手，结合理性的思维，突出解决问题的基本技能的训练。理解完整的设计过程必然是园林建筑与环境相互作用、环境空间思维模式与建筑结构及材料的合理运用的结合，技术是创造建筑空间的基本保障。

园林建筑设计追求的是建筑与环境的和谐、互动，因地制宜不仅仅是概念，它具有适应性和独特性的双重意义。由于景观环境具有可变性，因此景观与建筑始终处于动态的平衡之中。建筑的根本目的就是促进人与自然的互动，而不是阻隔两者的联系。（图1-1-4）

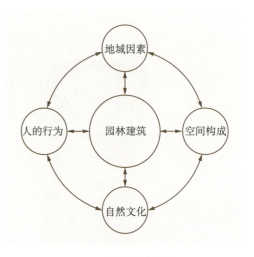

图1-1-3　园林建筑与伴生因子

园林建筑设计应充分考虑建筑本体与周边环境、大自然的融合、参与、互补，例如设计山地园林建筑时应考虑如何呼应周边的岩石、森林，使用木材、石材等自然材料，可以求得建筑与自然的和谐，同样也可以使用钢筋混凝土、金属和玻璃等完全人工化的材料与自然景观环境进行"对话"。同样，滨水建筑可以采用水平向体块组合，也可以适度地通过竖向变化加以表现，关键在于建筑形体与环境关系应处理得当，并无统一的设计模式。因势随形构建园林建筑，不同的建造方式均可以取得建筑与环境的统一。

园林建筑形象的生成离不开景观环境，建筑与环境是一对矛盾的统一体。建筑需要环境作为它的存在依据与条件，反之，建筑也对环境产生一定的影响，促进环境的发展变化。人工的建筑作为空间环境的一部分，影响城市及自然景观环境。因此，建筑设计必须注重与环境的交流与互动。处

图1-1-4　融入茶园的茶室

理得当的园林建筑可成为所处环境的有机部分，提升整体景观环境空间品质，反之则会破坏环境。

环境是由物质景观环境（硬环境）和社会文化环境（软环境）两方面组成的。建筑一方面以实体的物质属性与自然环境共同构成人类赖以生存的物质空间；另一方面，它又承载着社会文化，成为人类文明的重要组成部分。体育场馆形象的创作不但要与硬环境相协调，更应注意对软环境的展现。许多优秀的体育建筑，其形象创作正是从环境入手，通过对其所处环境独特内涵的深入挖掘和巧妙利用而获得成功。

德国慕尼黑奥林匹克公园是为举办第二十届奥运会所建设的大型综合体育中心，基地原为废弃的机场，第二次世界大战后成为被炸建筑物的垃圾堆积场，表面凹凸不平。设计者没有简单地整平基地，而是根据环境特点因势利导，进一步在基地侧面挖掘人工湖，其土方用来有意识地强化地势的起伏，形成自然的环境氛围。大至各比赛场馆、小至露天剧场均有机地依托自然地势灵活布置，观众席利用坡地设置，很好地保持了基地的环境特点。建筑形象创作结合环境，通过使用张拉网结构和玻璃、钢、膜等材料，把巨大的建筑体量处理得如同湖边山坡上宿营的帐篷，连绵起伏、自由飘逸，极好地呼应了基地的环境特点，创造了极富景观特色的体育公园。（图1-1-5）

现代园林建筑设计是感性与理性的结合，一方面园林建筑较之于其他建筑类型更注重形式的美观，另一方面又必须是建造在对景观环境的保护与增色的基础之上，使当代技术与地域文化传统兼容并蓄。园林建筑设计需要满足三种基本需求，即功能需求、环境需求、审美需求，其中前两者来自对客观条件的理性分析，第三种则与设计者的修养及其对项目与景观环境的理解相关联。

园林建筑处于外部环境之中，受人工与自然环境要素的影响，因此，其设计应从整体出发，综合考虑建筑内部各要素以及建筑与人的行为心理、城市环境和自然环境之间的相互关系。建筑设计除满足其应具有的功能外，还受地域性的文化传统、民俗风情和地理、气候等人文及自然地理因素的影响。应将各种影响因素权衡比较，统筹兼顾，加以整合优化。建筑设计的基本出发点在于合理布局环境要素，淡化矛盾，美化环境，强化景观环境特征，经多方案比较，从中筛选出与景观环境最融洽的设计方案。建筑与环境这一对矛盾，呈现为双向互动的关联。一方面环境决定建筑，另一方面，建筑反作用于景观环境，对景观环境的整体优化是园林建筑设计的基本目的。

图1-1-5　德国慕尼黑奥林匹克公园

园林建筑的功能、形式与景观环境相统一。从功能上来说，建筑设计要满足各种实用需要，具有技术的特征；从形式上来说，建筑还要与所处景观环境协调统一，并满足人们审美欣赏的需要，具有艺术的特征。因此建筑设计离不开创造性思维，学习建筑设计不仅是掌握建筑设计基本程序，更为重要的是培养建筑创作能力。通常景观环境中的建筑设计应着重处理好两者间以下基本关系：

（1）园林建筑布局要因地、因景制宜，建筑选址除考虑功能要求外，更重要的在于利用地形、地貌，结合景观环境，力求与景观环境融和，和谐与共生是处理建筑与景观环境关系的最基本原则。

（2）园林建筑的空间建构，因地形之高下，灵活划分与组合空间。加强建筑与环境空间的渗透，淡化建筑空间的边界，形成"灰空间"，创造内外交融、富于变化的多义性空间。建筑形体及体量与景观环境的协调统一是设计准则。

（3）对于有一定功能要求的园林建筑而言，建筑形式与功能的契合是设计基本要求之一。在建筑形式与功能、"观景"与"景观"之间达成巧妙的平衡，恰当的建筑造型设计有助于强化与表现地域性景观特征。

三、园林建筑的类型

同类建筑个案往往具有相同、相近特征，其功能空间及其组合方式、流线结构相近似，因此依据功能之不同，对同类建筑加以解析，通过深入了解、研习某一特定类别的建筑的基本设计方法，可以有触类旁通之功，进而方便学习与教学。通常园林建筑大致有如下几种类型：

（一）休憩（观演）建筑

休憩（观演）建筑量大面广，为最常见的园林建筑。如园林中的亭、台、楼、馆、舫、廊、花架、露天剧场等大多为休憩建筑。这类建筑以供游人休息、游赏、观演为主要功能，除露天剧场外，一般体量较小，功能构成较单一。与环境的结合最为密切，形式变化多样，布局也最为灵活。（图1-1-6，图1-1-7，图1-1-8，图1-1-9）

（二）入口建筑

通常景观环境均设有出入口或标志，以引导人流、方便管理。往往入口标志类建筑及小品视觉形象个性鲜明，不仅作为景观环境的界定与引导，同时能够成为景观环境特征的象征。除了票务、管理、服务、问讯等基本功能外，将入口建筑作为地标，营造特色化的景观环境与场所感，增强景观的可识别性，引人入胜是现代景园入口建筑设计的主要目标。

江苏常熟尚湖风景区拂水堤南北贯穿湖面，是联系尚湖与虞山的重要纽带，湖区入口位于山水结合部，周围空间开阔，入口标志除了作为尚湖景区的入口界定外，还需起到联系山水的作用，设计以江南地区常见的牌坊为原型，将两组牌坊加以变形呈背向的双曲面体组合，一方面可以满足双向观赏的需要，另一方面可以避免使用单一的牌坊过于单薄，而难以与景观环境相呼应。（图1-1-10）

远景

平面图

舞台近景

图1-1-6 芝加哥千禧公园露天音乐厅

(引自 W.Mitchell III&Millennium Park Foundation)

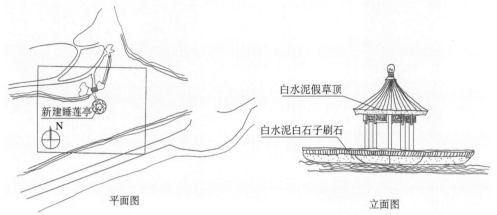

图1-1-7 南京百草公园睡莲亭

（立面图引自王庭熙、周淑秀，1994）

平面图　　　　立面图

图1-1-8 泰国公园驯蛇表演馆

图1-1-9 由伞与石凳构成"亭子"

南京老山国家森林公园七佛寺景区黄山岭入口的改造与塌方段整治工程相结合，统筹设计，利用现状地形突出了主入口的可识别特征。入口大门采用钢结构，覆以芦苇屋面，整体形象如起伏的山峦，质朴而清新。入口西部设有餐饮中心，采取院落式布局，因山就势，融入山林。（图1-1-11）

老山国家森林公园入口环境优美，繁茂的山林成为入口背景，近旁修竹婆娑，该入口设计因景制宜采用不规则式布局，以仿木构架象征"森林"，结合曲尺形仿木景墙、旱桥，入口标志与景观环境浑然一体。（图1-1-12）

（三）服务建筑

服务建筑是一类常见的景观建筑，具有体积小、数量多、分布广、功能相对单一的特点。常见的服务类小建筑有书报亭、小卖部、花店、游艺室、游船码头、索道站、观光车站、园厕、游客中心、小型旅馆等。它们造型小巧、色彩活泼、性格鲜明，与游人的活动密切相关，融使用功能与造景于一体，是景观环境中常见的园林建筑，起着重要的点缀环境的作用。游客中心是依据国家旅游局相关规定，于星级游览区与景点必设的服务类建筑。（图1-1-13，图1-1-14）

图1-1-10 常熟尚湖拂水堤入口标志

图1-1-11 老山国家森林公园七佛寺景区黄山岭入口

图1-1-12 老山国家森林公园入口标志

图1-1-13 南京山西路广场长廊

（四）餐饮建筑

餐饮建筑往往是景观环境中常见的一类较特殊的服务建筑，由于其功能相对较复杂，建筑由多种功能空间组成，如茶室、茶餐厅（简餐厅）、餐厅、俱乐部、主题会所等。其设计往往不仅要解决功能与流线问题，还要彰显环境特征，妥善处理物资运输、废水和废气等的排放与保护环境及建筑选址的矛盾。（图1-1-15）

图1-1-14 日本富士山五合目游客中心

图1-1-15 南京中山陵园青年餐厅

（五）展陈建筑

景观环境中建造小型的展陈建筑，如观赏温室、荫棚、动物园、盆景馆、科普馆、书画馆、纪念馆、雕塑馆等。这一类建筑虽然展示内容各异，功能空间组成不尽相同，但却有着类似空间结构与流线，也是景观环境中常见的组景要素（见第六章实例）。

四、园林建筑的设计过程

学习建筑设计方法，掌握园林建筑设计的基本理论和技能，在建筑设计与技术方面开展综合研究，以图纸为主结合适当的文字语言表达设计意图。建筑设计一般分为初步设计和施工图设计两个阶段，对于大型的、比较复杂的工程，还有一个技术设计阶段。通常在建筑初步设计阶段研究全面，但缺乏深度，建筑师需要抓住并解决主要矛盾，诸如建筑与景观环境关系的建构、功能的安排等，暂缓对次要的问题诸如细部、材料、色彩等展开深入的研究。对整个设计过程的把握与建筑师个人的知识面和经验的积淀有着很大的关系，不同的建筑师可能会从不同的角度着手方案研究。

通常园林建筑设计工作流程大致如下：工程投标或委托设计→设计策划→方案设计→各专业间互提资料→施工图设计→各级校审→设计文件交付→审图→设计交底→配合施工→竣工验收。其中较为复杂的园林建筑的方案设计经过初步设计、扩初设计后，再经由相关评审后方可进入施工图设计阶段。

1. **初步设计阶段**　初步设计的图纸和设计文件有：
(1) 建筑总平面。
(2) 各层建筑平面及主要立面、剖面。
(3) 说明书。
(4) 建筑概算书。
(5) 根据设计任务的需要，可能辅以建筑透视图或建筑模型。

2. **技术设计阶段**
(1) 明确建筑物整体和各个局部的具体做法，各部分确切的尺寸关系。
(2) 结构方案的计算，各种构造和用料的确定。
(3) 各种设备系统的设计和计算，技术工种之间各种矛盾的合理解决。
(4) 设计预算的编制。

对于不太复杂的工程，技术设计阶段可以省略，将这个阶段的一部分工作归入初步设计阶段。

3. **施工图设计阶段**　施工图设计的图纸及设计文件有：
(1) 建筑总平面。
(2) 各层建筑平面、各个立面及必要的剖面。
(3) 建筑构造节点详图。
(4) 各工种相应配套的施工图。
(5) 建筑、结构及设备等的说明书。
(6) 结构及设备的计算书。

(7)工程预算书。

由于园林建筑的特殊性,通常在确定了项目性质和大体发展概念以后,景观规划设计师开始对地段进行初步的规划设计,包括大致的功能分区、道路选址、建筑物的朝向与布局模式、经济因素给空间布局带来的影响等,在综合考虑以上内容的条件下形成若干可供选择的方案,便于从中选出或者汲取不同方案的优点综合出最优方案。这个阶段可采取现场快速设计的工作方式,强调多方案草图的比较。

在总体规划方案获得批准之后,开始进行场地的具体设计,包括落实具体的项目、推敲场地的功能和形态,建筑师开始敲定建筑形体和规模,同时为潜在的需求留出发展用地。在此阶段,各个相关专业(例如结构、给排水、电气等)开始介入,协调方案的优化。

中国传统造园不仅关注建筑和景观,而且将建筑、景物与其他自然现象或人为事件联系在一起,从而使建筑具有鲜明的人文特征。人们对环境的认识方法是极为相似的,通过整合化的设计思维,在建筑物的不同要素之间(部分之间)、建筑与景观环境之间建立起关联。如当描述某建筑环境时,实际上是描述不同环境要素之间的相互关系,由于建筑与景观环境要素间存在相互关联性,通过比较,从而判断建筑环境和谐与否;同样,建筑的不同组成部分之间也需要研究其关联性。由于不存在适用于所有建筑设计的唯一标准,因此,进行多设计方案的"比较",是评价与区别建筑设计方案优劣的最基本有效的途径。(图1-1-16,图1-1-17,图1-1-18,图1-1-19,图1-1-20)

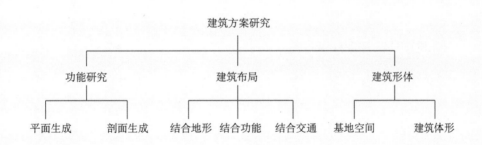

图1-1-16 设计过程——方案研究

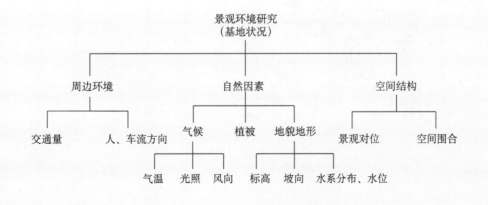

图1-1-17 设计过程——环境研究

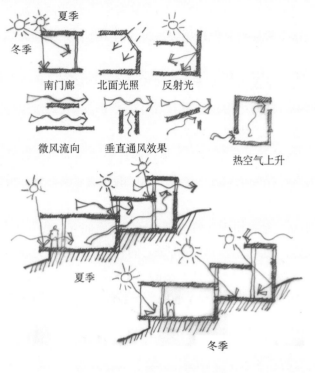

图 1-1-18　建筑与环境因素

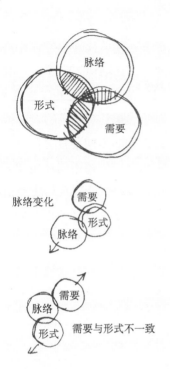

图 1-1-19　功能、形式与环境的相互关系

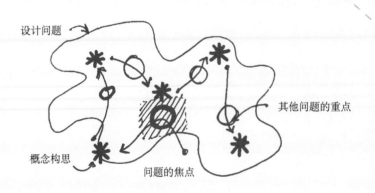

图 1-1-20　建筑设计问题与焦点

第二节　园林建筑设计的方法与技巧

建筑大师格罗皮乌斯说过："方法比信息更重要。"明代造园家计成也有"造园有法无式"一说，所谓"得法"，即设计者能够熟练地运用园林建筑空间构成的规律。因此，有必要倡导重方法、求创新的正确的园林建筑创造方向。在高度信息化和网络时代，建筑设计资料极为丰富，应杜绝"裁剪拼贴"或"惟妙惟肖"模仿。在深入了解景观环境的前提下，剖析案例建筑，知其然更应知其所以然，在此前提下向优秀的建筑师学习设计方法与技巧，是学习建筑设计的渠道之一。掌握有关建筑设计的基本理论和原理，进一步熟悉建筑设计的思考方法和工作方法。掌握功能分析、流线组织、内外空间安排、结构构成等内容。训练徒手绘画技巧并提高建筑图的表现能力。通过由简单到复杂的循序渐进的练习，逐步建立起一套科学且可操作的设计思维体系与方法是园林建筑设计教与学的重点。

创造性思维的训练和创造方法的学习是创造性地解决建筑设计问题的基础，在园林建筑设计基础课程中着重进行联想、想象、类比、发散思维与收敛思维、正向思维与逆向思维等设计思维方法的训练。在建筑设计过程中，隐喻和类比能提供真正有价值的观念，这些观念能产生强烈的心理意象，形成设计的创造性立意，同时这些方法有助于设计立意的细化。构思新颖的建筑大师们都是利用隐喻的高手，在构思的表达上他们往往赋予建筑符号新的内涵，在光影的变化中创造富有诗意的建筑空间。例如亭子设计，计成在《园冶》中说，"亭者，停也。所以停憩游行也"。亭子是供人歇息休憩的设施，这是亭子的基本功能，至于建筑形式的生成则主要受景观环境、地域环境和文化氛围的影响，离开了环境园林建筑设计便无从谈起。树立起牢固的功能分析、环境分析意识，学会从环境中寻求设计线索，掌握并灵活运用设计图式表达的基本功。

一、场地分析

（一）选址与景观构成

看似散乱无序的景观环境尤其是自然景观环境，却存在着一定的"规律"或"秩序"，自然环境是有机的整体，理解、认知环境是园林建筑设计的前提。于景观环境中设计建筑，需要将建筑转变成景观环境的一部分，两者共同构成和谐统一、节奏明晰、层次丰富、序列完整的园林景观空间。将理景的范围从建筑扩展到外部的景观环境中，形成园林建筑特有的景观环境氛围。有机建筑理论强调建筑与环境的整体性，建筑与景观环境共生是园林建筑设计最基本的思路，在历史及中外优秀的园林建筑设计案例中得到了验证。（图1-2-1）

就室外景观环境而言，中国传统的园林建筑布局讲究"因势随形"，即顺应山水空间形态及其走势，建构建筑小品，突出强调建筑与景观环境的契合。如环秀山庄的问泉亭、网师园的射鸭廊（图1-2-2）等无不是因借景观环境的佳构。从"环境"着手是园林建筑设计的主要渠道。就室内而言，建筑需要为游客提供最佳的观景面和观景视角。南京老山国家森林公园餐饮中心很好地利用了原生的植物景观，巧加建构，将自然景观组织到庭园中，大小餐厅均有良好的景观朝向。

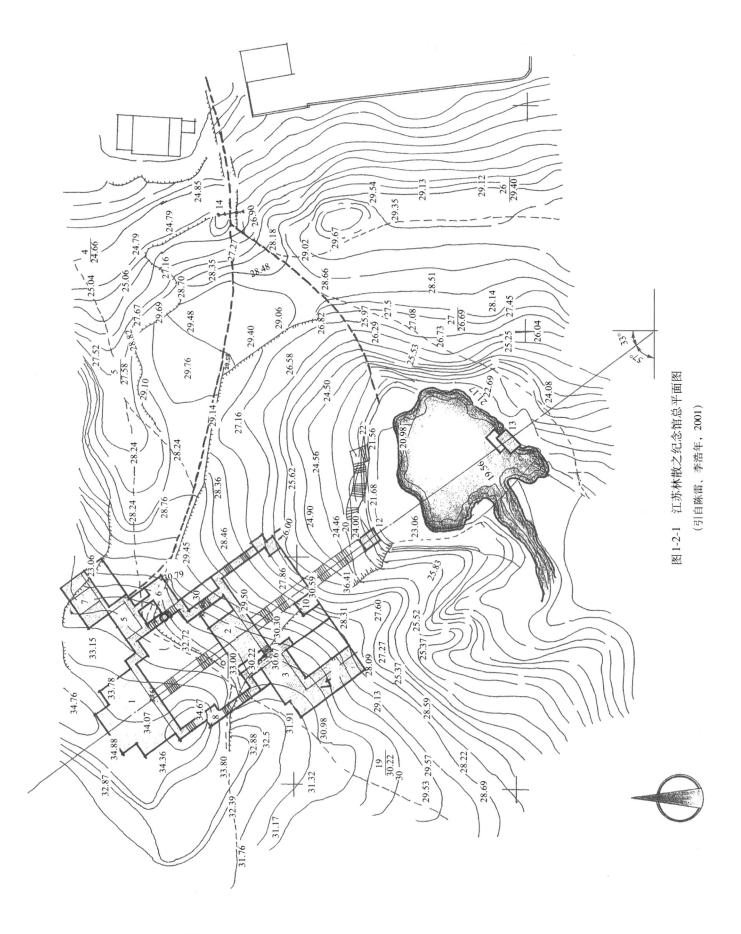

图 1-2-1 江苏林散之纪念馆总平面图
（引自陈雷、李浩年，2001）

图1-2-2 网师园射鸭廊

环境的生态学观点还强调环境包含文化的美学价值，环境可向人们传递、表现大量美学信息，环境是哺育人们在智力、品德、社会和精神方面成长的摇篮。一个理想的景观环境蕴藏着丰富的信息，这些信息可以通过不同形式来表达和传送。通过研究自然的机理，建筑设计基本方法应包括遵从建筑基本功能、尊重地域传统、追求建筑的经济性、尊重多层次环境、遵循形体与空间形态美的基本法则等。就建筑物自身来说，无论是满足功能，还是对高文化品位的表现，其基本功能的满足无疑是前提，相对而言也较容易操作。而尊重地域景观环境特征与传统，倡导谦和的建筑个性和对建筑的地域性、文化性探索，是园林建筑设计应当追求的更高境界。建筑审美要素受到环境文脉的限定、地域传统文化的影响，要做好这一点需要公众的认同，需要去钻研探索。

山水是构成景观环境最基本的要素，利用传统的模型或计算机建模可以辅助研究建筑的形体，较真实地反映建成的三维效果，从而使设计初级阶段的研究更加广泛。自然环境中的建筑应从属于景观环境，融入景观环境，点缀景观。以亭为例，或伫立于山冈，或依附于廊道，或漂浮在湖畔，以玲珑的、丰富多彩的形象与园林中其他建筑、山水、绿化相结合，构成一幅生动的画面，满足旅游者驻足"观景"或歇息的需要。湖岸设榭舫，以点缀景观，不仅可以丰富湖面及岸边天际线，而且透过烟波浩渺的水面，将视线引向远方，使视野开阔，成为游人休息、观景的好地方。美国建筑师赖特认为，美来源于自然。因此，他强调建筑设计要尊重自然环境，每幢建筑都应该是基地的唯一产物，突出景观环境对建筑的决定作用。赖特总是对他的学生说："你们应当了解大自然、热爱大自然、亲近大自然，她永远都不会亏待你的。"他的流水别墅、西塔里埃森学园均为这一理念的物化。原本作为住宅设计的别墅成了建筑与景观环境融合的典范，成了名副其实的"景观建筑"。悬挑的楼板锚固在后面的自然山石中，主要的一层几乎是一个完整的大房间，通过空间处理而形成相互流通的各种从属空间，并且有小梯与下面的水池联系。正面在窗台与天棚之间是一具金属窗框的大玻璃，虚实对比十分强烈。设计构思根植于景观环境。从流水别墅的外观可以读出那些水平伸展的建筑体块，桥、道路、挑台及棚架沿着水平方向向外伸展，越过谷地而向周围凸伸，与周边的自然空间秩序紧密地集结在一起，巨大的露台错层跌落设置，似瀑布水流曲折迂回地自平展的岩石突然下落一般，整个建筑如同在环境中生长出的一般，完整地体现了赖特的有机建筑理念。（图1-2-3）

（二）交通与流线

园林建筑作为外部空间环境的构成部分，不同的建筑物具有不同功能，因而其与外部环境的关

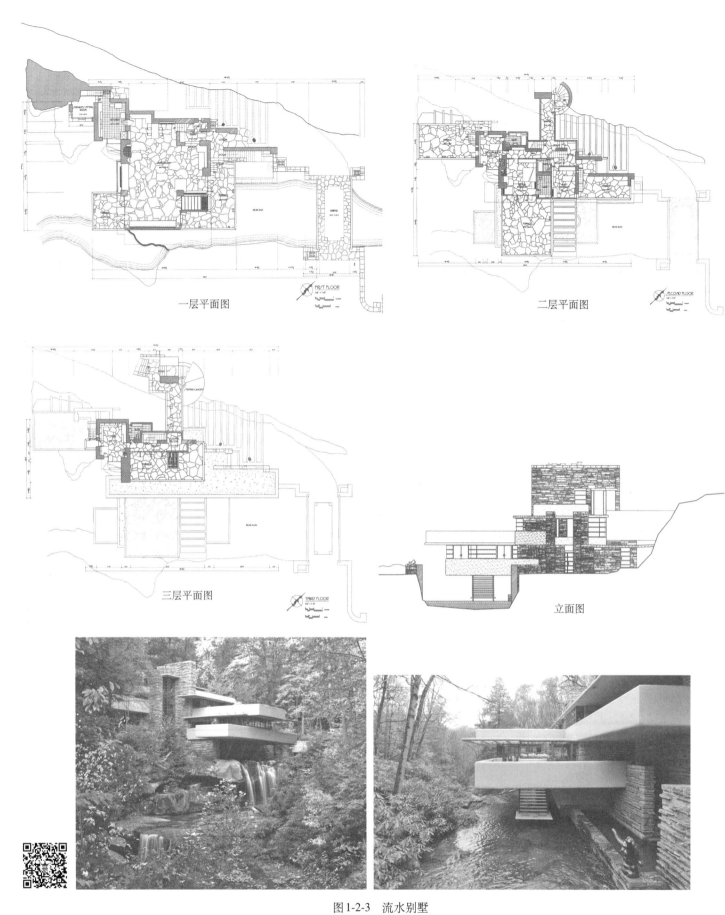

图1-2-3 流水别墅

图片来源：平面图及立面图John Frisch, Eric Jenior&Sara Vandenbark；照片（左）Robert P Ruschak，照片（右）Surfsupusa

系及其内部的交通与流线各不相同，通过外部交通组织系统分析研究进而形成总平面交通设计，内部功能流线分析生成建筑的平面组合，总图及建筑单体平面研究是妥善处理园林建筑交通与流线不可或缺的重要环节。

良好的园林建筑设计其外部及内部交通组织清晰，能够很好地组织人流、车流与物流。如图1-2-4所示的餐饮建筑设计依据人流与物流分别设置独立出入口，以避免两者交叉干扰。人流、车流、物流的设计体现了以人为本、安全、流畅、互不干扰的设计原则。设计基于对不同建筑功能与形式的理解，充分考虑了功能上的特殊要求，采取两个相对独立的"环"作为基本模式，合理组织内外交通流线，严格分区，既要满足游人的休憩与活动需求，又要保证内部工作的安全及高效，同时必须加强建筑组群之间的联系。又如展陈建筑，其总平面设计着重于参观流线研究，人流分区明确，不走回头路，从而最大限度地展示布展内容。常用的方式如以线性展开、以中庭为核心周边式布局等，分散组织各展厅或串联各展厅是两种有效的流线设计方式，流线不同所呈现的建筑形态不同。（图1-2-5）

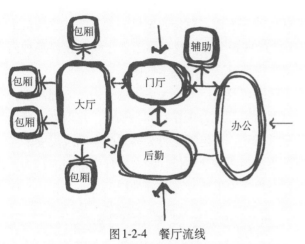

图1-2-4　餐厅流线

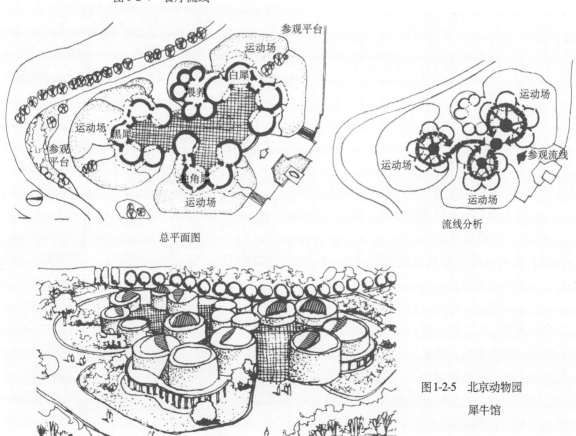

图1-2-5　北京动物园犀牛馆

（三）行为与心理

园林建筑设计需要研究人的游憩行为与心理，园林建筑应该适应游人的行为，在一定程度上，它又可鼓励或限制人的行为。人造建筑环境设计应能满足人们对安全、交往、赏景的要求，需结合不同的建筑类型和人们潜在的行为方式，以及对游客行为的研究，营造满足游人行为与心理需要的空间。如餐饮建筑在功能上不仅应满足人们就餐等的需要，还应考虑就餐者的心理愿望，如家人及朋友的欢聚、同事的工作交流等，同样是就餐，不同的人群其行为和心理状况及其对环境的需求不尽相同，中餐与西餐对就餐环境的要求也各具特色。通过合理处理建筑与人的行为、活动的关系，最大限度地满足人们不同的行为与心理要求。就餐饮建筑来说，就是要使以人为主的饮食建筑空间通过室内外空间的"交流"，创造出特定就餐氛围。观赏者与建筑及环境因素之间存在着某种内在的可变换的联系，这使得建筑的景观构成不再停留在传统意义上的美学构图。

人性化已成为建筑设计的基础，园林建筑作为休闲建筑更应充分考虑人的行为与心理需求。在适应人的行为和心理需要的空间中人才可能产生最大愉悦。应力求在空间、景观、室内外环境设计中充分体现人性化设计，如合理的流线、自然的通风采光、满足特定行为需求的空间及尺度，同时要考虑游客的精神需要、心理行为，将人性化设计渗透到园林建筑设计的全过程。不同的行为方式对应着不同领域空间，领域性与人际距离是人在社会生活中需要妥善处理的问题之一，在社会环境中包括了个人空间与他人空间。西方学者索默认为每个人的身体周围都存在着一个不可见又不可分的空间范围，它是心理上个人所需要的最小的空间范围，即所谓的"个人空间气泡"，它控制着人体之间的距离。尽端与边缘往往是公共空间中人们乐意停留的场所。由于人的主观能动性，空间与行为之间存在互动关系，空间可以引导人的行为，人可以主动地适应空间环境。

作为建筑环境设计者，应加强对使用者渴望的观察的敏锐性。通过合理处理建筑与人的行为、活动的关系，最大限度地满足人们的心理要求，达到理想的心理效应。

由于建筑具有相对稳定的围合界面，设计师可以有效地控制建筑不同空间单元的大小、形态、色彩、光照、方向等，利用建筑这些形式特性的组合关联，不仅可以满足游人一定的行为要求，也可以巧妙应用，使其成为影响游人心理活动的重要手段。如苏州留园入口空间通过一系列大小空间的对比、光线的变化使游人产生空间尺度错觉，从而达到拓展空间、小中见大的目的。（图1-2-6）

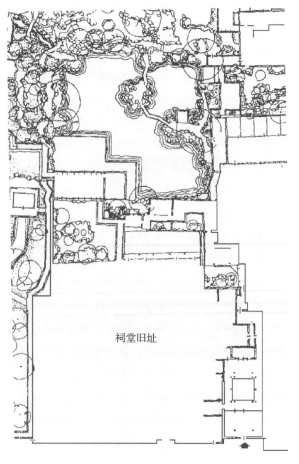

图1-2-6　留园入口

（引自潘谷西，2001）

二、建筑平面与功能

（一）功能单元与组合

园林建筑是改善、美化人们生活环境的设施，也是供人们休息、游览、文化娱乐的场所，随着人们游憩活动的日益增多及方式的多样化，园林建筑类型也日益丰富起来，新的形式不断出现以满足人们休闲的需要，从传统的亭廊到各式主题场馆，满足一定的功能要求是设计建造的基本目的。

就形状而言，常见的建筑基本平面形状有正方形、矩形、三角形、圆形、椭圆形、多边形等规则几何形，现代建筑也出现了楔形等非线性的异形平面，或者是上述几种形式的组合体，上述平面可以满足多种功能空间要求，同时也便于结构布置。园林建筑平面形态主要取决于基地条件、功能需求、建筑造型等多方面因素。简单的如休息亭往往只有一个空间单元，或方、或圆、或三角，不同类型的建筑其功能单元不同，与

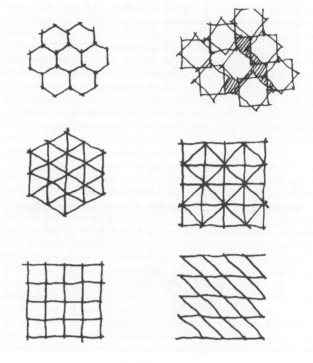

图1-2-7 平面形态

之相应建筑的空间与平面各不相同，如展陈建筑通常由一系列空间成线性关系串联而成。（图1-2-7）

（二）园林建筑平面形式的构成

园林建筑平面一方面受制于功能的分布，另一方面与结构形式、建筑形体及景观环境息息相关。有规律的平面构成往往是形成建筑平面的有效方法。为了训练建筑构成能力，对建筑的功能、结构的认知是确定建筑平面构成的两个基本点。通过网格（建筑的轴线）的方式，在满足功能的前提下安排建筑的空间、形式。"平面构成"是从形式的要素及其组织方法两个方面来研究平面造型的规律。其构成要素有点、线、面等，通过有机组合生成形式各异的平面图形，这些图形能够满足生成建筑平面的需求，常用的构成方法有正交、斜交、渐变、旋转、重复等。尽管在完成这些操作时必然要动用某种视知觉的机制，但是研究的主体是形式。视觉研究也是从平面形式的要素入手，但单纯对建筑平面形式的研究只能解决功能布局问题，往往并不能全面解决建筑形体及空间知觉问题等，因而在此基础上还需要研究建筑的形体与空间。园林建筑通常体量不大，在基地条件允许的前提下，建筑应适当水平向展开，结合地形高低错落布置，除为了形成景观标志、观景等特殊需要外，宜控制建筑的竖向发展，"因山就势，随曲合方"，可以更易于将建筑与景观环境相融合。（图1-2-8）

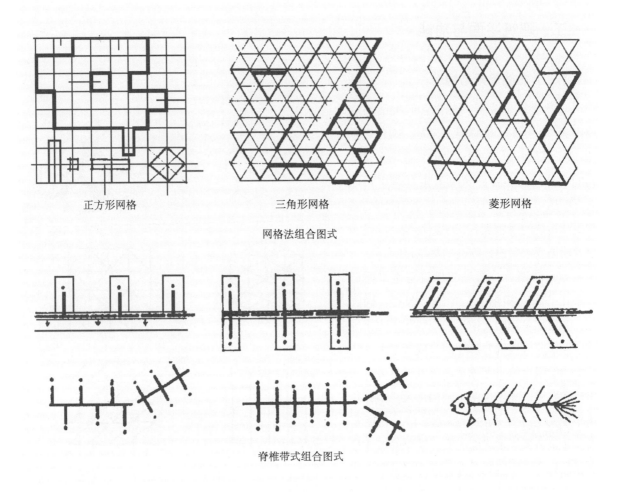

图 1-2-8 建筑平面构成

(引自刘永德，1998)

三、建筑形态的生成（造型语言）

（一）功能与空间

对园林建筑而言，坚持景观优先原则，整体环境决定单体建筑设计。建筑形体与平面及空间紧密相关，建筑物的外部形体是其内部空间合乎逻辑的反映，建筑的外部空间形态又是由建筑形体特征与其周围环境要素所共同确定的。因此，建筑形态的美与丑，究其本源，除与审美主体——人密切相关外，与建筑自身的形体组织方式、形体的比例与尺度、形体的界面处理及形体所包含的内部空间和外部空间形态等密切相关。建筑形体与空间是互为依存、不可分割的矛盾双方。如同人体美的基本要素是体形匀称健美一样，形体美则是建筑形态美之基础。形体美固然与其自身的比例、尺度等相关，但从形体的组合模式而言，或"高低穿插、咬合"，具有明确的逻辑性；或"切割、叠加"，构成良好的比例，产生美的光影；或通过"过渡体量"联系，避免形象冲突和交接生硬；或采用"分离"法,使形体统一中富有变化;或取"象征"之意,对形体进行抽象、简化等,运用几何形体的基本组合法则,使形体理性与情感共存,从而达到美的视觉效果。而违背或无视这一基本法则,建筑则难言形态美。园林建筑设计不仅要考虑一个建筑物的形体,而且要考虑它对周围空间的影响。形体与空间互为"图""底"关系,是一对对立的统一体,共同构成建筑的整体形态,老子在《道德经》中"埏埴以为器,当其无,有器之用;凿户牖以为室,当其无,有室之用。故有之以为利,无之以为用"的精辟论述,从"有"与"无"的哲理中阐述了虚实关系。

注重空间的重要性,建筑空间形态包含着内、外空间形态两部分。在欣赏建筑之时,或为建筑内部高下相映、收放结合、明暗交替、大中有小、小中见大、内外交融的空间形态所吸引而赞不绝口;或为步移景异、开合相宜、动静相间、亲切宜人、错落有致、井然有序的空间形态所折服而着迷、欣喜。园林建筑空间的处理既要与形体关系有机整合,又要充分运用渗透融合等基本手法,促进建筑与环境空间的融合,使建成空间获得有意义的场所精神,方能表现出建筑形态之美感。反之,建筑平面功能缺乏与形体间的关系就会显得虚假、做作,不用说其美不美,更谈不上适用、经济。在建筑创作中应树立"形体与空间"的整合观,在遵从基本法则的同时,在合乎逻辑的前提下,善于综合运用造型要素、造型技巧、装饰艺术等手法,善于研究人的视觉美学原则,重视建筑群整体和全局的协调,以及建筑与景观环境的关系,在动态的建筑发展中追求相对的整体协调。园林建筑的形体与空间及与其所处环境的关联性、整合性形态构成,是一切园林建筑设计共同的基础,通过对建筑形体的构成研究,从而建立系列建筑造型的基本方法。

既能够从不同视角观赏建筑的完整形象,同时依据不同的环境要素产生相应的外观效果。成功的园林建筑设计总是与其环境相得益彰,外观设计以朴素的形态、多层错落的体量、平缓简洁的坡屋面形式、分散灵活的空间布局取得建筑与环境的融合、共生关系。园林建筑作为环境的地标,更应该强调自身的地域特征。(图1-2-9)

建筑师常用曲面和斜面来构成空间,不仅可以与景观环境相协调,也可以表达动态的空间效果。建筑不仅可以向上发展.而且可以向四周流动。建筑空间有内、外空间之分。建筑师必须

室外　　　　　　　　　　　　　　"无差别"的室内外

图1-2-9　南京大石湖生态园休闲会所

将内、外空间有机融汇在一起，这样才能使整个建筑给人一种自由、舒适的感觉。建筑形体构成形态并非只是环境的产物，它同时又是建筑内部空间结构形态的外在表现，要为建筑内部空间创作提供良好的条件。室外是无限的，室内是有限的。相对来说，室内空间对人的视角、视距、方位等方面都有一定的影响，需将空间采光、照明、色彩、装修、家具、陈设等多种因素组合塑造室内空间环境。

建筑设计不仅需要合理安排平面，进一步理顺内在的空间关系，而且结构形式也影响着建筑构成形态，因此也需推敲结构，进而不断完善建筑形态设计。1928—1929年，路德维希·密斯·凡·德·罗（Ludwig Mies van der Rohe）设计的巴塞罗那国际博览会德国馆（German Pavilion）是一组展示性空间（图1-2-10），作为临时的国际展览之用。虽然是临时建筑，却使用了金属、玻璃、大理石及石灰等永久性材料。墙壁由透明和不透明的玻璃以及光泽度高的大理石做成。低矮的平屋面由精美的金属支撑，整个建筑有一种古典宁静之美。建筑由一系列连续流动的空间组成，改写了内、外空间的划分方式，将空间从封闭墙体中解放出来，"流动空间"的出现，加强了建筑物内外空间的互动关系，这对园林建筑更具借鉴意义。

室内透视图

室外透视图

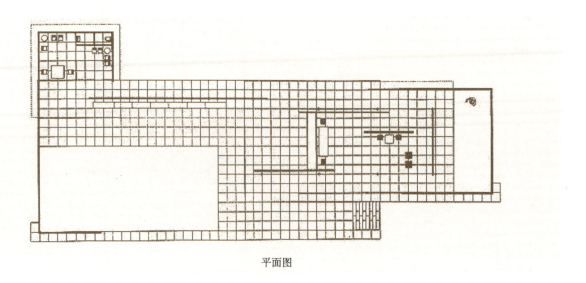
平面图

图1-2-10　巴塞罗那国际博览会德国馆
（引自Gili Merin，Flickr User：gondolas）

(二)形体与环境

园林建筑造型与环境关系极为密切,山地、水滨、植被、沙漠、城市等背景下的园林建筑形态的确立均离不开环境的制约,需要妥善处理建筑与景观环境的关系,自然景观、城市空间、历史文脉均是园林建筑设计必须加以考虑的基本因素。通常园林建筑必须满足多变化、多角度观赏的要求。将建筑体量化整为零,以不同的体量组合创造出多维的形体,以适应景观环境,消解建筑与自然的紧张关系。建筑的造型、色彩、体量必须服从景观环境,景观环境的美是整体的美,有如所谓"倾国宜通体,谁来独赏眉"。不仅如此,建筑形体的组合同样以遵循自然秩序(景观环境固有秩序)为基本原则。研究拟建设

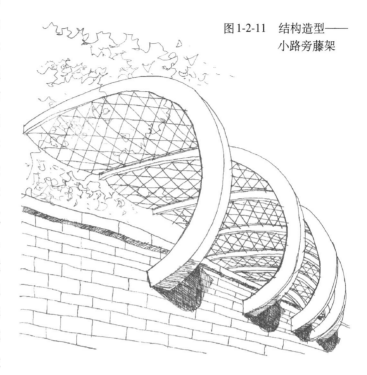

图1-2-11 结构造型——
小路旁藤架

区域内场地肌理,正确对待自然环境的制约,有机的建筑形体可与环境取得和谐。建筑大师赖特提出"有机建筑"理念,重新梳理建筑与自然的关系,强调建筑空间与自然景观环境的关联,将建筑作为自然景观环境中的一个要素来进行处理。他的流水别墅,空间自然流畅,建筑在融于环境的同时又恰到好处地表现出了建筑造型的简约美。(图1-2-11,图1-2-12)

在山地环境中景观建筑或平行于等高线布置形成高下变化,或采用斜交等高线的布置方式形成退台跌落。在坡地环境中,建筑的空间形态常常与坡地的环境空间形态具有一定的契合性。这种契合

图1-2-12 上海中央公园休
憩亭——轻巧的
钢构帆布穹顶

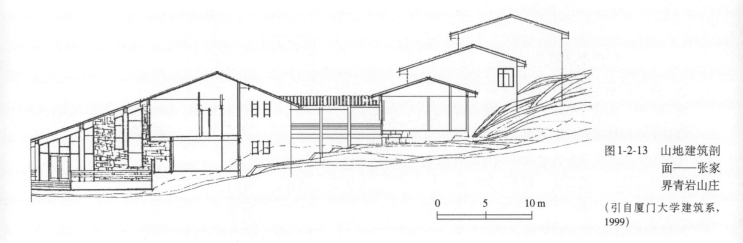

图 1-2-13 山地建筑剖面——张家界青岩山庄

（引自厦门大学建筑系，1999）

关系是指坡地建筑的空间形状与坡地地形相吻合，主要体现在一些建筑空间本身就呈倾斜状的建筑中。建筑物的围合不再是通过水平向和竖向的面，而是转变为用多维"围而不合"的方式组合空间。所有空间并不独立封闭，而是相互渗透，空间与实体之间并不是独立地表现空间，而是相互依存，在空间意义表现方面成为一种"图底互换"的关系。建筑布局结合地形，建筑依山势呈阶梯状跌落，建筑群院落重重，

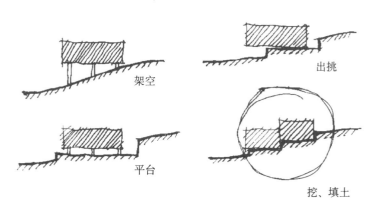

图 1-2-14 建筑与地形

幽深曲折，小中见大，扩大了空间感。同时，又突出了各自的空间个性。（图1-2-13，图1-2-14）

在建筑面积相同的条件下，不同的建筑形体其建筑的"表皮"面积与延展性各异，与景观环境结合的程度也不尽相同。如中国传统建筑的三合院、四合院以天井、院落为核心，沿院落呈向心回廊式布局，其空间具有内向性，建筑与所围合的院落之间联系紧密，而与外部景观环境结合程度较低；而采取"风车"形平面、曲尺形平面的建筑由于与环境的接触面较大，因而可与外部景观环境充分结合。

在日本兵库县揖保郡山的播磨科学公园内，建筑师远藤秀平（Shuhei Endo）设计的公厕和公园管理者休息室于2000年荣获ar+d建筑大奖。该设计在满足功能的同时与公园景观环境充分融合，采取了开放式的空间布局，多通道的走廊可以进入建筑室内或灰空间，以3.2mm厚的螺旋波纹钢板扭曲成建筑的外墙及屋面，去构建建筑形体，内墙和外墙、顶和地面的界限都被消解了，从而实现了建筑与景观环境的融合。整组建筑动态地、自由地散落在缓坡草坪上，如翻滚的波浪一般，所围合的空间富于变化，具有独特性。建筑师采用"生长（grow）"作用设计理念，这种"生长"的过程将建筑问题转换为"室内"空间设计问题，直接去探讨室内的各个面（内外墙面、天花板与地面等）与空间分隔，远藤秀平试图去讨论"开放"与"封闭"的关系以及它们对建筑的意义。并且随着螺旋结构转动空间再次卷回到内部，室内和室外在不断地相互融合，并成为一体。构建材料的连续性能够创造出一种"开放"与"封闭"的连接关系，因而此公厕成为该地段重

要的景观。(图1-2-15)

逐梦江淮茶餐厅是南京市雨花数字城核心区线性公园的重要节点之一，位于雨花城市公园旁，靠近秦淮新河。建筑的外形似停泊在秦淮河畔的一艘邮轮，在建筑的顶层设有开阔的露台，充分考

透视图

远景图

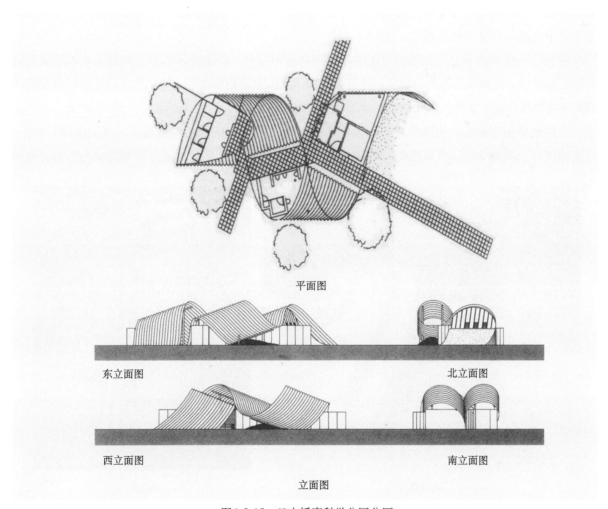

图1-2-15　日本播磨科学公园公厕

图1-2-16 逐梦江淮茶餐厅（成玉宁工作室）

虑其得天独厚的地理位置，游人可在此处观赏日出、日落。（图1-2-16）

以解构主义风格闻名的建筑师扎哈·哈迪特在德国南部边境的小镇魏尔，将一个废弃采石场改造成为住区公园，其中的园艺展览馆于1999年建成。展览馆建在原有的采石场上，设计对地学概念加以理性的阐释。展览馆的造型随自然地势而起伏，暗示着地层构造，又像是古树的化石。展览馆的屋顶与公园小路密切融合，其中一条小路沿建筑长轴跨越屋顶。展览馆建筑占地狭长，建筑长向达140m，宽度最小为0.85m，最大为17m，高度为0.6~6.3m。展览馆建筑面积虽小，但空间丰富，内部空间显得有些神秘。扎哈的设计将环境的特征转变成建筑构成的基本语汇，从而使展览馆建筑不再是纯粹且神秘的空间组合，而是作为修补自然环境的手段。在随形和流动的建筑设计方案之中流露出修复自然的理念。（图1-2-17）

建筑空间形态的确立与该地块特定的环境因素密不可分，滨水建筑的形态对整个水域空间形态有很大的影响。其建筑形态尤为重要，建筑高度和体量因水面面积而定，建筑形体的组合结合建筑内部的使用要求，高下变化，由此可形成丰富的天际线。

承德避暑山庄金山，为康熙皇帝南巡回京后令人在避暑山庄澄湖中仿照镇江金山而建。金山，三面临湖，一面为溪流。山石堆叠，峭壁峻崖，构成湖区极为重要的高视点和构图中心。山上楼阁

透视图

鸟瞰图

图1-2-17 扎哈设计的园艺展览馆

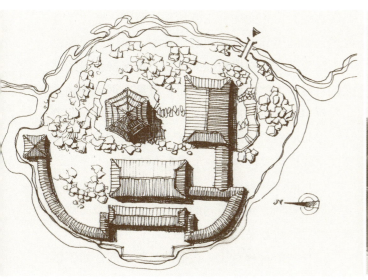

总平面图　　　　　　　　　　　　　　　　　　　　　　　　金山

图1-2-18　承德避暑山庄

高耸,其下因山就势筑亭廊台榭,建筑布局环山而上,富有动感与层次,布局紧凑而有韵律。建筑与山岛结合,加之松柏相映,打破湖面的平淡而成为湖区的视觉中心。远望金山,前有平静的湖面与清幽浓重的金山倒影,后有溪水,远处真山淡雅清晰,成为金山的背景,有"虽由人作,宛自天开"的意境。(图1-2-18)

构成建筑形态的平面、立面是对环境、功能要素及审美的响应,设计者可运用形态构成的基本原理,将建筑形体拉伸、错位、穿插、叠加,形成总体布局,还可利用加法或减法嵌入其他要素,以增加建筑形体的表现力。

优秀的园林建筑需将功能建筑的逻辑和秩序与自然环境秩序充分结合。在着手单体建筑设计之前,必须注意几个要点:一是建筑与环境的结合,其次是建筑形体和空间与功能的统一,为了实现建筑总体布局与所处环境的协调,根据功能空间的合理要求,充分利用基地平整地段,因地制宜,把体型较大的部分布置在地形较平整地段,而体量较小的部分则可因地势而高低错落,使建筑与环境密切结合。传统的园林建筑外形设计较复杂,现代园林建筑设计突出与环境的契合,建筑形体简洁,通过门窗等细部的变化,使建筑物既从属于景观环境,又能从环境中脱颖而出,简洁素朴的造型体现"天人合一"的境界。

(三)质感与色彩

材料性质表现与结构技术的发展和新型材料的出现是密不可分的。不同的材料具有不同的力学性能和艺术表现力。从力学、材料学等现代科学方面寻求灵感越来越成为现代建筑形象创作的潮流。混凝土的朴素粗犷、玻璃的通透晶莹、金属的光亮纤巧、膜的洁白轻盈,都是建筑师手中富于表现力的素材。准确把握材料固有的个性特点并将其用于建筑形象的塑造为众多优秀建筑所共有的特征。学习建筑设计必然要求对材料的色彩和质地有一定的认识,做到"知材善用"。

1.质感　如果说色彩的对比和变化主要体现为色相之间、明度之间以及纯度之间的差异性,那

图 1-2-19 色彩与质感的对比——米罗设计的位于法国 ST PAUL 的园林 "the Labyrinth"

（引自王向荣、林箐，2002）

么质感的对比和变化则主要体现为粗细、坚柔以及纹理之间的差异性。在建筑设计中，质感的处理也是不容忽视的。根据粗糙的石块、花岗岩、未经刨光的木材等天然材料，混凝土、玻璃、钢等各种人工材料各自独特的性能，把它们组合成为一个整体，取得质感对比的效果，并合理地赋予形式。质感是增强建筑表现力的一个强有力的方式。

（1）同种材料对比。材料相同时，主要通过单元不同的排列方式或不同的质感及不同的表面纹理来取得对比的效果。（图 1-2-19）

（2）类似材料对比。相似的材料之间，如不锈钢与玻璃、石材与砖，通过不同的质感与肌理的变化取得对比的效果。

（3）不同材料对比。为寻求材质的强对比，建筑师往往用不同甚至差异很大的材料进行对比取得视觉冲击效果，甚至对材料的肌理有意拉大差距，形成强烈对比。

自然景观环境中，建筑外部材料的选用以朴素、简单为宜，点缀精心选择的天然的木、竹，以期营造朴素自然的景观效果。色彩设计上以素雅为根本，给人明快、清爽的感觉，取得与环境色彩的协调，建筑大师们都长于此道，在对材质的开发深度上，他们对材质肌理的疏密处理让人叹服。当代建筑师提倡"建筑必须表现材料"。

2. 色彩 色彩设计关系到建筑整体美，它不仅仅是由建筑师主观决定的，而且是许多参数与变数结合的动态过程，应使建筑的色彩成为技术与美学的完美结合，并将建筑外观的色彩和质感与现代审美趋势联系起来，成为展现个性、回归自然的一种途径。色彩设计除了为空间赋予性格与表情，还为原有的建筑创造出新的生命力，这是一种很有环保意识的设计方法。

对于建筑的色彩设计，必须进行周密的色彩调查，建筑师通常依据厂家提供的现有颜色来加以选择。"做个善于观察的人，其实美丽的色彩就来自于大自然中。"留意身边的色彩，生活会从此变得美丽。由于建筑涂料的寿命周期较短，大面积涂饰施工方便，易于变更。园林建筑应尽可能选择与区域景观环境相近、相似的色彩，以期与周边环境相协调。

建筑对色彩的处理，有强调和谐与强调对立两种倾向。应根据建筑物的功能性质和性格特征分别选用不同的色调，强调以对比求统一的原则，强调通过色彩的交织穿插以产生调和，强调色彩之间的呼应等。色彩处理和建筑材料的关系十分密切，色彩感强的饰面材料如面砖、大理石、水磨石等丰富了建筑的色彩。即使是一般的建筑材料，经过精心推敲研究，也可以取得令人满意的色彩、质感效果。如普遍的清水砖、水刷石、抹灰等几种材料，将之巧妙组合，都可以借色彩和质感的互相交织穿插，形成错综复杂并具有韵律美的图案。（图 1-2-20）

图1-2-20 瑞士某公园中的钢结构指引导视牌亭——鲜红色极为醒目

（四）建筑光与影

光，建筑群的精灵，不论是小巷的民居，抑或飘逸的亭子，因为光的作用，建筑被赋予了灵魂，造型艺术、视觉艺术之本是用光与影来造型。白色石膏体在光线下显示出了非常丰富的光影效果和变幻莫测的明暗效果，立体感和质感都出来了。建筑艺术的造型同样依赖于光与影，出檐、线脚、凹凸的墙面、门窗洞口、漏空的梁架等都是建筑重要的造型要素，而所有这一切都是依赖于光影显现的。

光的背后是影子，中国传统的园林与建筑十分注重对光影的运用。粉墙为纸，树石为画，便是光影的生动表现，深深的出檐掩饰了檐下空间的构件，大出檐产生浓重的阴影，从而使建筑屋面更加飘逸。光与影不仅能够表现物质实体，而且可营造出特有的建筑氛围、意境。相对于自然界的花草树木而言，建筑物一旦落成，便意味着基本不变，唯有光与影随着一年四季、一日四时在不断地变化着，为建筑增加神韵。（图1-2-21）

图1-2-21 西班牙塞维利亚皇宫（Alcázar of Seville）

光影是实现建筑精神功能与物质功能的有力保障。建筑中的光与影成了营造气氛、丰富空间形式的妙笔。有了光影，就有了空间，有了形体，有了生命。法国建筑师勒·柯布西耶、日本建筑师丹下健三和安藤忠雄、英国建筑师罗杰斯均为运用光的大师，罗杰斯称"建筑是捕捉光的容器，就如同乐器捕捉音乐一样，光需要可使其展示的建筑"。随着新型结构体系和建筑材料如玻璃幕墙在建筑中的应用，现代建筑形象在"轻、光、挺、薄"的视觉效果方面达到了

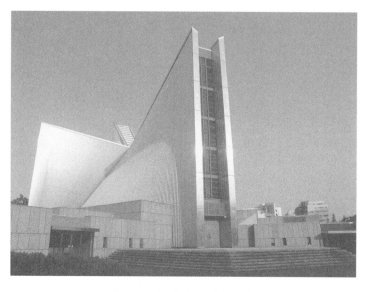

图 1-2-22　东京圣玛利亚教堂

极致。在创作实践方面，东京圣玛利亚教堂充分利用了自然光的特性，塑造出一种神圣、脱俗的空间氛围，在现代建筑用光方面取得了卓越成就（图1-2-22）。安藤忠雄更是让光具有了一种反映特定精神内涵的象征意义。光的教堂是他的这类建筑中的重要代表作，该建筑具有高度的艺术纯粹性，充分体现了安藤忠雄有关光明与黑暗对比并存的设计理念。这个矩形的混凝土方盒子空间经由一个带有雨棚的入口开始，然后穿过一片微光依稀的楔形空间，最终导向一个黝黑的教堂室内。就在这种非常抽象的文脉中，光被安藤忠雄用来创造出了一种超乎人们想象的效果——一个巨大的、火焰般燃烧的"光的十字"缝隙，被深深切刻在圣坛背后的墙壁上，使人不由得感到它仿佛连接了另一个神秘的精神世界。他认为，光使得物体的实存成为可能。建筑设计就是要"截取无所不在的光"，并在一特定的场合去表现光的存在，"建筑将光凝缩成其最简约的存在"，建筑空间的创造即是对光之力量的纯化和浓缩。

（五）节奏与韵律

1. 节奏　节奏类似于音乐节拍，是一种有规律的律动。节奏在构成设计上是指以同一视觉要素连续重复时所产生的有规律的变化，例如建筑在水平方向上重复出现的"柱、窗，柱、窗，柱、窗……"，犹如音律节拍一般，因此称"建筑是凝固的音乐"。

2. 韵律　建筑的韵律美要求一种以条理性、重复性和连续性为特征的建筑形式。连续的韵律以一种或几种要素连续、重复排列而形成，各要素之间保持着恒定的距离和关系，可以无止境地连绵延长。连续的要素在某一方面按照一定的秩序变化，如逐渐加长或缩短，变宽或变窄，变密或变疏等，所产生的渐变的形式是渐变韵律。渐变韵律如果按照一定规律时而加强，时而减弱，有如浪波之起伏，或具不规则的节奏感，即为起伏韵律，这种韵律较活泼而富有运动感。交错韵律是由各组成部分按一定规律交织、穿插而形成，各要素互相制约，一隐一显，表现出一种有组织的变化。以上四种形式的韵律虽然各有特点，但都体现出一种共性：具有极其明显的条理性、重复性和连续性。（图1-2-23）

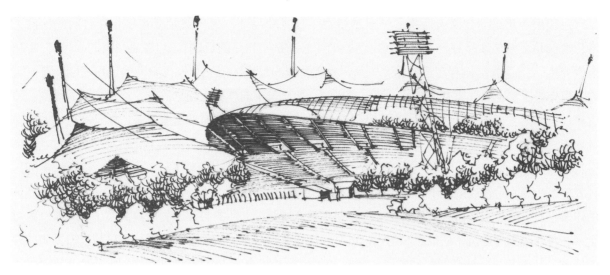

图1-2-23　慕尼黑奥林匹克公园——重复的膜结构的顶棚充满了韵律感

（六）比例与尺度

1.比例　比例是整体与局部、局部与局部之间在量度上的关系。关于比例，我国古代画论中就有"丈山尺树、寸马分人"的说法；西方著名的黄金分割律，实际上是一种常用的比例关系，它也是人们在长期的审美实践中得出的美学成果。建筑理论家托·哈姆林说："取得良好的比例是一桩费尽心机的事，却也是起码的要求。我们说比例的源泉是形状、结构、用途与和谐，从这一复杂的基本要求出发，要完成好的比例，不只是一个在创作体验中鉴别主次并区别对待的能力问题，而且也是一个要煞费苦心进行一连串研究实验才能得到结果的问题，借助于处处进行不断调整的方法，直到最后一个优美而和谐的比例浮现在人们的面前。"一切造型艺术都存在着比例关系是否和谐的问题，建筑艺术同样要求比例和谐的美。在建筑中，要素本身、各要素之间或要素与整体之间，无不保持着某种确定的数的制约关系。这种制约关系中的任何一处，如果超出了和谐所允许的限度，就会导致整体上的不协调。在建筑设计实践中，无论是整体或局部都存在着大小、高低、长短、宽窄、厚薄、收分、侧脚等一系列数量之间的关系问题。在推敲建筑物基本体量长、宽、高三者的比例关系时，还应考虑内部分割的比例，建筑物几大部分的比例关系对整体效果影响很大。在大分割中的小分割也应有良好的比例关系。只有从整体到每一个细部都具有良好的比例关系，整个建筑才能获得统一和谐的效果。（图1-2-24）

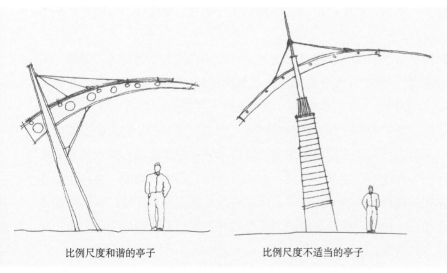

比例尺度和谐的亭子　　比例尺度不适当的亭子

图1-2-24　比例尺度

2.尺度　尺度的含义有两层：一层是指物品自身的尺度；另一层是指物品与人之间的比例关系，也就是说要使物品符合人的内在尺度要求。前者是"物品的尺度"，后者是"人的尺度"。物品自身尺度，就是器物要有合适的比例关系，只有合理的尺度才能充分发挥空间的使用功能。有时需要运用夸张手法，放大原有尺度，改变正常比例。如建筑中的牌楼、纪念碑等，运用夸张的尺度，使它显得更高大、更雄伟、更崇高。比例讨论的是建筑要素之间的相对的度量关系，而尺度讨论的则是各要素之间的绝对的度量关系。一些固定的建筑构件或是建筑要素有着恒定不变的大小和高度（如窗台），人们可以通过这些"尺"去"衡量"建筑物的某些局部或是整体的大小。一些建筑把许多细部放大或缩小到不合常规的地步，很容易给人造成错觉，根据这种印象去估量整体，就会误判整个建筑的体量。对一般建筑来讲，设计者总是力图使观赏者所获得的印象与建筑物的真实大小相一致。但对于某些特殊类型的建筑，如纪念性建筑，设计者往往通过有意识的处理，希望给人以超过它真实体量的感觉，从而获得一种夸张的尺度感；与此相反，对于另外一些类型的建筑，如庭院建筑，则希望给人以小于真实体量的感觉，从而获得亲切感。关于尺度，重点放在人与物之间的尺度，人与物的协调是设计师追求的目标。

园林建筑尺度的确定，建立在对景观环境的研究基础之上，环境的空间容量是确定园林建筑尺度的基本依据。基于这种尺度建立起来的建筑体量通常能够与环境相匹配。

（七）对比与统一

1.对比　对比可以分为方向性的对比、形状的对比和直与曲的对比。所谓方向性的对比就是指组成建筑形体的各要素通过长、宽、高之间的不同比例来求得变化。不同形状、体量组合而成的建筑则可以利用各要素在形状方面的差异形成对比。特殊形状的体量及建筑形体的组合往往会非常引人注目。直线的特点是明确、肯定，并能给人以刚劲挺拔的感觉；曲线的特点是柔软、活泼而富有运动感。巧妙地运用直线与曲线的对比，可以丰富建筑形体的变化。

2.均衡　均衡设计主要是建筑构图中各要素左与右、前与后、上与下之间对轻重关系的处理。对称的建筑天然就是均衡的，而不对称的建筑也可以是均衡的，建筑物各部分的空间和实体组合起来没有畸重畸轻、轻重失调的感觉，那么它就是均衡的。均衡的建筑平稳、舒服，不会给人带来不安的感觉。

3.虚实　建筑虚的部分如门窗，由于视线可以透过它进入建筑内部，使人感到轻巧、通透。实的部分如墙、垛、柱等，给人比较重、比较有力度的感觉。在建筑形体中为了求得对比，避免虚实双方处于势均力敌的状态，通常是某些部分以虚为主，虚中有实，某些部分以实为主，实中有虚。虚实两部分还应当巧妙地穿插，如实的部分环抱着虚的部分，而又在虚的部分插入若干实的部分等，使虚实两部分相互交织、穿插，构成和谐悦目的图案。建筑尽管在形式处理方面有极大的差别，但都遵循一个共同的准则——多样统一。主从、对比、韵律、比例、尺度、均衡、色彩、质感等，都是多样统一原则的具体体现。建构和谐的方法很多，可以将建筑融入景观环境，以环境作为制约建筑形态的主导因素，与之相反，建筑与所处环境间适度的对比也是创造和谐的方法之一。关键在于对"度"的把握，并无固定的程式。

4.主从　一个整体中如果每个要素都是重点，那就没有重点。在一个有机统一的整体中，各组成部分是不能不加区别而一律对待的，无论是自然界中的干与枝、花与叶，还是动物的躯干和四肢，它们应当有主与从、重点与一般、核心与外围组织的差别。否则，各要素平均分布，即使排列整齐，很有秩序，也难免会流于松散、单调。在对称的体量组合中，建筑主体重点和中心都位于中轴线上；在不对称的体量组合中，组成建筑整体的各要素是按不对称均衡的原则展开的，它的重心总是偏于一侧。至于突出建筑主体的方法，则和对称的形式一样，通过提高主体部分的体量或改变主体部分的形状等达到主从分明的效果。明确主从关系后，还必须使主从之间有良好的连接性。特别是在一些复杂的建筑体量组合中，还必须把所有的要素巧妙地连接成一个有机的整体，显现出明确的秩序感。

四、整合设计

园林建筑体量的大小、规模、造型等，是以所处的物质环境为最基本的决定因素，园林建筑设计的优劣既不单独取决于建筑自身的外在表现，同样也不局限于建筑的功能布局，而在于整合环境、造型、功能诸方面，对实际建成效果的整体把握，这应当是园林建筑设计的一大特点。对于设计本身更深刻的理解，是将设计完成得更好的前提。（图1-2-25）

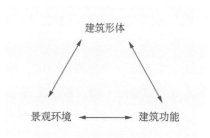

图1-2-25　景观环境与建筑功能及形体的交互作用

在园林建筑设计过程中，单纯就平面论平面抑或一味地玩弄造型都是不可取的。交互式或整合式设计可以有效地避免单一模式的弊端，结合环境的三维设计是园林建筑设计的行之有效的方法。造成建筑设计平面化的这种情况和现在建筑设计的流程有一定关系，无论是建筑设计还是室内设计，都是以总平面设计为核心的。通常的做法是以二维平面图为基础进行设计，总"平面"设计和"平面"图的概念往往限制了设计者在三维空间上的思维。三维化，往往是在初期建筑形体体块的设计中运用立体构成的手法，或在最后敲定平面方案以后再拉伸出三维方向的空间。这是不够的，三维化的思维应该始终贯穿于设计之中，这样才能做出真正精彩的空间设计。

基于二维的设计流程：二维的概念草图→三维的形态设计→二维的平面设计图纸→二维的立面设计图纸。

基于三维的设计流程：二维的概念草图→三维的形态设计→三维的平面设计→三维的立面设计→输出二维的图纸。

要使三维化的思维贯穿于园林建筑设计的始终，在建筑设计的初期就要强调，"在平面二维方向利用构成要素划分、围合出水平向空间的同时，可在水平构件要素上进行中断、减缺、开洞，使其垂直向贯通，横向与纵向空间相互渗透、相互交换，造成视觉的水平—垂直循环流通，产生扩大的复合空间"。其强调不但要做出丰富的形态构成，而且要使这种形态关系和体块的穿插符合功能上的要求。这些体块不再只被看作是一种形态上的体块，也是一种功能上的体块。从二维的概念草图中提取出的一些空间上的创意，在三维的概念模型中更容易把握和强调。在概念设计阶段，垂直上的空间跨越往往都是创意的精华和亮点。三维化的设计方法相对于基于平面图的二维化的设计有如此多的优势，所以在室内设计中或多或少地要强调三维化的概念。

即使是完全基于二维平面图的设计，还是要兼顾三维化的因素。例如，在一组建筑中，平面较大的建筑单元相较于较小的单元，往往建筑的高度要相应加大。在大多数建筑中都有垂直交通，这部分在每一个楼层都是相似的，作为一个完整的"通体"，可以看作是整个设计的一个垂直的轴线。特别是在高层建筑里，所有的设计都是围绕此部分设计的，如果能把这些垂直贯通的部分精心设计，很容易体现出整个空间设计的风格和特色，功能分区和流线都是这个阶段考虑的问题。采用三维化的设计而不是基于二维平面图的设计是空间出彩的关键，因为从功能上出发的三维化的设计，不同于在平面图纸的环境里设计，而是在三维的环境里进行整个设计。

在完成初期的功能分析和概念设计后，将草图和基本的体块关系建成概念模型，不同的功能用不同的颜色标示。对模型进行各角度的研究，经常旋转模型，看看不同体块功能在不同的三维方向上的不同组合。这一阶段要抛开二维的图形关系，尽可能运用立体构成的思维，从各个角度去观察空间上的形态。可以借助计算机和概念草图建立虚拟模型，手工的概念模型也是很好的方法，可以提供更抽象、更深层次的思考。这一阶段是最重要的，空间上的创意就是在这个阶段产生的，要反复在三维方式下研究概念模型。由于有三维的直观概念，对空间的理解和安排会更简单。总的分区和流线设计也是在概念模型上敲定的。

然后进入相应的二维的总平面图设计阶段。可以按照一般的CAD的操作方式在概念模型上进行平面图的绘制，但应注意每一楼层的平面图都是集中在一个文件里的不同图层，可以隐藏或显示相应的图层，以研究每个楼层之间的关系。每个楼层的图层都绘制在它们的实际标高上，这样对整个图形进行旋转就可以研究整体的空间关系。每个立面图也是在实际的位置上绘制。将平面图、立面图拉伸后就生成了三维的场景。

也可以直接进行三维的场景设计。这种场景不是为了表现而作的设计，而是为了研究设计而进行的设计。将所有的物体和空间都直接建立三维模型，按照真实的设计布置灯光，充分利用计算机的仿真性进行三维的可视化设计，进行细节的推敲。当三维模型完全建立以后，输出平面、立面图纸和三维效果图等，即完成设计。

在设计全程中运用三维的方法，而不是基于各种平面图形的设计，在效率、可视性上都有优势。三维设计方法在设计的全过程中都提供给设计者直观的形象，对设计有很大帮助。

传统的草图或现代的计算机草图软件均在设计上提供了更多的解决问题的可能性。

（一）形体与空间的融合

园林建筑设计与一般建筑依据功能为主进行设计的原则有所不同，首先从景观环境分析及建筑物使用功能入手，根据环境的景观特征、地形地貌、空间的容量、视线的构成等有关方面统筹考虑，和谐的环境、优美的造型、合理的功能安排是园林建筑设计的基本要求。但形体与空间形态美的基本构成法则、建筑所处地段的景观环境的制约，则更是园林建筑师不容忽视的重要方面。

景观环境的多样性是园林建筑设计的重要灵感源泉。自然景观是有机的，没有固定的规律，由于山水树木等自然要素的差异，即便是人为的景观环境也会因其中自然素材的差别而不会完全相

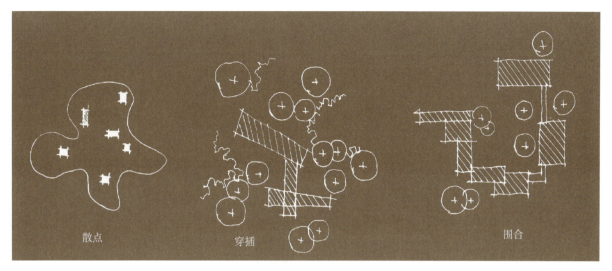

图 1-2-26　建筑与树木

同，因此巧妙地利用景观环境，切实因地制宜，不仅有助于表现园林建筑的特色与个性，也可以更好地将建筑融于景观环境中。在建筑创作上突出建筑与景观环境共生的设计理念。园林建筑利用半开敞或开敞空间、大面积的玻璃等沟通室内外空间环境，淡化室内外空间的界限，满足游人亲近自然的欲望。

园林建筑位于林间：在树木茂盛的林间，结合建筑的功能单元化解、分散体量，使建筑游走于林木之间，与树木共生，"穿插""围合""散点"是三种常见的处理手法。所谓穿插即建筑布局于树木间隙之中，建筑的外部界面因树木而呈现出扭曲、交叉、凹凸；围合即利用建筑将基地现有树木组织到建筑群体之中，从而使建筑与绿树更好地融合；散点适合于体量较小的单体建筑，因地制宜散落布置于林间，如林间木屋等。（图 1-2-26）

园林建筑位于水际：水际建筑以轻盈见长，建筑宜水平方向展开，慎用竖向体块。大面积的玻璃、相对纤细的建筑构件均可与水面轻盈光洁的质感相呼应，柔和的曲线、面均与水的特性相吻合，因而也常为水岸建筑所采用。（图 1-2-27）

园林建筑位于山地：在地形竖向多变的山地环境，结合地形采取跌落式布局是一种有效的方式，更加符合山地的特点。一方面可以满足赏景需要、减少土方工程量；另一方面可以很好地解决建筑通风、采光问题，还可以增加建筑的层次、丰富建筑天际线，从而形成与环境相契合的建筑景观。（图 1-2-28，图 1-2-29）

图 1-2-27　杭州西湖湖滨餐厅

图1-2-28 青城山亭、廊、桥、路与自然环境和谐

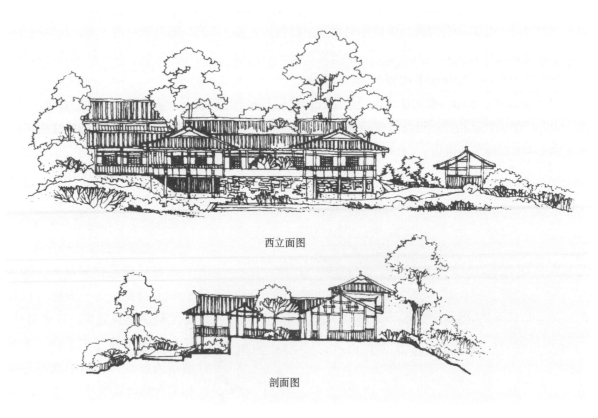

西立面图

剖面图

图1-2-29 峨眉山万年寺徐宅

(引自华中建筑,2000年第1期)

与普通建筑相比，园林建筑更重视布局、体量、形式、材料、色彩及其与环境的共生，同样关注其内部空间的效果。在侧重建筑形体功能与设计的同时，还应关注游人的审美感受。

园林建筑空间是由点、线、面组成的空间单元作为要素组合构成的，空间单元是建筑的整体空间的基本构成单位。对一个单位空间来说其是相对静止的空间，然而在进行整体空间构成时便成为动态的空间。建筑师常用曲面和斜面来构成空间，其目的就是为了表达动态的空间效果。建筑不仅可以向上发展，而且可以向四周流动。

建筑空间由内部与外部空间共同构成。园林建筑设计必须将建筑内、外空间有机融合在一起，这样才能使整个建筑与所处环境充分结合、共生，给人以浑然一体的感受，即所谓"宛若天成"。园林建筑本体与周边环境、大自然的融合、渗透、互补是园林建筑设计的基本原则。建筑和景观是作为两个独立的元素存在的。建筑往往充满几何形、秩序感和线性特征，而自然景观则呈现有机特色，两者间"秩序"差异是显著的。建筑与景观间相互渗透是打破建筑与景观之间以及室内与室外之间的界限的基本手法，一方面将景观中的山水树石等元素渗透到建筑空间中去，另一方面，依据环境布局建筑，与环境间采取交互式，即留出与环境相渗透的空间，同时通过建筑周边围合界面的弱化、模糊，从而创造出一个更加连续的景观体系，并带来了场所体验的相关性和视觉经验的连续性。

追求建筑形体、空间与景观环境的共生，其中关键的环节在于对景观环境的解读，园林建筑不论处于自然还是人工景观环境中，正确地把握环境的空间特征、建筑环境的整体性成为新的追求，从景观环境出发，从自然条件、地段环境等限定因素综合出发，使建筑成为环境中不可分割的一部分。除去形式与风格的和谐外，巧妙的对比手法的应用同样可以取得很好的实际效果。

"空间现象只有在建筑中才能成为现实具体的东西"，空间是建筑的主体，建筑空间形态的建构需要考虑建筑空间与环境空间的相互适应，考虑功能与空间、空间与空间的内在必然联系，直至推敲单一空间的体量、尺度、比例等细节。更深层次的空间建构还需研究空间的性格、空间给人的精神感受，采用何种空间，达到什么样的空间意境，都是建筑师在空间建构中所要考虑的内容。这就是说，建筑空间形态的建构必须全面考虑并协调人、建筑、环境三大系统的内在关系。

西班牙建筑师卡洛斯·菲拉特等设计的健身中心坐落于西班牙巴塞罗那公园绿地中，健身中心的所有功能分区都建在地表之下，是一个典型的地下建筑。健身中心的主要部分均围绕着一个开放的星状中庭配置，以星状中庭为中心有五面混凝土墙体呈放射状展开。五面墙如同五道房脊，与建筑的屋顶部分同时由高向低呈缓坡状从中心向外扩散，形成一个隆起的小丘。建筑的屋顶部分覆盖有草坪，自然地向下延伸，与公园里的绿地融为一体。这五面清水混凝土墙体既是结构上的主要承重部分，又成为分割空间的隔断。健身中心谦逊的体量和奇特的外部造型在尺度与形态上造成的错觉往往使人误以为它是公园里的一个抽象的景观雕塑，而这种具有肯定意义的错觉意味着建筑与环境之间达到了某种积极意义上的调和。健身中心分上下两层，为钢筋混凝土结构。上层主要是健身活动区，里面设有健美操、瑜伽、舞蹈、举重、循环系统训练设施和休养放松用房，还有游泳池、美容中心、医疗服务、小卖以及维修管理等用房。游泳房内设有天窗，不仅增加了室内光照度，而且将灿烂的阳光直接引入室内，缩短了封闭的内部空间与外部自然之间的距离。上层的星状中庭面积有100多平方米，庭内以卵石铺地，注入浅浅的清水，形成一个明亮如镜的水池。炫目的天光加上池水的反射，使围合在内庭四周的各个用房明亮豁达，有建在地上的感觉。下部楼层内主要为盥洗沐浴设施，内设更衣室、芬兰蒸汽浴、喷流气泡浴、土耳其浴以及其他个人服务项目。健身中心主要有两个入口。主入口由坡道与外部相连，绿色的草坪包围着曲线状的坡道，使建筑与环境融为一体。单从平面上看，卡洛斯·菲拉特设计的这个健身中心容易给人以解构主义的印象。事实上，从立面处理到内部空间的展开都表明它并没有脱离现代建筑的轨道，是一个不折不扣的现代主义建筑。钟情于几何造型的建筑师并没有单纯地将建筑埋入土中、埋没在周围环境之中，而是在巧妙地满足功能要求的同时，通过明确而恰如其分的形体表现，在环境的衬托下塑造出建筑独特的个性与风格。（图1-2-30）

卡洛斯·菲拉特等设计的西班牙巴塞罗那新植物园占地15hm²，与巴塞罗那当地特有的丘陵地貌完美地结合在一起。该植物园地形高差达150m，建筑师从形态学、地形学和生物学等不同角度对基地进行深入的分析。植物园的主要建筑位于地势较高的东部，有研究设施、小礼堂、图书馆、博物馆和其他服务性用房。建筑师大量采用三角形网格作为公园的构图母题，呈折线形、不规则的三角形混凝土挡土墙穿插于场地起伏处，成为园林中最富特征的景观节点。该园入口设计也极具特色，连续的三角形挡土墙与倾斜、插入土中的墙面共同组成入口。（图1-2-31）

图1-2-30　健身中心全景鸟瞰

（引自孙力扬、周静敏，2004）

图1-2-31　巴塞罗那新植物园

（引自孙力扬、周静敏，2004）

（二）形式与功能内容的统一

功能与建筑形体及外在形式的和谐统一是建筑设计的主要目标之一。着手设计任务时，根据建设单位意图、设计要求等，通常首先从建筑物使用功能入手，按照功能进行设计是建筑学现代语言的普遍原则。"安全、实用、美观、经济"永远是每个建筑设计人员的工作宗旨。徒有美丽的外观，而内部使用功能不能满足要求或不能发挥其效益是不可取的。

园林建筑既重视平面功能，更重视其外部与内部空间的效果。在内部功能相对完善的前提下，园林建筑应更多地考虑与景观环境的融合，在营造建筑的外部形式的同时，还要考虑从建筑物内观赏外部的景观，这是园林建筑设计的一大特点。在尺度上可能有大的，有小的。所以说，功能完整性设计是远远超越物质需要之上的人类全部心理及精神的需要。建筑功能与建筑空间直接对应，空间需满足功能的需求，并随功能的发展变化而改变，形象与空间是"表与里"、形式与内容的关系，表里一致、形式与内容的统一是建筑艺术创作的基本原则。体育建筑由于主体空间巨大，空间形态特点突出，形象与空间的联系更加紧密。可以说从每一座优秀的建筑作品中都可以看到功能与形象的完美统一。

第三节　结构选型与园林建筑设计

园林建筑设计除满足功能需求外，同时需要表达建筑的美。建筑师自身必须能够选择相应安全的结构，同时又要满足建筑美的需求，在两者之间寻找结合点，适当的结构选型可以为结构工程师提供一个可操作的工作条件，结构设计的安全可靠是所有建筑设计的基本前提。

新材料、新技术的不断涌现及现代结构均影响着园林建筑造型，建筑的造型受制于结构形式，因此恰当的结构选型是科学设计的基础。结构技术的进步带来了建筑形象的巨大改变。每种结构体系都有其各自不同的形态，结构形态受力学原理的支配，合理的结构形态是力学规律的真实反映。根据建筑功能空间需求和景观环境条件合理地进行结构选型是园林建筑创作的重要组成部分。充分挖掘结构体系自身的形态美，并对特定结构形态加以恰当的表现是园林建筑形象创作的重要手段之一。

20世纪末的世界建筑，流派纷呈、多元并存，建筑创作观念不断翻新，建筑艺术表现形式的嬗变，着实令人眼花缭乱。但是，在这种纷繁的文化表象之下，却不难看到科学技术对建筑设计领域的冲击，以及注重技术表现的建筑创作倾向。随着高新技术在建筑领域中的广泛应用，建筑中的科技含量越来越高，建筑理念和建筑造型形式都因之发生了不小的变化。新技术、新材料、新设备、新观念为建筑创作开辟了更加广阔的天地，既满足了人们对建筑提出的不断发展和日益多样化的需求，而且，还赋予建筑以崭新的面貌，改变了人们的审美意识，开创了直接鉴赏技术的新境界，并最终上升为一种具有时代特征的社会文化现象。圣地亚哥·卡拉特拉瓦（Santiago Calatrava）拥有建筑师和工程师的双重身份，他善于将结构技术和建筑形式美圆满地加以结合。工程设计表达结构的美，他认为大自然之中林木虫鸟的形态不仅具美感，同时亦有着惊人的力学效率。所以，他常常以大自然作为设计时启发灵感的源泉，还结合人体的动态结构进行分析，他设计的桥梁以纯粹结构体现的优雅而举世闻名。

建筑技术的发展，从根本上不断地改变着建筑结构与建筑造型方式，进而影响人们的建筑审美观。第一次材料和结构技术的革命，对建筑造型艺术所产生的深刻影响是显而易见的。建筑空间造型不再受材料和结构的限制，钢筋混凝土结构、钢结构、充气结构以及张拉、悬挂、壳、膜等新技术的发展，使得建筑创作可以依靠技术的空前丰富而更自由，建筑造型也更多样。技术的不断进步，世人审美观的日益变迁，使建筑设计领域逐渐形成注重技术表现的建筑审美价值观。建筑师可以利用建筑特有的元素，例如建筑材料的材质、装饰材料的色彩等外在的装饰手段进行其建筑设计的表达，但更重要的造型手段则是借助合理地选择建筑结构类型，从这个意义上说，结构选型合理与否是决定建筑设计成败的关键因素之一。

一、结构形式与建筑功能及造型

恰当的结构选型不仅可以满足一定的功能要求，而且能够最大限度地表现建筑的形式美。园林建筑虽然一般体量不大，但由于其特殊的功能要求，对于形式本身的追求往往是园林建筑设计的重点之一。因此，合理的结构选型是进一步科学化设计的基础。建筑结构是建筑的骨架，又是建筑物的轮廓。中国古典建筑中的斗拱、额枋、雀替等，从不同角度映衬出古典建筑的结构美。随着现代科学技术的进步，现代建筑结构的形式越来越丰富，如框架结构、薄壳结构、悬索结构等。建筑的结构与建筑的功能要求、建筑造型取得完全统一时，建筑结构也体现出一种独特的美。例如，著名的罗马小体育宫，采用了一种新颖的建筑结构，并且有意识地将结构的某些部分，如周围的一圈丫形支架完全暴露在外，混凝土表面也不加装饰，这些支架好似许多体育健儿伸展着粗实的手臂承托着体育宫的大圆顶，表现出体育运动所特有的技巧和力量。正是这种结构的美，使这一建筑具有独特的艺术魅力。建筑技术的变革，造就了不同的艺术表现形式，同时也改变了人们的审美价值观，而伴随着技术的进步和审美观念的更新，建筑创作的观念也发生了变化，今天的建筑技术已发展成一种艺术表现手段，是建筑造型创意的源泉和建筑师情感抒发的媒介，结构形态的多样性为建筑形象创作提供了机遇和挑战。

二、框架结构

园林建筑中常用的框架结构分为钢筋混凝土框架结构与钢框架结构两类。钢筋混凝土框架结构建筑是指以钢筋混凝土浇筑构成承重梁柱，再用预制的轻质材料如加气混凝土、膨胀珍珠岩、浮石、蛭石、陶粒等砌块或板材组成维护墙与隔墙。由于钢筋混凝土框架结构由梁柱构成，通常构件截面较小，因此该框架结构的承载力和刚度较低，故适宜采取现浇楼面与梁共同工作，以加强刚度。钢框架结构是目前园林建筑较多采用且发展速度最快的新型结构形式之一，具有施工速度快、建筑造型可塑性强、灵活美观、钢材用量少、内部空间大等优势。近几年钢框架结构园林建筑不断涌现，小者如休息亭，大者如温室大跨度建筑等。框架结构的特点是能为建筑提供灵活的使用空间；平面和空间布局自由，空间相互穿插，内外彼此贯通，外观轻巧，空间通透，装修简洁。（图1-3-1，图1-3-2，图1-3-3，图1-3-4）

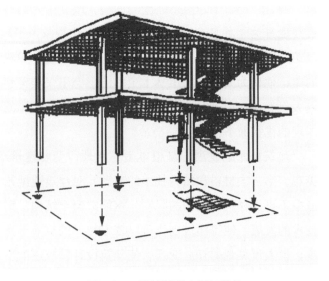

图1-3-1 钢筋混凝土框架结构

图1-3-2 钢筋混凝土柱+型钢梁+木格栅混合结构花架

图1-3-3 东京迪斯尼乐园干栏式木屋

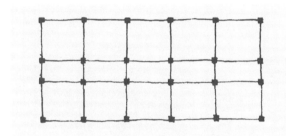
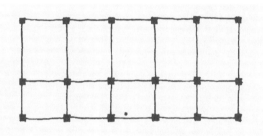

图1-3-4 建筑框架结构布置平面

三、混合结构

混合结构是由两种或两种以上结构形式组合而成的建筑结构体系。如砖混结构是指砖结构与混凝土结构的组合，钢混结构即钢材与钢筋混凝土混合结构，而砖木结构指砖与木材混合使用。上述几种结构形式各具优点，需根据建筑要求加以灵活运用。

四、木结构

中国传统的园林建筑以木结构最多且分布范围广，现存古典园林建筑大多为木结构。木结构建筑从结构形式上，一般分为轻型木结构和重型木结构，其中轻型木结构主要结构构件均采用实木锯材或工程木制产品。中国传统木结构建筑采取木屋架为基本结构体系，有台梁式、穿斗式、井干式等不同类型。与钢筋混凝土及砖石结构房屋相比，木结构房屋具有以下几个突出的特点：使用寿命长，建材可再生，自重轻，整体性强（抗震），施工工艺简单，工期短，室内空间变化丰富。加之木构件可以采用工厂化生产，对施工场地要求不高，非常适用于基地狭窄、运输不便的景观环境。（图1-3-5，图1-3-6，图1-3-7，图1-3-8，图1-3-9）

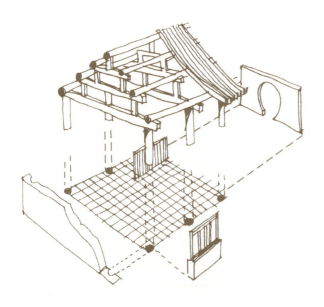

图1-3-5　中国传统建筑形式与结构

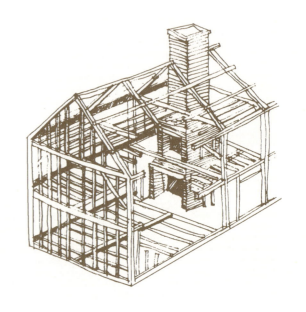

图1-3-6　欧洲木框架结构

图1-3-7　苏州同里耕乐堂屋架——抹角梁

图1-3-8　拙政园中的小飞虹（廊桥）

图1-3-9　新加坡某宾馆庭院木结构草亭

另外，由于木材为绝热体，在同样厚度的条件下，木材的隔热值比标准的混凝土高16倍，比钢材高400倍，比铝材高1 600倍。即使采取通常的隔热方法，木结构房屋的隔热效果也比空心砖墙房高3倍。所以，木结构房屋好像一座天然的温度调节器，冬暖夏凉。

五、钢结构

钢材强度高，且具有良好的可塑性，在相同跨度的条件下，构件断面较混凝土的小，并且可以轧弯成设计要求的形状。钢结构建筑具有以下优势：抗震性能好；自重较轻，可降低基础工程的施工难度及造价；可干式施工，适于缺水的山地等景观环境施工；除基础施工外，构件全部由工厂标准化生产，施工作业受天气及季节影响较小；施工周期比传统建筑的建造时间缩半；结构拆除产生的固体垃圾少，废钢资源回收价格高；施工现场噪声、粉尘和建筑垃圾也少，可以满足景观环境保护的要求。

以钢结构为代表的现代建筑技术的发展，促进了新建筑审美观念的形成，如所谓"高技派（high-tech）"就打破了以往单纯从美学角度追求造型表现的框框，开创了从科学技术的角度出发，

图1-3-10　扬中市滨江公园观鸟台　　图1-3-11　扬中市滨江公园钢栈桥　　图1-3-12　宿迁市河滨公园休息亭

图1-3-13　宿迁市河滨公园观景亭

通过"技术性思维"将建筑结构、构造和设备技术与建造造型加以关联，去寻求功能、技术与艺术的融合。利用钢材的特性加强建筑的表现力，如钢材具有抗拉强度高的特点，运用夸张手段在造型表现上，以斜拉杆件中张力所呈现出的紧张感和力度表现建筑的动感；采用矩形管、圆钢管制作空间桁架、拱架及斜拉网架结构、波浪形屋面等异型结构体系，能够满足园林建筑的空间及造型要求。与钢结构配套的保温隔热材料、防火防腐涂料、采光构件、门窗及连接件等技术的发展极大地丰富了建筑的设计思维。（图1-3-10，图1-3-11，图1-3-12，图1-3-13）

现代钢结构建筑，多用钢构架的造型和暴露结构构件及连接方式的手法展示技术美，由于富于表现力的钢构架常常暴露在外，所以外露的构造节点自然构成了建筑形象的有机组成部分。于是构造节点便被赋予了特殊意义，而节点细部的设计，也就必须成为钢结构建筑设计中的十分重要的一环。它们多由拉杆、钢索和销子、螺栓等构件组成，给建筑师更多的表现空间。

芝加哥千禧公园是在废弃的滨水地带重建起来的，成为城市公园开放空间和公共艺术中心。建筑师弗兰克·盖里设计的露天音乐厅采用巨大的钢管结构将公园场地组织起来，形成类似大空间的露天音乐厅，不仅界定了巨大的空间，也与公园的景观环境充分地融合。（图1-3-14）

图1-3-14　芝加哥千禧公园露天音乐厅钢结构

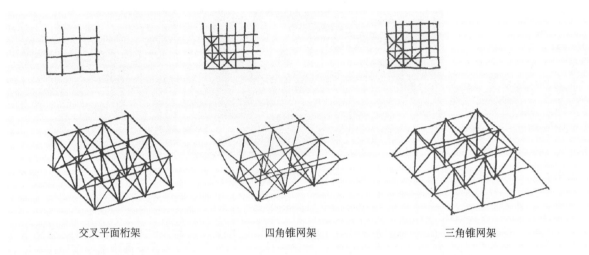

交叉平面桁架　　　　四角锥网架　　　　三角锥网架

图 1-3-15　不同类型的空间网架

六、空间结构

所谓"空间结构"是相对于"平面结构"而言的，空间网架结构是空间网格结构的一种，它具有三维的特性，空间结构也可以看作是平面结构的扩展和深化。空间结构问世以来，以其高效的受力性能、新颖美观的形式和快速方便的施工受到人们的欢迎。以网架和网壳为代表的空间结构的特点是受力合理、刚度大、重量轻、杆件单一、制作安装方便，可满足跨度大、空间高、建筑形式多样的要求。园林建筑中的大跨度展陈建筑也常采用空间结构。（图1-3-15，图1-3-16）

图 1-3-16　江苏园博园·未来花园
（引自 Holi 景观摄影）

网架结构一般是以大致相同的格子或尺寸较小的单元（重复）组成的，常应用于屋盖结构。通常将平板型的空间网格结构称为网架，将曲面型的空间网格结构称为网壳。网架一般是双层的，在某些情况下也可做成三层，而网壳有单层和双层两种类型。空间结构也更多地采用型钢、钢管、钢棒、缆索乃至铸钢制品，在很大程度上，空间结构成了"空间钢结构"。随着现代计算机算法的出现，一些新的理论和分析方法，如有限单元法、非线性分析、动力分析等，在空间结构中得到了广泛应用，以至空间结构的计算和设计更加方便和准确，使得空间结构现在千变万化、种类多样。（图1-3-17）

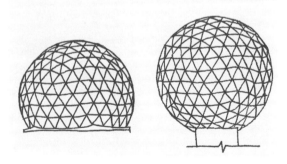

图 1-3-17　单层短程线球面网壳实例

七、膜结构

膜结构又称张拉膜结构（tensioned membrane structure），是以建筑织物，即膜材料为张拉主体，与支撑构件或拉索共同组成的结构体系。它以其新颖独特的建筑造型，良好的受力特点，成为大跨度空间结构的主要形式之一。膜结构轻巧，可塑性极强，表现力独特，作为一种全新的建筑结构形式，集建筑学、结构力学、精细化工与材料科学、计算机技术等为一体，具有很高的技术含量。

膜结构是一种建筑与结构完美结合的结构体系。它是用高强度柔性薄膜材料与支撑体系相结合形成的具有一定刚度的稳定曲面，且能承受一定外荷载的空间结构形式。具有造型自由轻巧、阻燃、制作简易、自洁性好、安装快捷、使用安全等优点，并以其刚柔并济的魅力，打破了传统的建筑形式，在世界各地广泛应用。这种结构形式特别适用于体育场馆、体育看台、休闲广场、观景台、公园、舞台、停车场、高速公路收费站、加油站、博览会展厅、临时会场、景区点缀、标志性建筑小品等的建造。（图1-3-18）

通常钢结构屋顶是由柱梁支撑屋面板，上面覆盖防水、隔热层，这些屋面材料皆不承受结构力。但膜结构中的膜本身就承受活荷载包括风压、温度应力等，膜既是覆盖物，亦是结构的一部分。膜材料是指以聚酯纤维基布或PVDF、PVF、PTFE等不同的表面涂层，配以优质的PVC组成的具有稳定的形状，并可承受一定载荷的建筑纺织品。它的寿命因不同的表面涂层而异，最长可达50年。

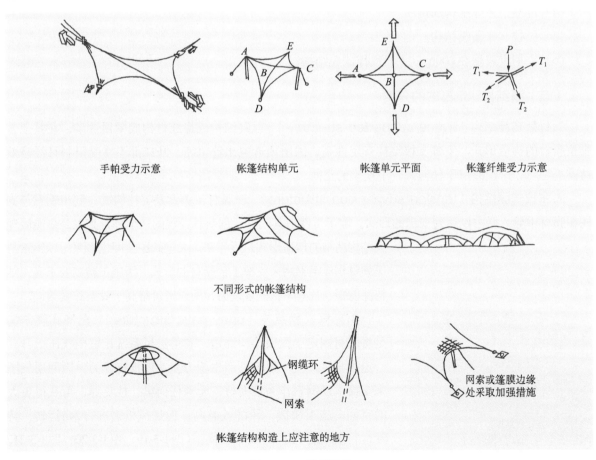

图1-3-18 帐篷结构

（一）膜结构材质分类

1. 平面不织膜　由各种塑料在加热液化状态下挤出的膜，有不同的厚度、透明度及颜色。最通用的是聚乙烯膜，亦有以聚乙烯和聚氯乙烯热熔后制成的复合膜，其抗紫外光能力及自洁性强，且使用年限可从7年延长到15年，此种膜因张力强度不大，因而自跨度不大，属于半结构性的膜材。

2. 织布合成膜　以聚酯丝织成的布芯，双面涂以PVC树脂，再用热熔法覆盖上一层聚氟乙烯，制成复合膜，使用年限从7年延长到15年。因布芯的张力强度较大，织布合成膜可用于多种张拉力型结构，跨度可达8～10m，美、日、法、韩等国皆生产质量上乘的膜材料。

（二）与膜结合的结构分类

（1）纯钢拱形结构。采用传统的梁柱系统，屋顶为圆拱式，柱梁间距一般为8m左右。

（2）混凝土结构主体加钢拱。

以上两种是最简单的膜结构，依平面的形状不同，如方形、菱形等，膜结构可有许多变化，拱的间距根据使用的膜材强度、设计荷载、风力等确定。

（3）混凝土主体结构加钢索。脊索为上弯，位于膜布下面，谷索为下弯，位于膜布上面。两种钢索弯向相反经张拉后造成相反方向的垂直力，使膜布受到垂直方向的张力，膜布中水平方向的张力直接由张拉形成。

（4）混凝土主体结构加钢柱。

（5）张拉式帐篷膜结构。

（6）大型（跨度在200m以上）气撑式膜结构。

（三）膜结构建筑形式的分类

1. 骨架式膜结构（frame supported structure）　以钢结构或集成材构成屋顶骨架，在其上方张拉膜材的构造形式，下部支撑结构安定性高，因屋顶造型比较单纯、开口部不易受限制且经济效益高等特点，广泛应用于任何大、小规模的空间。

2. 张拉式膜结构（tension suspension structure）　以膜材、钢索及支柱构成，利用钢索与支柱在膜材中导入张力以达到安定的形式。除了可营造具创意、创新且美观的造型外，其也是最能展现膜结构精神的构造形式。近年来，大型跨距空间也多采用以钢索与压缩材构成钢索网来支撑上部膜材的形式。因施工精度要求高，结构性能强，且具丰富的表现力，所以造价略高于骨架式膜结构。

3. 充气式膜结构（pneumatic structure）　充气式膜结构是将膜材固定于屋顶结构周边，利用送风系统让室内气压上升到一定水平后，使屋顶内外产生压力差，以抵抗外力。因利用气压来支撑，以钢索作为辅助材，无须任何梁、柱支撑，可获得更大的空间，施工快捷，经济效益高，但送风机需进行24h运转，持续运行及机器维护的成本较高。（图1-3-19，图1-3-20，图1-3-21，图1-3-22，图1-3-23，图1-3-24，图1-3-25）

图1-3-19　威海海滨浴场膜结构休息亭1

图1-3-20　威海海滨浴场膜结构休息亭2

图1-3-21　香港维多利亚公园膜结构休息亭

图1-3-22　膜结构支座

图1-3-23　上海浦东中央公园膜结构服务亭

图1-3-24　马来西亚布城国家大清真寺滨水膜结构小品

图1-3-25　新加坡海滨膜结构小舞台

第四节　设计思维与表达

一、园林建筑设计思维

园林建筑设计应当是多元化与鲜明特色的辩证统一。园林建筑设计、景观设计等究其本质是以人工的方式介入自然的过程，它们的一个基本特征便是景物的造型。相对于其他艺术形式而言，园林建筑有属于自己特定的思维方式。所谓的视觉思维是指对视觉形式的感受能力，借助于形式语言进行思考的能力，运用图形语言及绘画的方式对所思所想进行描述的能力等。这种能力虽然是生来即具有的，但是流畅自如地使用视觉思维的方式去从事某些专门活动的能力必须经过特别的训练才能获得。形式生成带来了充分的推理依据，并整合了建筑形体，创造出秩序感和形式美感，但这样的推理给人们留下了疑惑：概念→手法→形态，由概念推演到形态，是一种必然？还是一种偶然？抑或是两者的结合？（图1-4-1，图1-4-2）

图1-4-1　概念构思发展的顺序

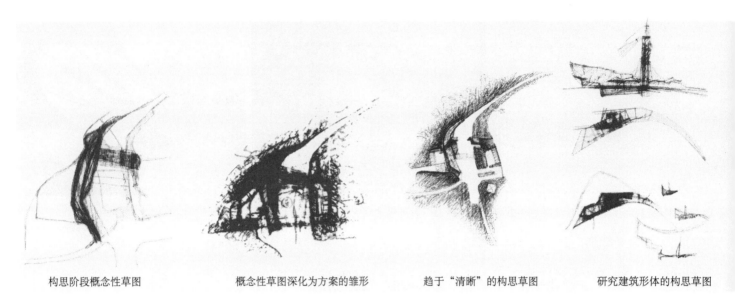

| 构思阶段概念性草图 | 概念性草图深化为方案的雏形 | 趋于"清晰"的构思草图 | 研究建筑形体的构思草图 |

图1-4-2　松花湖景观建筑构思

(引自张伶伶、李存东，2001)

建筑设计思维具有交互性、同步性的特点。所谓交互性是使影响建筑构成的诸要素之间相互作用，在建筑单体设计中一个重要的思想是同步思维，即在研究平面的同时对建筑物的形体应有充分的估计，对其体量组合、空间形态及其与周边环境相互关系等均应有所考虑。

于是对建筑的深化更多的是功能、空间、结构、流线等方面的思考，它遵循形态的逻辑，考虑建筑的可建造性，并将概念落实到现实层面的空间组织之中。建筑设计的最终抽象概括的结果是空间，即建筑师的设计理念用空间加以表达。建筑创作虽然离不开语言工具和逻辑思维，但设计过程所要把握和处理的对象及素材大都是视觉空间，思维的最终结果也是通过三维的立体形象来表达。建筑空间设计的思维，是富有创造性的设计过程，本质上是视觉形象与空间思维。

美国艺术心理学家R.阿思海姆认为视知觉具备思维的理性功能：理解能力、识别能力、解题能力。一切思维活动特别是创造性思维活动都离不开"视觉意象"。作为视觉的"主观能动性还能产生一连串其他有机性极强的活动，如挑起疑问、创造性融合、找到某些有希望的线索"。阿思海姆向美国斯坦福大学的麦金建议"用'视觉思维'这一术语来描述想象和构绘二者之间的相互作用"。后来，麦金指出，"视觉思维借助两种视觉意象进行"，其一是"人们看到的"意象，是"我们用心灵之窗所想象的"，其二则是"我们构绘，随意画成的东西或绘画作品"，所谓"视觉思维"是通过加工视觉意象解决问题的思维。

建筑设计具有相当复杂的思维过程，不仅要考虑功能与空间的形式，建筑师还要研究文脉、环境、行为心理、技术及经济等方面。因此，建筑设计是综合性地解决问题的过程。提高建筑设计创造性的关键之一，就是在发展视觉思维的基础上，进行整合性的设计训练。

提高思维的灵活性、开放性。如果忽视创造个性的塑造，将创造力开发仅仅局限于创造方法的掌握，那么，就会把方法当作知识来学习，而不能将创造方法内化为思维习惯。

学会尝试从不同的视觉角度去看问题，训练利用多种感觉感知事物，训练手、眼、脑的协调，提高动手能力。既要加强图形的表达和立体模型的制作能力，通过勾勒草图表达思维过程；同时还要学会使用探索型图形和开发型图形来表达和发展创意，在眼的观察与手的感觉和大脑想象之间不断进行反馈，灵活运用图示语言表达设计意图。

创造性思维的训练是创造性解决问题训练的基础。建筑设计过程的研究和分析表明，在创造性设计过程中，特别重要的是立意构思和表达方式两个环节。

建筑造型和形象的评价不仅需要想象和感受，而且需要理性的思维，以尽可能坚持客观、科学、公正的评价标准，全面、系统、合理地权衡建筑设计中的功能、造型与景观环境的关系。园林建筑造型和形象的创作设计主要与下列因素有关：

（1）建筑所在地区景观环境及生态环境。

（2）建筑所在地段的规划要求。

（3）建筑所在地区的时代文化环境及传统文脉。

（4）建筑的具体使用功能、使用对象、使用性质及其相应的内外部空间环境要求。

（5）建筑物构成的结构技术、材料技术、设备技术和施工技术。

（6）建筑造型形象所要表达的象征性、隐喻性和艺术主题，以及建筑使用功能。

建筑造型的含义有狭义和广义之分。狭义的是指建筑物内部和外部空间的表现形式，是被人直观感觉的建筑空间的物化形态，包括立面、体型、质感、色彩、细部等；广义的是指建筑物创作的整个过程和各个方面，包括经济、技术、功能和审美等内容。建筑造型具有显著的空间特征和环境特征。由于建筑本身的固定性，要求建筑造型与周围环境或其他建筑有机配合、相映成趣，是园林景观、城市美化、建筑空间和建筑艺术形象的组成部分。从建筑物的外观看，它是三维的立体形态，其立体构成必须受内部空间的制约。从中外建筑史来看，建筑造型形式虽有继承传统和发展创新的关系，但由于不同的时代背景、生产方式、社会制度、民族传统、自然条件、生活习惯、技术条件及建筑师的气质、修养等不同，形成不同的建筑造型形式。建筑造型的基本原则要求在构思和设计时必须从整体出发，在宏观的制约下经营部分乃至细部的设计，这样才能使规划、设计的一些建筑物既新颖独特，又与整体统一协调，给人们一种整体感、尺度感和节奏感。从古今中外诸多建筑来看，园林建筑造型的类别十分繁多，主要有结构类、组合类、装饰类、雕塑类等。

南京玄武湖公园动物园长颈鹿馆以两只相对而立的长颈鹿为建筑造型母体，形式活泼且暗示展示主题（图1-4-3）。东南大学九龙湖校区至善亭设计注重传承与创新相结合，采用正方形平面、矩

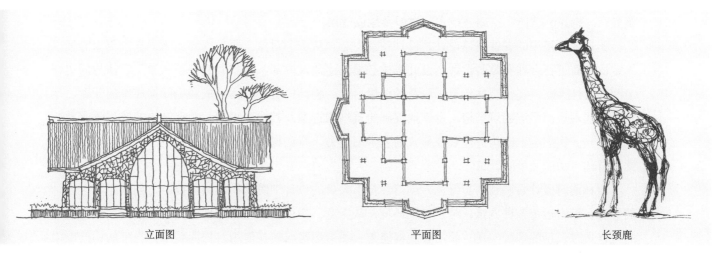

图1-4-3 南京玄武湖公园动物园长颈鹿馆

(引自王庭熙、周淑秀，1994)

形立面，经典的比例、现代的手法塑造了端庄典雅的建筑形态（图1-4-4）。图式思维是建筑设计重要的思维方式，它是设计师整合环境信息、探讨建筑模型、深入细化方案的有效手段。

首先对用地现场的基本条件（包括建筑环境、基础设施、地区文化特征等）进行调研和分析，在此基础上与业主一起确定该地段可能进行的建设。用地的适宜性、景观朝向、土壤、植被等诸多因素都是影响项目发展的因素。市场可能的发展前景是决定项目建设能否成功的关键因素。工作团体将根据以往的经验以及现状分析得出发展的主要可行途径，并提出最具发展潜力的设计构思。

图1-4-4　东南大学九龙湖校区至善亭

二、园林建筑设计表达

园林建筑设计不是简单的造型设计，它需要学习并掌握建筑结构、建筑材料、建筑构造、建筑设备等其他相关知识，掌握徒手草图绘制、计算机绘制、模型制作、语言表达等设计表达的基本技能。因此，在建筑设计的过程中可穿插进行一定的实践活动，结合设计题目及内容，安排相应的工程实践课时，以培养学生的创造能力、表达能力、设计能力及适应能力。建筑设计依靠图式语言加以表达，设计表现和形态构成等课程是园林建筑设计的基础，可以加强设计与表达一体化的形象思维能力。（图1-4-5）

园林建筑设计具有理性与感性交织的特点，因而形象思维与逻辑思维相结合是园林建筑设计思维的基本。思维方式恰当、采取语言准确，是设计成功的重要因素。建筑设计的表达就是思维的物化过程，具有一定的规律和规则。例如功能空间之间的联系、景观环境的肌理均存在着一定的逻辑关系。内在逻辑便是建筑设计的构筑框架，是构成建筑作品整体关联的主导因素。逻辑结构和建筑的功能分布结构虽然是不同的概念，但在设计中却浑然一体。设计师以符号语言和图式语言表达建筑立意、构思、功能、空间、技术、材料及建成效果。

如景观环境中的餐饮建筑设计，设计师首先必须从服务对象、服务内容、周边景观要求等加以界定，从而进行合理有效的设计。设计表达必须表述建筑内部不同空间的关系和建筑整体与周边环境间的设计策略。现代园林建筑采取新的结构形式，将结构看成立体构成和空间构成中的元素，运用造型艺术规律组织建筑结构，合理地理解建筑结构选型及其构成规律，掌握结构的造型语言及其表达方式。拓展运用结构造型表现形式的艺术创造力，将结构与功能及形式有机结合，能够设计出结构合理、功能完善的建筑。

园林建筑设计强调独创与特色，创造性是以大量的设计训练与积累为前提的，创造是建筑设计的灵魂，综合运用各种方法，结合景观环境，从立意、构思、表达、表现等提出设计方案。创造能力可以通过长期的训练实现，如培养观察能力、图形记忆与转换能力、协同想象力与手的构绘能力等；视觉思维训练，包括空间立体感和空间视觉化能力的训练，转换、分解、重组能力的训练等。建筑创作构思过程的学习，首先是思维方法的训练，如发散与收敛思维、正向与逆向思维、联想与类

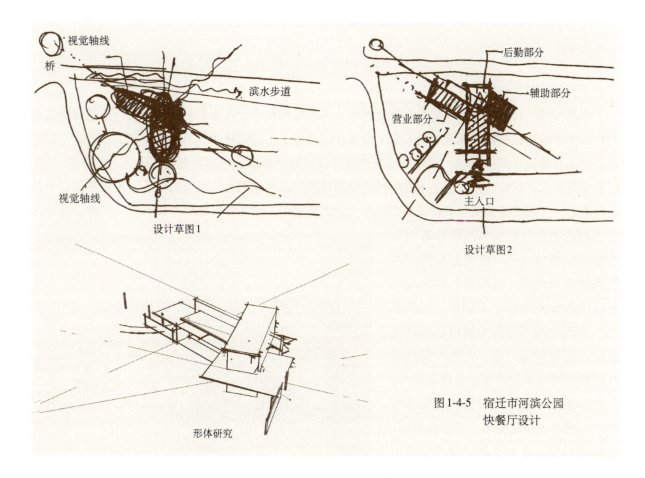

图1-4-5 宿迁市河滨公园快餐厅设计

图1-4-6 巴黎垂直社区设计图
（藤本壮介事务所）

比等；通过对景观空间氛围、场所精神的分析、文化环境的解读，提炼环境特征作为建筑设计的契机。建筑思维具有图示化的特点，以及思维过程始终以图形的方式进行，建筑设计在表达上以徒手表达为基础，手脑并用不仅可以将思维过程不间断地表达出来，而且可以促进、深化设计思维。计算机技术、模型制作起辅助设计的作用，可以快速、准确、直观、全面地表现建筑形体与环境，同样也是建筑设计与思维表达的重要手段。如藤本壮介事务所设计的巴黎垂直社区，传统的手绘图式语言难以表达异型的设计方案与过程，借助计算机可以很容易地将设计思维清晰地表达出来。（图1-4-6）

园林建筑设计总论 第一章 // 51

第五节 园林建筑发展与创新

中国传统园林建筑有着丰富的实践及理论，不论是存在于大江南北的园林建筑，还是《醉翁亭记》中描绘的建筑与自然环境的天人合一境界，均塑造了中国园林建筑的审美理想。所有这一切均是我国园林建筑实践的基础，藐视传统与抱残守缺同样不可取。日本著名建筑师黑川纪章说，"在任何文化中都存在着一些理论上不能解释的某种气氛。由于它们无法表现的特性，使得它们易于被人们遗忘……当要提高某个设计或某个国家文化的质量时，要高度重视那些在经济、产业、技术这些合理的物质社会实体后面的看不见的哲学或精神……"应充分发掘中国的民族建筑风格，进而进行建筑文化与时代特征的融合以至创新，逐步走出一条现代的、符合中国特色的建筑道路。要做到这一点，必须要先全面地理解传统建筑设计手法及建造技术，在此基础上探讨新园林建筑的发展与创新，满足人性化要求，与时代对话，与环境对话，走中而新的园林建筑创作之路。（图1-5-1）

图1-5-1　苏州博物馆休息亭

一、《营造法式》《工程做法则例》《清式营造则例》及《营造法原》

中国古代流传下来的有关设计、施工的专门书籍很多，其中尤以宋《营造法式》和清工部《工程做法则例》最为系统，是学习传统建筑尤其是宋式、清式建筑的必读书目。

（一）《营造法式》

李诫，字明仲，管城（今河南郑州）人，北宋著名建筑学家，出身于官吏世家。时任将作监丞（又称少监，是将作监的副长官），受命重新编修《营造法式》。他博学多才，精于书法，擅长绘画。在编修《营造法式》前，主持过许多重要的建筑工程，在工程规划设计、施工管理等方面积累了丰富的经验。

《营造法式》全书36卷，357篇，3 555条。其分五大部分，即名例、制度、功限、料例、图样。名例部分对建筑名词术语进行了解释，对部分数据做了统一的规定，纠正了过去一物多名、方言土语等谬误。他还总结了施工的实践经验，制定了各项工程制度、施工标准、操作要领等，对各种建筑材料的选材、规格、尺寸、加工、安装方法都一一加以详尽的记述，堪称古代建筑的一部百科全书。全书内容包括四个部分：

第一部分：将北宋以前的经史群书中有关建筑工程技术方面的史料加以整理，汇编成"总释"

两卷。

第二部分：按照建筑行业中的不同工种分门别类，编制成技术规范和操作规程，即"各作制度"，共十三卷。其中包括：大木作制度，即有关建筑物结构技术、构造做法的制度；小木作制度，即有关建筑物的门、窗、栏杆、龛、橱等精细木工的形制及构造做法的制度；石作制度，即有关建筑中石构件的使用及加工制度，石雕的题材及技法；壕寨制度，即有关房屋地基处理及筑城、筑墙、测量、放线等方面的制度；彩画作制度，即有关建筑上绘制彩画的格式，使用的颜料及操作方法的制度；雕作制度，即有关木雕的题材、技法等方面的制度；旋作制度，即有关建筑上使用的旋工制品的规格及加工技术的制度；锯作制度，即有关木质材料切割的规矩及节约木料的制度；竹作制度，即有关建筑中使用竹编制品的规格及加工技术的制度；瓦作制度，即有关瓦的规格及使用制度；砖作制度，即有关砖的规格及使用制度；泥作制度，即有关垒墙及抹灰的制度；窑作制度，即有关烧制砖瓦的技法。

第三部分：总结编制出各工种的用工及用料定额标准，共十五卷。

第四部分：结合各作制度绘图193幅，共六卷。

（二）《工程做法则例》

清工部《工程做法则例》是清代官式工程做法的一般标准，是明清两代工程官式做法的汇集，重在官工营造。全书以文字说明为主，极少附图。梁思成先生的《清式营造则例》就是以它为底本开展研究的。

清王朝建都北京初年，一切设施多沿袭明代旧制，康熙两修故宫太和殿，即就明皇极殿旧基翻修。雍正继位，政治局面渐次稳定，经济逐步恢复，官工营造随之而多，工部《工程做法则例》的颁布，就是基于新的发展形势而提到日程上的，原编体例大体仿宋代《营造法式》，内容以工程事例为主，条例多从简约，应用工料重在额限数量，与《营造法式》略有不同。《工程做法则例》的刊行，对清代官工经营管理起着关键主导作用。

《工程做法则例》原编七十四卷，清雍正十二年（1734年）刊行，被《大清会典》著录列入史部政书类。全编大体分为各种房屋建筑工程做法条例与应用料例工限两部分。主要写了各种官式做法，采用条例规范与范例相结合的方法逐条对照说明，基本是按照建筑营建先后的顺序由下至上的，其中条例的部分和具体尺寸都能相互对照。缺陷就是图例几乎没有，本书主要是一个官式的规范，对一些操作中的事宜没有过多的说明。比如对大木的画线方法、油饰的工艺等都没有详细的说明。

清工部《工程做法则例》对官式建筑列举了27种范例，对应用上的等级差别、做工用料都做出具体规定。这种定型化的建筑方法对汇集工匠经验、加快施工进度、节省建筑成本固然有显著作用，但也因为"遵制法祖"而妨碍了建筑的创新。

（三）《清式营造则例》

梁思成先生将欧美建筑学及建筑史的研究方法应用于中国古代建筑理论与技法的整理中。他认为要研究宋《营造法式》，应从清工部《工程做法则例》开始，要读懂这些巨著，应求教于本行业的老匠师，以北京故宫和其他古建筑为教材。于是他首先拜老木匠相文起、老彩画匠祖鹤州两位老师傅为师。到1932年，他基本把清工部《工程做法则例》弄懂了，并总结学习心得写了《清式营造则例》(1934年出版)。

(四)《营造法原》

1929年,姚承祖经过六七年的努力,终于将《营造法原》写成。脱稿后,他将手稿交给北京中国营造学社刘敦桢教授,托其校阅整理,刘教授于1932年将该书介绍给营造学社。社长朱桂辛先生亲自校阅,但由于书中所用术语与北京官式建筑的不同等原因,事隔数载,没有付印。1935年秋,刘敦桢教授又将《营造法原》原稿转交给他在南京工学院的学生张至刚先生。张至刚先生利用课余假期,着手编制、测绘、摄影等工作,并常与姚承祖商讨书中问题,使书籍终于在1959年与读者见面。全书按各部位做法,系统地阐述了江南传统建筑的形制、构造、配料、工限等内容,兼具江南园林建筑的布局和构造,材料十分丰富。书中附有照片172帧,版图51幅,该书对设计、研究江南传统形式建筑有较高的参考价值。

二、传统园林建筑的类型

任何一个民族传统建筑文化的形成,都与其地域、气候等自然条件及宗教、生活习俗等文化因素相关。发展地域性园林建筑,使建筑的民族性与时代特征相结合,需要以深厚的传统建筑文化底蕴为基础,若不了解本民族建筑文化及其特征,发展有地域特色的园林建筑便无从谈起。一方面继承传统,除特殊环境及项目要求外,不应单纯地模仿古建筑,而应鼓励在设计实践中把传统和时代特征、新的建筑技术、新材料结合起来,形成具有本民族特征的新园林建筑。另一方面深入研究传统建筑的精神,诸如建筑空间的内涵、地域特征、建筑模数、建筑材料与技术的使用等,从而将传统的建筑文明内核和现代的技术与功能相结合,凸显现代园林建筑地域化、民族化的新貌。结合现代中国人的生活方式与景观环境,以发展的眼光看待园林建筑传统,在充分研究传统园林建筑的基础上,对传统园林建筑的营造手法、技术、规则与形式形成全面认知是继承与创新的前提。

中国自然山水园林是由山、水、植物和建筑组成的。古典园林中的建筑类型非常丰富,有亭、台、廊、舫、楼、阁、斋、堂、轩、馆、屋、榭、塔、坊、桥等单体建筑,园林建筑是造园的重点之一,造园思想、造园理论、造园艺术手法都在园林建筑中充分体现。

1.**厅堂**　厅堂往往是园林中的主要建筑物,一般为聚会迎宾之所,但因其在园林之中,因而比较灵活且富有变化。在功能上的一个特点,除议事迎宾之外,还是观赏景色的主要场所。依据平面布局之不同,有四面厅、鸳鸯厅等类型。

2.**亭**　亭在造园中是最常用的建筑。计成所谓"亭者,停也",据《释名·释宫释》上解释:"亭,停也,亦人所停集也。传,转也,人所止息而去,后人复来,辗转相传,无常主也。"亭的种类甚多,其基本功能是供人们停留栖息。园林作为供人们游憩的地方,亭的体量小巧,布局随意,形式各异,或攒尖、或卷棚,或三角、六角、八角,或方或圆,变化万千,可因景而设。亭子成为中国园林中最为常用的一种建筑形式。

3.**台**　台也是中国园林建筑中历史悠久的一种类型。先秦的苑囿中有囿台、灵台、时台之分,其中的囿台便是专门的园林建筑。《释名》上说,"台者,持也。言筑土坚高,能自胜持也。"园林中的台，据《园冶》一书上说："园林之台，或掇石而高上平者，或木架高而版平无屋者，或楼阁前出一步而敞者，俱为台。"园林中的台主要有两种类型：一种是露台，可以登临台面眺览和举行活动；一种是作为建筑物和建筑群的基础，在园林中许多建筑物前都有宽广的"月台"，可供观赏景色和开展各种活动之用。

4. 廊　廊是园林建筑中不可或缺的一种线形建筑，具有交通功能，可将不同的园林空间串联起来，也可用于划分园林空间。廊不仅有连接园林中各种建筑物、供游人停歇观赏、遮阳避雨的作用，还可增加园林中的空间层次。廊的形式变化多样，有的两面通透为敞廊，有的与景墙漏窗相结合呈半开敞，有的上下相叠、左右相邻而成楼廊、复廊，有的因地形高下曲折而成爬山廊……如北京颐和园的长廊，人们行走其中，可以观看廊外湖山景色，其本身也成为万寿山前的一个重要景观。

5. 楼阁　楼阁在园林中占有突出的地位，为两层或两层以上的建筑物，作为园林中起居或活动场所，通常处于园林的后部，或位于山石之上，可在此观赏全园景色。如北京颐和园万寿山佛香阁、承德避暑山庄金山阁、苏州沧浪亭看山楼、拙政园浮翠阁、扬州何园长楼等，它们都成为全园或园中一个景区的制高点。登楼一望，园内外景色尽收眼底。楼阁不仅是游人登高凭栏纵目的佳处，楼阁本身同时也是园林最为突出的景观节点，往往可作为对景或主景。

6. 桥　传统园林有山有水，桥梁作为沟通山水的主要手段，成了中国园林中常见的一种建筑物、构筑物。园林中的桥因游赏及造型需要变化多端，如曲尺形，有三曲、五曲、七曲、九曲等类型，如上海豫园的曲桥；有可以遮阳避雨的廊桥、亭桥，如苏州拙政园的小飞虹、扬州瘦西湖的五亭桥等；有形如半月的单拱桥或多孔拱桥，如颐和园的玉带桥、罗锅桥等。

三、民族风格园林建筑的发展与创新

中国有着悠久的建筑历史与传统，应结合时代的需求，发展民族特有的建筑文化，营造地域性建筑，园林建筑较之于其他类型的建筑，更具有使命感。长期以来，人们致力于本民族的建筑形式的研究，建筑界一直在追求所谓"中而新"的建筑形式，然而，对传统建筑文化的发掘与弘扬不应仅局限于对传统形式的模仿。对于传统古建筑的模仿，在园林建筑设计之中十分普遍，通常称为"仿古建筑"。除了特殊地段诸如文物保护区、历史街区（环境）的修复等之外，简单地采用传统的建筑形式并不意味着对传统建筑文化的发扬，相反由于简单照搬与营造而淡化了对传统建筑文化的深层发掘与传承。

日本建筑师对于新建筑的探索具有一定的借鉴意义。著名的建筑师如丹下健三、黑川纪章、矶崎新、安藤忠雄等人，深入研究日本传统建筑与文化，并与当代建筑技术、时代的审美趣味相结合。他们的作品往往既具日本建筑文化的韵味，又有很强的时代特征。1964年丹下健三设计的东京奥林匹克运动会的代代木综合室内体育馆是他建筑设计顶峰时期的作品之一，该建筑采用了悬索结构的大屋顶，因此，单从技术运用上来说，是日本经济进入成熟时期的代表。该建筑其实是一个巨大的建筑群，由第一体育馆、第二体育馆和附属建筑组成。第一体育馆为两个相对错位的新月形，第二体育馆为螺旋形，两馆南北相对，中间形成一个广场，巨大的悬索结构屋顶采用两个错位新月形和螺旋形组成，具有强烈的形式感和明显的日本传统建筑的基本构思（图1-5-2）。与此同时，在设计技术上,他重视钢筋混凝土的表现性运用,建筑的形式具有日本神社的传统特征和日本造船传统的审美细节。因此,这个建筑群一方面是国际性的,同时又是民族性的,把两者如此完美地结合起来,集中体现了地方历史文化和民族风俗风情,体现了当时社会进步的本质特征。在丹下健三的作品中,流动的城市空间、充满生命力的水系、风格统一的建筑群体、尺度适宜的居住建筑、亲切宜人的空间环境独具日本新建筑风格。

图1-5-2　代代木综合室内体育馆

矶崎新是丹下健三的弟子,在建筑手法上喜欢将老的元素拼贴成新的东西。"矶崎新是代表20世纪后期特征的建筑家。"他被称为隐喻大师,他认为:"建筑中的意义并不是外延的,而大部分都是内涵的。这种内涵是以暗示和隐喻为基础的。'建筑语言'要求形成联系。"他的作品中通常有九个常用隐喻,如阴阳人、字母、官能机器、柏拉图立体、微明、空洞、废墟、影和暗。他设计的Uji-an茶室名字源于Shyohoganzo一书中同名的章节。这本书是禅宗大师道元的作品,12世纪,道元把中国佛教禅宗的主要教派传至日本。他把"一时"的概念转化为"即时",即"Uji"。茶道创始于16世纪,受到禅宗文化的影响。供团体分享品茶一刻的场所是空间上的构成要素,但最重要的要素是"分享时间"。正如用"一时""一遇"之类的说法来表达一样,这是一种值得珍爱的共享时刻:每个人在他或她自己身上所花的时间都和他人所花的时间相混合,形成一种共享时间。"Uji-an"茶室设计正是遵照道元所传的关于时间的理念。(图1-5-3)

在茶室建筑设计手法方面,"布局"承担着其他所有程序的基础作用。在他的设计中,扩大了"引用物"的来源范围:从传统的历史文物清单到格式塔心理学的范畴,还有当代技术,使人可以了解形成空间格式塔的要素来源。主茶室左边是休息室,弧形墙背景内是厨房。房间里包含着资料的聚集,包括形式或非形式因素。隐喻的魅力在其表现状态,功能性也从未被忽略。

图1-5-3　Uji-an茶室

园林建筑设计涉及领域宽泛,环境景观、功能、形式等因素都在制约着建筑,其中最基本的是空间组织,这里包括空间的对比、空间的韵律等,抓住建筑的空间特点,通过空间的组织表现中国传统造园及建筑的手法,应当是现代园林建筑民族化的有效方式之一。传统的园林建筑的自然雅致、诗情画意,与文学、绘画有着密切关联,表现出中国传统文化的特征:人的参与使园林建筑具有浓厚的人文色彩；园林建筑与山水的结合突出与自然环境的和谐统一，园林建筑是景观环境的主要组成部分之一。园林建筑的体量不大，所表达出的是淡雅、朴实的特质，追求自然和谐的田园生活意境。

传统的园林建筑游览路线，多采取以厅、堂为中心的环形方式，或循廊，或入室，使风景时而开朗，时而隐蔽，通过借景增添情趣，在风景组合及满足人们动静结合的游览要求方面得到了成功体现。例如传统的庭院式的建筑布局，呈现出的空间格局是对外封闭，建筑单体向内开放，面向庭园一侧的界面处理较为通透。巧于因借也是中国园林建筑设计的重要原则。"因"为"因势"，就是建筑和自然环境的地形地貌很好地结合起来；"借"为"借景"，就是把园内或园外的佳景借到自己的观景范围里来。所有这一切均是为了追求建筑与景观环境的融合。

由冯纪忠先生主持设计的上海松江方塔园，运用接近传统的营造方法、材料等，结合新的结构、构造技术，糅合了传统与现代的美。设计者采取灵活的方式重组方塔园景观空间秩序，将基地内不同时期的建筑遗存有机地重组，其中北大门、东大门和垂花门采用了与遗存建筑相协调的小青瓦面，屋架则采用具有时代特征的轻钢结构，既表达了对历史环境的充分尊重，同时融合了全新的结构体系。（图1-5-4）

彭一刚设计的福建漳浦西湖公园民俗馆，从闽南民居中汲取设计元素，结合惠安女所戴斗笠形

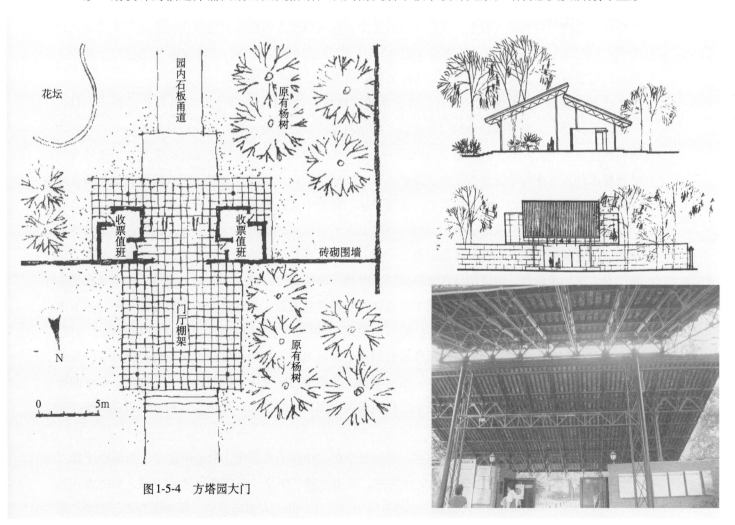

图1-5-4 方塔园大门

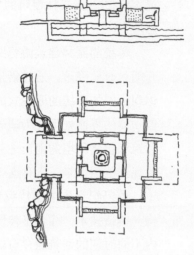

图1-5-5 杏林公园大门
（引自彭一刚，2000）

图1-5-6 听瀑亭剖面图及平面图
（引自钟华楠，1990）

态特征作为建筑屋面设计线索，拓展了设计思路，探讨新地方风格园林建筑设计途径（详见第六章实例）。再如他设计的杏林公园大门（图1-5-5），屋顶采用架空构架与缓坡屋面相结合，下部为立柱与块石围合的门卫室，简洁明快，同时又很好地表达了传统建筑的形与神。

选择那些符合时代要求、具有发展潜质的园林建筑设计理念、手法，结合现代的技术、材料等加以发扬光大，走中国特色的园林建筑之路是对传统最好的继承与发展。园林建筑应当具有鲜明的时代性，一个时代的生活从根本上决定了一个时代的建筑特征，除历史遗存的恢复、历史环境等特殊要求外，一味简单的复古无益于探索具有民族精神的新园林建筑。对于民族的建筑文化的表现不外乎从"形"与"神"两方面着手。所谓"神"就是中国人建筑的理念与思维方式的特征，具有相对稳定性，而建筑形式的传承因时代、环境及人们的审美取向的变化而多变。建筑的形式最易于模仿，而建筑的手法及精神的传承则更加可贵，由于不受具体建筑形式的局限，可以便于与当代的物质及人文环境融合。与之相反，忽略建筑的时代、环境特征，唯复古受用，通过形式主义和拼贴手法追求中国建筑传统的表象，无助于民族风格新景观的发展。香港学者钟华楠提出"中国建筑中最具民族风格、传统形式和地方色彩的是园林建筑"，他在《亭的继承》建筑文化论集中以亭为例，探索对"亭"的传承，在功能与环境各异的前提下，钟先生采用现代设计手法与材料设计了一系列亭子，或方、或六角，形态各异。亭子四面临空，主要由柱子及屋顶构成，设计不拘泥于亭子的样式，在保留亭子基本形态特征的前提下，对构成要素屋顶与柱子加以变化，达到重在表现传统亭子的神韵的设计目的。

- **听瀑亭** 该亭在公园中倚岸临水，对面是小桥，小桥后有瀑布，故名听瀑亭。听瀑亭平面以九宫格布局，利用"井"字的交点为柱，四边伸悬平屋顶，而四柱上架金字顶。亭的面积虽小，却有三种不同的观园位置。一是亭的中心有井，井上有圆角方桌，桌中镶有圆形玻璃，透

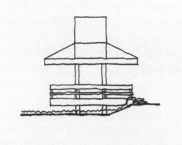
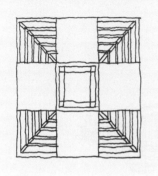
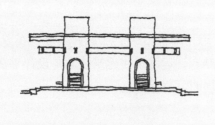
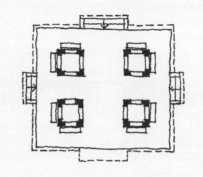
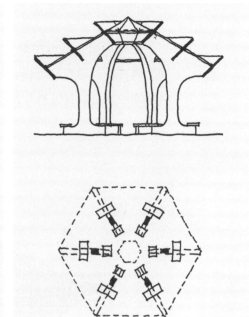

图1-5-7　湖边亭立面图及顶面图
（引自钟华楠，1990）

图1-5-8　赛西湖亭（一）剖面图及平面图
（引自钟华楠，1990）

图1-5-9　赛西湖亭（二）剖面图及平面图
（引自钟华楠，1990）

过玻璃可观井底；二是靠亭边的座位，分为三组"美人靠"；三是四角，供倚栏杆之游人立观。（图1-5-6）

- **湖边亭**　该亭的设计是利用九宫格决定四根柱的位置，亭顶的四角无盖，只以木条框点缀和增加空间的深度。亭的地台和屋顶都由这四根柱子支承悬臂梁挑檐，尽量表现浮的感觉。亭心位置就是九宫格的中心，无顶也无底，上可观天，下可数鱼，也可谓天地相通。（图1-5-7）

- **赛西湖公园亭（一）**　平面以九宫格布局。位于四角的方格处四个空心的巨型方柱向上竖立，其他的五个空格是走路的空间，来这里的游人必会欣赏海港和九龙的鸟瞰景色，所以椅子座位都是靠外墙的。屋顶采用高低不同手法，增加造型的趣味。在四个空心巨柱中开圆孔和拱门，使空间产生层次感。（图1-5-8）

- **赛西湖公园亭（二）**　平面布局为六角形，六根柱子往内伸悬而变成柱梁连为一体，斜放的屋顶间镶彩色塑料，附近高层大厦的住客往下望时情趣倍增。每根柱子在连接地面的根部都设计有外向和内向的双人座位，共六组十二座。亭的造型有"花塔"的外貌，亭心是空地。（图1-5-9）

辽宁锦州北镇医巫闾山历史文化风景区，山门采用了悬臂交叉剪影式的奇特造型，门长26m、宽12m、高12.5m，四根悬臂板状立柱镂空的山门系天津蓟州独乐寺的剪影，具有典型辽代建筑屋面曲线的特征，山门底部的八幅壁雕，记叙了从禹舜到明清的闾山文明史。建筑的虚与实、正与负相生，空灵的门与厚重的山相匹配，构想巧妙，采用现代造型艺术手段对传统建筑文化加以成功的诠释。（图1-5-10，图1-5-11）

园林建筑设计以历史、生态、环境、保护意识为指导，在尊重历史与环境的基础上，重组景观。将园林建筑与环境设计相结合，运用现代建筑技术与设计手法，传承并发展民族性、地域性的典型建筑特征，是园林建筑发展的主流方向之一。

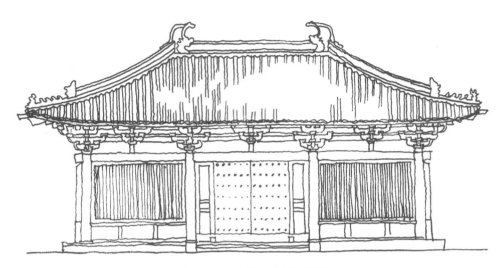

图1-5-10　独乐寺山门立面图

图1-5-11　辽宁锦州北镇医巫闾山历史文化风景区大门

第二章

入口建筑

在园林建筑中，入口建筑处于园林空间景观序列的开始，设置在突出、醒目的位置，起到标志、划分与组织园林内外空间、控制人车流出入与集散、管理及小型服务等作用。同时，园林入口建筑也发挥着强化园区的整体特征以及建筑艺术基本格调的作用，其本身还具有营造空间氛围、美化周围环境等功能，是园林环境中的一个重要组成部分。

由于各类园林的性质不同，其入口建筑的形象、内容也有很大的区别。同时，随着时代的发展，入口建筑在功能、结构、造型、材料等方面也有了很大改进，设计师在继承传统的基础上进行了大胆的革新，创造出了不少形式新颖、切合立意、更富现代气息的入口建筑。

第一节 入口建筑的作用和分类

一、入口建筑的作用

入口建筑在整个园林建筑系统中发挥着重要的作用，主要表现为：

1.空间标志 空间标志是指入口建筑通过自身的高低起伏、大小变化、比例尺度、外观形态等，不仅丰富了园林景观，形成园区特色的标志性展示空间，而且还创造了不同的视觉观赏角度、塑造形成了不同性格的园林出入口空间。建筑本身可以形成或柔软、或坚毅、或稳定、或奔腾等具有美感的标志形状，如高耸的山柱、精美的售票室等都能轻而易举地捕捉游人的视线。入口建筑还能在光照和气候的影响下产生不同的视觉效应。

因此，入口建筑在满足其基本使用功能的同时，更重要的是展现其个性、特征并与园区环境、社会环境、时代环境和谐共处（图2-1-1）。因此，入口建筑是面向大众的窗口，也是园林景观的重要组成部分，并已成为人们视觉中的一道亮丽的风景线。

2.空间划分 空间划分是指利用入口建筑的布局设计，可以有效地、自然地划分空间，如它们之间的相对位置、高低、

图2-1-1 南京牛首山风景区（北部景区）入口：万象更新

大小、比例、尺度、外观形态，以及与入口建筑相关因素（如坡度的控制关系等）的设计使用（图2-1-2），可以明显地将园林的空间与周边空间相分割，形成不同功能或景色特点的出入口空间，也可以利用地形地势、建筑小品、雕塑或绿化等，在入口建筑空间中形成隔景、障景、对景、借景等，以不同的方式创造和限制出入口的内、外部空间。

例如，利用地形划分空间不仅是入口建筑分隔空间的手段，而且还能获得空间大小对比的艺术效果。平地的横向连续性，易导致入口建筑垂直方向的设计因素缺乏，则在视觉上产生垂直空间上的空白或不生动性。

图2-1-2 南京牛首山风景区东入口游客服务中心
(引自王建国，南京牛首山风景区东入口游客服务中心，2017)

但是，在斜坡地形中，利用坡度本身就能发挥入口建筑限制和封闭空间的作用，在绿化种植的配套设计中，还能影响小范围空间的环境和气氛。平坦、起伏平缓的地形能给人以美的享受和轻松感，陡峭、崎岖的地形极易在一个空间中使人产生兴奋的感受。利用不同的地形，可将风景园林入口建筑空间划分为不同的功能区域，同时激发人们的内在情绪和感受，使游人全身心地融入园林之中。

3. 交通集散与人流疏导 交通集散与人流疏导指组织引导出入口人流及交通集散，尤其表现在节假日、集会及园内举行大型活动时，出入口人流及车流剧增，需恰当解决大量人流、车流的交通、集散和安全等问题。

例如，入口建筑可以凭借布局、地形地势的起伏变化性，有效地影响导游路线和速度。可以将园区入口建筑的外广场空间进行布局或地形的处理，如在入口建筑外广场利用开敞性布局及平地设计，以方便人们行走或行车到达。又如在郊野类园区出入口内广场处，可以利用半封闭性布局或山地起伏变化的效果，进行隔景处理，以增添游人的兴致。

因此，应合理布局入口建筑，利用地形等因素，引导和调整行人和车辆运行的方向、影响其速度和节奏。在入口建筑环境中，如空间平坦，人们的步伐稳健持续，不需花大力气。但随着坡度的增加，或更多障碍物的出现，人们上下坡时就必须花费更多的力气和时间。因此，设计师在运用空间布局或地形设计的同时，也要根据游客的生理机能的需要，设置相应的辅助休息设施。

4. 小型服务 公园入口建筑在具有一般门卫功能的基础上，还具有售票、收票及相关的园区管理等职能。另外，在整个大门的布局设计中应尽可能将小型服务设施列入其中，为游人提供购物、通信、寄存、问讯等服务。（图2-1-3）

图2-1-3 慕尼黑奥林匹克公园大门

二、入口建筑的分类

（一）按地位分类

园区入口建筑按地位分为主要出入口、次要出入口和专用出入口。

1.主要出入口　主要出入口是公园大多数游人出入公园的地方，一般直接或间接通向公园的中心区。它的位置要求面对游人的主要来向，直接和城市街道相连，位置明显，但应避免设于几条主要街道的交叉口上，以免影响城市的交通组织。同时，还应根据城市规划和公园内部布局要求，设置出入口内外集散广场、停车场、自行车存车处等。

2.次要出入口　次要出入口是为方便附近居民使用，或为园内局部地区或某些设施服务的。它与主要出入口一样，都需要有平坦的、足够的用地来构建出入口处所需的设施。如南京老山森林公园黄山岭入口设计，包含游客服务中心、停车场、公共厕所等服务设施。设计将入口的改造结合塌方段的整治工程，统筹规划，整合优势资源，变不利因素为有利因素。一是利用塌方地段位于入口附近这一特殊情况，结合自然环境整体设计，塑造七佛寺景区主入口的可识别特征，例如通过大尺度的瀑布、水面，完成整体形象的提升。二是入口大门采用仿木结构和木结构相结合的方式，营造七佛寺景区的独特形象，整体形象如起伏的山峦，质朴而清新，整体尺度上相对于原大门做了较大调整，使其与瀑布相衔接。（图2-1-4）

专用出入口是为园务管理而设置的，不供游览者使用。其位置可稍偏僻，以达到方便管理，又

图 2-1-4　南京老山森林公园黄山岭入口平面图

不影响游人活动的目的。因专用出入口大多形制简单、功能单一，且位置隐蔽、偏僻，因此在设计过程中，设计师只要考虑这个设计节点满足功能即可，此处不做过多说明。

（二）按风格分类

一般来说，入口建筑与造园风格具有统一性，大体也划分为自然式园林入口建筑、规则式园林入口建筑和混合式园林入口建筑三种。

规则式园林入口建筑多采用对称平面布局，一般建在平原和坡地上，园林中道路、广场、花坛、水池等按几何形态布置，园林建筑也排列整齐，风格严谨，大方气派。现代城市广场、街心花园、小型公园的出入口等多采用这种方式。例如，在南京梅花谷入口的设计中（图2-1-5），可以看到入口建筑的端庄、典雅，通过牌坊的变体，达到了视觉通透、功能暗示与空间氛围的完整表达，是规则式园林入口建筑的较好设计。

图2-1-5 南京梅花谷入口

自然式园林入口建筑因多强调自然的野致和变化，布局中离不开山石、池沼、林木等自然景物，因此山林、湖沼、平原三者俱备，傍山的入口建筑借地势错落，并借山林为衬托，颇具天然风采。例如，我国台湾的新北投公园建于清宣统三年（1911年），历史悠久，从带有自然、淳朴之风的大门进入，有一喷水池映入眼帘，似乎回到了人类的本源之地。

混合式园林入口建筑则为自然、规则两者根据场景适当结合，扬长避短，突出一方，在现代园林入口建筑中运用更为广泛。

（三）按功能分类

园林入口建筑的功能，与通常的建筑入口并不完全相同，其主要特点是注重结合自然环境、注重对园林环境的影响和自身使用功能的塑造。这类建筑规模虽然较小，但是通过每个园林入口建筑造型及构造设计的不同，更塑造出园林主体风格的差异性。

1.标志型入口建筑　标志型入口建筑多指造型丰富、具有明显标志性或表征作用的一类建筑物。其多设置于风景区或园区的各景区、景点出入口处。

（1）标志型景区入口建筑。景区入口建筑的标志功能设计，要根据整体景区的环境特色、性质和内容，考虑入口建筑的形象、个性、体量以及材质等要素，使其能起到突出或强化作用。例如草房子乐园入口建筑，通过简明的屋架结构和仿茅草的屋面材料（纤维仿茅草、塑料茅草、PVC茅草等），营造特色草房子作为场地服务设施的载体，在体现现代建筑环保理念的同时，也能让游客真正体会到接近自然之感。（图2-1-6）

（2）标志型景点入口建筑。景点入口建筑常以其特有的景点形象，表现该景点的性质、内容与特征，以发挥标志作用。在结合自然环境地形地貌的基础上，运用牌坊、碑石、山门、石栏杆或名

图 2-1-6　草房子乐园入口

泉古木等元素，创造出朴素自然、个性鲜明、标志性强的入口建筑。

（3）入口建筑标志功能的构成形式。第一，用小品建筑构成入口建筑的标志功能。例如，利用自然的高度优势，进行台阶、绿化、石块、构架式门廊等元素的组合，在视觉延续的同时，以激发游人的好奇心和攀登的欲望。（图2-1-7）

又如，山门、牌坊在具有悠久历史的景点出入口较为常见，且与周围传统特色的建筑、环境相协调。山门、牌坊等构成标志型入口建筑于平地兴建时，一般设在主体建筑群的轴线上；若在坡地则多结合地形，筑于主体景点或建筑一侧。（图2-1-8）

第二，利用自然山石或模拟自然山石构成入口建筑的标志功能。如福州鼓山"石门"景点的出入口，因其岩壑朴拙，故入口巧借登山道上两块高耸挺拔的天然石块形成，与"石门"相印证，给人留下深刻印象。然而有些景点入口采用人工塑造山石来模拟自然，如福建武夷山茶洞景区"仙浴潭"入口处（图2-1-9），就是采用在山谷间塑造石门的手法，以取景点雅朴幽深之景效。

又如，硅化木国家地质公园入口处（图2-1-10），利用公园本有的造型淳朴、不加修饰的硅化木进行景点功能的标志，使游人在见到它时，就已经理解其内涵。

第三，用石筑门构成入口建筑的标志功能。"嘘云洞"是福建武夷山"云窝"景区中一景点，洞内外温差达十几摄氏度，洞内有时会吐出一股云烟，故称"嘘云洞"。其景点出入口设在洞前山凹处，用毛石筑门，装上石门轴块，作为设门表征。（图2-1-11）

2. 实用型入口建筑　实用型入口建筑不仅起到标明出入口位置、控制人们进出的作用，还具有管理和服务功能。这种类型的入口建筑较为常见，常用于各类公园出入口、机关单位出入口、居住区出入口等。由于所需功能不同，入口建筑的构成也有所不同。例如，机关单位、居住区入口建筑主要有控制人员进出、防卫管理的作用，其组成除大门主体建筑，还应设门卫管理用房。

正面图

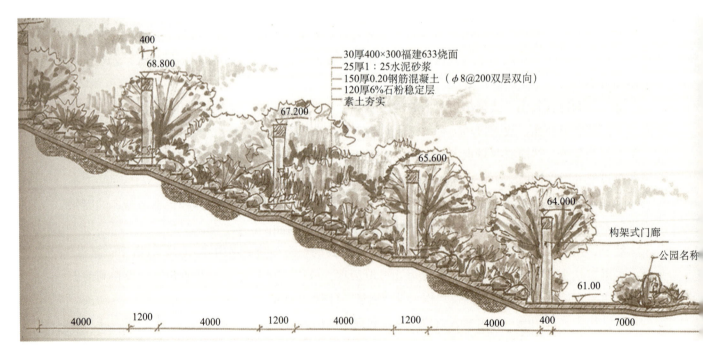

剖面图

图2-1-7 用小品建筑构成入口建筑

图 2-1-8　牌坊作入口

图 2-1-9　武夷山茶洞景区"仙浴潭"入口

图 2-1-10　硅化木国家地质公园入口

图 2-1-11　武夷山茶洞"嘘云洞"入口

第二节　入口建筑的设计要求及方法

一、入口建筑的设计要求

一方面，一个新入口建筑设计的开始，应涉及人的因素、地域与技术的因素、建筑与环境的关系因素、经济的因素等，也就是说，入口建筑设计首先要以人为核心，在尊重人的基础上，关怀人、服务于人；另一方面，设计的出现可能是技术上的革新，也可能是社会需求改变或文化氛围演变的结果。因此，在入口建筑设计开发的过程中，设计师应依据城市及园区总体规划，按以下要求进行入口建筑的设计。

（一）交通的网络化连接

交通的网络化连接是指游人可以凭借城市已有的道路交通网络，快速、便捷、安全地到达或离开园区。入口建筑与园区内其他建筑相比，在这一点上就有显著的特征。因为入口建筑在承担标志性、划分空间功能的基础上，还要具有控制人流、车流，方便管理、服务等方面的实用功能。因此，交通的网络化连接在入口建筑设计中非常重要。

第一，有些园区入口建筑本身地处城区中央，娱乐性质浓厚（如游乐园、比赛场馆等），且道路交通便捷，设计时要考虑的因素就是如何让入口建筑与最近的交通换乘点（如公交车站、地铁站、停车场等）保持50~80m的距离，同时保证多人并行的道路宽度，使游客在高度兴奋的状态下，能通过步行运动降低兴奋程度，以减少因游客离开时过于兴奋而造成的交通事故、身体冲突等一些危害性后果的发生概率。

第二，有些园区入口建筑地处城市边缘，游览观光性较强（如旅游区、森林公园等），且道路交通不便，设计入口建筑时要考虑的因素就是如何根据园区特色，对入口建筑进行塑造，增强其识别性、标志性和引导性。在不断完善交通网络的同时，通过入口建筑强烈的视觉冲击力，以及适宜地选择多种与交通网络的连接方式（如观光巴士、地铁、城际快车等），使游人在到达过程中通过道路交通网络就已经兴趣盎然，离开时更加流连忘返。

（二）功能分区明确化

入口建筑无论大小、单体还是群体，都要有明确的功能分区，使出入口的各种功能既不互相干扰，又有联系，以方便游客参观出入和工作人员管理。

如入口建筑设计要注意对人流、车流的控制。在主入口处可以设置专用车道或专用门，以便在人流、车流增多时进行疏导，同时，在紧急情况下方便特种车辆（如救护车、消防车等）的通行。

又如，售票亭、收票口及小型服务设施的相对位置的设计。在人流量大的入口建筑空间中，可以采用对称式设计，在大、小出入口的两侧均设有收票、售票亭，以尽量避免人流购票、购物、等待、出入等行为造成的流动线的反复交叉。也可采用售票口与收票口及小型服务空间分离式设计，使售票口与收票口保持一定距离，游人在购票后按照设计好的流动线，在出入口的外广场处进行有序流动，同时在外广场的地面上可以设计一些有趣的提示信息、绘画作品，或在广场上增加迷宫、雕塑、小品或一些简单的游乐节目，减少因游人过多而带来的疲劳情绪。还可以采用入口空间与出口空间相分离的方式，即游人从入口进入园区，入口便成为流动线的起点，按照一定的顺序参观完全部景点后从出口离开。入口与出口相对独立且保持一定距离，使入口与出口的功能都相对单一，也可以降低入口建筑的外广场及出入口处人流过大的压力。

（三）满足视觉观赏

在设计中，对人性的关注越来越重要。如何体现对人的关爱、对人性需求的探索等，便成为对设计的考察要点。"以人为本"说来容易，但要真正做到，确实需要认真研究。

如游客对入口建筑的认知，主要通过视觉，视觉所获得的信息达到正常人获得信息量的75%~87%，同时，90%的行为是由视觉引起的。可见在对入口建筑及环境认知的过程中，视觉比听觉、嗅觉、触觉等发挥着更大的作用。因此，在对视觉因素进行设计时，要考虑以下几个问题：

首先，游客对入口建筑的视觉感知，即观看时需要一定的距离。从扬·盖尔德人体尺度基础出发，在140m×60m入口建筑的外广场上，游客与建筑物保持20~30m的距离，能够把具体的建筑从背景中分离出来，保持12m为亲切距离，正如古人所谓"千尺为势，百尺为形"之说。

视距还与入口建筑的高度或宽度有关，如入口建筑整体以高方向为主，那么最佳视距与建筑物高度的比值为1.5~2.5，即建筑物高10m，最佳视距在15~25m之间，此时游客可以对入口建筑有较完整的印象。

其次，观看需要一个良好的视野。视野是头和眼睛固定时，人眼能观察到的范围。眼睛在水平方向上能观察到120°的范围，在垂直方向上能观察到130°的范围，其中以60°较为清晰，中心点1.5°最清晰。因此，入口建筑除能够形成一个良好的视野，给游人印象深刻外，还需要运用出入口处的多种设计元素，如台阶、扶手、坡道等形成韵律和方向感的过渡物等，同时，还可以凭借地形、地势的起伏，使入口建筑成为一个突出的观望角，或通过门洞形成框景等，在良好的视野范围内，引起游客的游览兴致。

二、入口建筑的设计方法

园林入口建筑设计中的因素没有过于严格的限制，其创作空间相对自由。园林入口建筑设计虽然需突出环境的特征，但设计的重心必须为"以人为本"，从创意、布局、属性、空间设计及美学体验等几个方面，将入口形态进行深入剖析，积极探索入口建筑的设计方法，从而创造出多元化、立体化的艺术作品。

（一）设计的创意

创意是创新与立意的合体，设计因创新而有了生命之源，因立意而有了发展之本。因此，创意的好坏对整个设计的成败至关重要。

一个好的设计不仅要有创意，而且要善于抓住设计中的主要矛盾，既能较好地解决入口建筑功能的问题，又具有较高的艺术境界，寓情于景，触景生情，情景交融。

由于园林入口建筑不同于其他建筑类型，既要满足一定的功能性、艺术性、观赏性的要求，还要注重与园内及城市环境系统的关系；既要满足游客在动中观景的需要，又重视对园林内外空间的组织和利用，使园林建筑内外空间和谐统一。因此，园林入口建筑在设计上更加灵活多变。

我国古典园林中的入口建筑不可胜数，却很难找出格局和式样完全相同的。园林入口的设计总是因地制宜地选择建筑式样，巧妙配置山石、水景、植物等，以构成各具特色的入口空间。现代园林入口建筑设计简单地套用、模仿古典式样，把一些檐头、漏窗、门式、花墙等加以格式化，随处滥用，这是万万不可取的。真正的设计贵在创新，任何简单的模仿都会削弱其感染力。

园林入口建筑的创意营造，在强调建筑自身景观效果、突出艺术情境创造的同时，也绝不能忽视入口建筑功能和园林自然环境条件。否则，园林建筑、景观或艺术情境就将是无本之木、无源之水。

另外，园林入口建筑的创新性还体现在设计者如何利用和改造环境条件，如绿化、水源、山石、地形、气候等，从总体空间布局到建筑细部处理细细推敲，才能达到"景到随机，因境而成，得景随形"的境界。

园林入口建筑设计随着科技、材料以及建造技术的发展，也逐渐趋向于注重高科技、情感的投入。同时，对游人的审美情趣、心理特征以及环境、社会的美感评价也不能忽视，否则，背离社会、背离游人的设计创意是无法被认可的。

（二）整体和谐

入口建筑要以功能需要为前提，与园区内部环境（即主要景观、建筑、广场、导游线等）相协调，形成有主有次、主次相依相辅的入口建筑设计特色。以入口点为龙头，带动形成游客在景区内的串联、并联、放射、混合等方式的参观线路，以方便游人全面或重点参观。入口建筑设计还要与城市环境、道路交通系统、游客、自然达到整体和谐，以方便游人到达及增强整体环境效应。

1.入口建筑空间的组合形式　　园林入口建筑有了好的组景立意和恰当的选址，还必须有好的建筑布局，否则构图无章法，也不可能成为佳作。园林入口建筑的空间组合形式通常有以下几种：

(1) 开放性出入口空间。第一，由独立的入口建筑物和环境结合，形成开放性出入口空间。这类设计对入口建筑物本身的造型要求较高，使之在自然景物的衬托下更见风致。因此，在点出园区景观特色的同时，还要强调入口建筑物主体特色。

第二，由建筑组群自由结合的开放性出入口空间。这种入口建筑组群一般规模较大，与园林空间之间可形成多种分隔和穿插。在兼顾多种实用功能的基础上，采用分散式布局，通过桥、廊、道路、铺地等使建筑物相互连接，空间组合可就地形高低，随势转折，但不围合成封闭的空间。这种设计方法因涉及建筑物较多，给人的视觉感受丰富，印象深刻，且具有功能完整、空间连续性好的特点。但是，这种群体性建筑对设计者的整体协调能力、群体与单体关系的处理能力要求较高。所以，这种由建筑群自由组合形成的开放性出入口空间是设计师潜心研究的形式。

(2) 封闭性出入口空间。由入口建筑群围合而成的封闭性出入口空间，有众多的房间可满足售票、休息、控制人流等多种功能。在布局上可以是单一封闭性出入口空间，也可以由几个大小不等的封闭性出入口空间相互衬托、穿插、渗透形成统一的空间。从景观方面来说，封闭性出入口空间在视觉上具有内聚的倾向。一般情况下不是为了突出某个建筑物，而是借助入口建筑物和山水花木的配合突出整个出入口空间的艺术意境。

(3) 混合式出入口空间组合。由于功能式组景的需要，可把以上几种空间组合的形式结合使用，总体布局统一，分区组织出入口建筑，称混合式出入口空间组合。

如果是规模较大的园林，入口建筑设计需从总体上根据功能、地形条件，把统一的出入口空间划分成若干各具特色的景区式景点出入口空间来处理。在构图布局上互相因借，巧妙联系，有主从之分，有节奏和韵律感，以取得和谐统一的效果。

　　由此可见，入口建筑的空间布局形式多样、变化万千，如何才能掌握或开放、或封闭，或活泼、或严谨的出入口空间布局呢？只有从园区的特色、功能、地形等出发，经过不断的设计历练，才能选择出比较合适的空间布局形式。

　　2. 入口建筑的尺度与比例　尺度在园林入口建筑中是指建筑空间各个组成部分与自然物体的比较，是设计时不容忽视的内容。功能、审美和环境特点是决定入口建筑尺度的重要依据，恰当的尺度应和功能、审美的要求相一致，并和环境相协调。

　　园林入口建筑是人们出入、休憩、赏景的所在之处，空间环境的各项组景内容，一般应具有轻松活泼、富于情趣和使人无尽回味的艺术气氛，所以尺度必须亲切宜人。

　　园林入口建筑的尺度除了要推敲建筑本身各组成部分的尺寸和相互关系外，还要考虑园区空间环境中其他要素如广场、道路、景石、池沼、树木等的影响。一般通过适当缩小构件的尺寸来取得理想的亲切尺度，室外空间大小也要处理得当，不宜过分空旷或闭塞。另外，要使入口建筑物和自然景物尺度协调，还可以把入口建筑物的某些构件如柱子、墙面、踏步、门扇、屋顶等直接用自然石材、树木来替代，或以仿天然石漆、混凝土仿树皮等来装饰，使入口建筑和自然景物互为衬托，从而获得出入口空间亲切宜人的尺度。

　　在研究空间尺度的同时，还需仔细推敲建筑比例。一般按照建筑的功能、结构特点和审美习惯来推定。现代园林入口建筑在材料、结构上的发展使建筑式样有很大的可塑性，不必一味抄袭模仿古代的建筑模式。若能在创新的同时，适当借鉴一些其地方传统特色的建筑的比例，取得神似的效果，必会令人耳目一新。同样除了建筑本身的比例外，还需考虑园林环境中水、石、树等的形状及比例问题，以达到整体环境协调。

　　3. 入口建筑的色彩与质感　入口建筑的色彩与质感处理得当，出入口空间才能有强有力的艺术感染力。形、声、色、香是园林艺术意境营造中的重要因素，而园林入口建筑风格的主要特征更多表现在形和色上。我国南方建筑体态轻盈，色彩淡雅；北方则造型浑厚，色泽华丽。随着现代建筑新材料、新技术的运用，入口建筑风格更趋于多姿多彩、简洁明丽，且富于表现力。色彩有冷暖、浓淡之分，颜色的情感、联想及其象征作用，可给人不同的感受。

　　质感表现在入口建筑物外形的纹理和质地两方面，纹理有曲直、宽窄、深浅之分，质地有粗细、刚柔、隐显之别。色彩与质感是建筑材料表现上的双重属性，两者相辅相成，只有善于发现各种材料在色彩、质感上的特点，并利用其去组织节奏、韵律、对比、均衡、层次等各种构图变化，才可获得良好的艺术效果。

（三）无障碍设计

　　在园林入口建筑设计中，还应体现对弱势群体的关怀，即现代设计中最为重要的无障碍设计。无障碍设计的目的在于为活动受限者平等参与社会活动提供便利条件，要求根据使用性质在规定范围内实施规定内容。无障碍设计是一项系统工程，对于入口建筑来说，应包括道路、出入口和入口建筑物等多个细节，各有关部分是相互依存的，需要紧密配合才能发挥作用。由于使用对象不同，安排无障碍设施时要有所侧重，如在入口建筑设计过程中，要兼顾多种活动受限者的需要。因此，入口建筑中应处理好残疾人坡道、盲道等的设计关系。

1. 入口建筑附近盲道位置　盲道一般设在人行道近端处、建筑物入口前、公交停车站前、人行横道处、人行道里侧绿化带豁口处、人行道高差跌落处，以及人行天桥、人行地道中的坡道尽端处等。

2. 入口建筑无障碍设施设计要点

（1）通行无阻。保证出入口处一定宽度和高度的通行范围，地面要防滑，不绊脚，残疾人坡道的坡度和宽度应符合《城市道路和建筑物无障碍设计规范》（JGJ 50—2013）中的要求。

（2）信息到位。入口建筑指引标志齐全，易于辨认，关键位置有提示，紧急呼救有人处理。

（3）自主使用。所有手操作部分伸手可及，操作简易方便。

（4）防止意外伤害。对易出现事故的范围采取保护措施，既要尽量减少出现意外，又要注意减轻出现意外后的伤害。

（5）紧急疏散和救助。活动受限者的席位设在易疏散、易给予保护的位置，轮椅席位深为1.1m，宽度为0.8m。

由此可见，入口建筑的设计只有满足了交通网络化连接、功能分区明确化、整体和谐、视觉观赏良好及无障碍设计的要求的基础上，结合园区风貌、城市气质和社会环境等因素，运用设计师的才华，才能创造出使游人流连忘返的经典入口建筑。

第三节　入口建筑的布局

一、入口建筑的选址

入口建筑设计从景观上说，是创造某种和大自然协调并具有典型功能的空间。园林入口建筑的选址和处理是园林规划设计中的一项重要工作，不仅决定游人能否方便游览、影响城市道路的交通组织，而且在很大程度上还影响园区内部规划结构、功能分区和用地形状。

入口建筑位置不能选在人流过于密集的地方，要便于控制人群的疏密、集散，协调各种服务设施、景观及管理的关系。所以，应先从总体规划着手，考虑入口建筑位置。如果入口建筑选址不当，不但不利于使用功能的实现、艺术意境的创造，反而会削弱整个园林景观的效果。

（一）选址与园区周边的道路交通

根据便利道路交通的原则，应充分考虑公共汽车线路、站点的位置以及主要人流的来往方向等因素。一般将园区主入口位置设在城市主干道一侧，既便于交通疏导，又不影响交通安全；若是较大的园区，还要在其他不同位置的次干道设置次入口，以方便城市各区市民的进出（图2-3-1）。在城市主干道交叉口以及过境干道一侧，一般不宜设主入口，以免影响城市交通。

风景区是园林景区的重要组成部分，但风景区不便设置固定的界址，因此，其入口也多选在风景区的主要交通枢纽处，并结合自然环境设立景区入口标志，然后设立票房和管理用房等。在景区

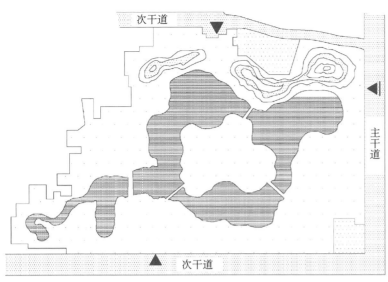

图 2-3-1 北京陶然亭公园平面示意图　　　　图 2-3-2 武夷山大王峰登山入口票房

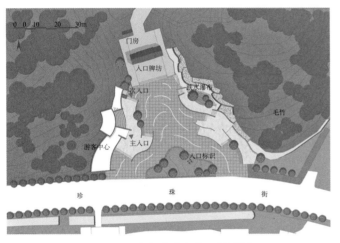

图 2-3-3 南京珍珠泉入口平面图　　　　图 2-3-4 南京珍珠泉入口效果图

内部还可根据不同景观、景点在游览路线上设次出入口。大王峰为武夷山主要游览景点之一，其入口处票房设在大王峰山脉主游览路线旁。（图 2-3-2）

（二）选址与园区的地貌地形

园区本身的地形地貌对入口建筑的选址影响较大。若园区入口处为山地，山底平缓处恰好与城市干道相连，便成为入口位置的最佳选择（图 2-3-3，图 2-3-4）；如果与城市道路相连部分坡度较大，那么地处两坡中间的平缓地就成为布置入口的适宜地点。

若园区入口处有水体与城市道路相隔，应在离建筑最近处建桥相通，成为入口位置的最实际的选择。（图 2-3-5，图 2-3-6）

若园区入口处巧妙而合理地利用地形，则使得入口更顺乎自然，以简胜繁，更耐人寻味。如武夷山"天游门"，剔土露石，利用山体巨石和石壁构成景点入口。（图 2-3-7）

（三）选址与园区的用地形状

园区用地形状一般分成四种，即矩形园区、方形园区、三角形园区和任意形园区。因此，入口建筑的选址应结合园区用地形状的变化而进行。

1. **矩形园区的入口建筑选址**　矩形园区多在长方向上设置或连续、或错落、或跳跃式的景观，易形成长方向游客人流量增大的特点。因此，在矩形园区的长边可设1～2个入口建筑，且主景区与长边的相对位置决定主入口建筑的选址，次景区与短边的相对位置决定次入口的选址。（图2-3-8）

2. **方形园区的入口建筑选址**　方形园区可在四边均设置入口建筑，使游人在园区中分布均匀，在结合主、次景观位置的基础上，确定其中的主、次入口建筑的选址。（图2-3-9）

3. **三角形园区的入口建筑选址**　一般三角形园区的三个角部及中部为景观所在处，游人量分布较均匀，故可在三边均设入口建筑，结合主景观的位置确定其中主要入口建筑的选址。（图2-3-10）

4. **任意形园区的入口建筑选址**　在任意形园区中，主入口建筑宜设在接近主体地形及主要景观的一端，次入口建筑应按照园内人流在各区均衡分布且集散方便的原则选址。（图2-3-11）

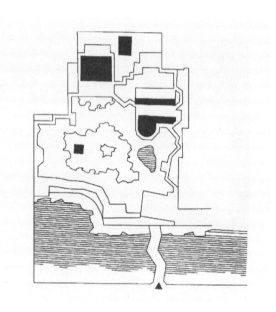

图2-3-5　苏州沧浪亭平面示意图

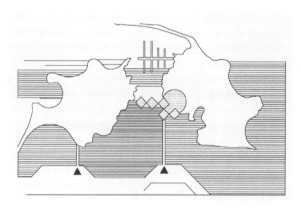

图2-3-6　加拿大多伦多市水上公园平面示意图

图2-3-7　武夷山"天游门"

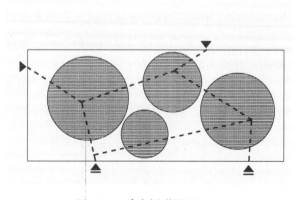

图2-3-8　确定矩形园区入口

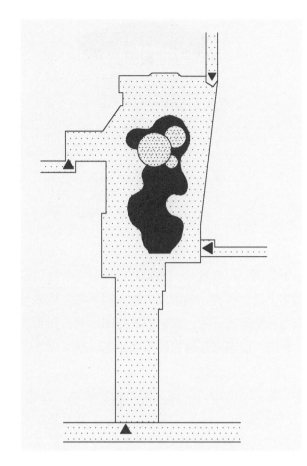

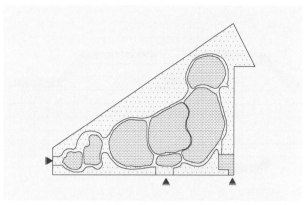

图2-3-10　石家庄友谊公园平面示意图（三角形园区）

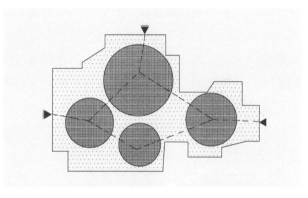

图2-3-9　北京人定湖公园（方形园区）

图2-3-11　确定任意形园区入口

二、入口建筑内外广场的设计

入口建筑在空间上是园林空间序列的开端，是园林空间交响乐的序曲，也是游览导向的起点。它包括外部集散广场空间和内序幕广场空间两大部分。

（一）外部集散广场空间设计

入口建筑外部集散广场是人们最先接触的地方，一般交通流量较大，主要发挥着缓冲交通、集散人流的作用。因此，它的形式、规模、景观设置等因素，不仅要满足功能要求，还要与周围环境相融合，作为园林中的第一景观，给人们留下深刻的印象。

1.公园大门外部集散广场空间的设计要素　公园大门外部集散广场空间的要素，通常由大门主体建筑、售票房、围墙、等候休息室等组成，再配以绿化、园林小品等设施。

第一，入口建筑是外空间广场的构图中心。广场空间的组织，既要有利于展示入口建筑的完整艺术形象，又要塑造强烈的空间变化感，还要与城市条形的道路空间迥然不同，充分发挥外广场空间的过渡作用。如沈阳周恩来少年读书旧址纪念馆前的广场纪念碑、服务部的造型简洁明快，且位于门房左右，突出主入口地位，绿地和碑体对比强烈，尺度合宜，显得广场空间组织庄严而又活泼。

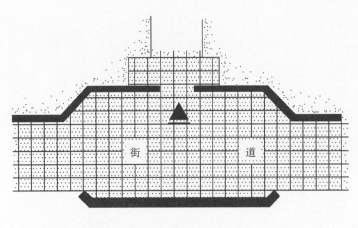

图2-3-12　外广场空间形式之一

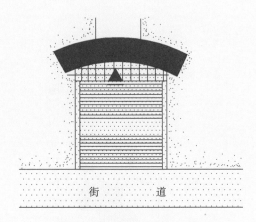

图2-3-13　外广场空间形式之二

第二，园林或风景区出入口的外广场空间，常采用功能分离式设计。在塑造出入口标志性建筑时，使其成为外广场空间最引人注目的形象，用来指明出入口位置，强调园内景点的风格，雕刻城市的街道景观。其售票、收票室与大门有机结合，也可以塑造出开敞、自由的外空间形式。如将其设在大门一侧或两旁，也可以把票房单设在入口内，售票、收票室还可根据不同景区、景点分设于不同的位置。

2. 外部集散广场空间的形式　公园的外部集散广场空间的形式多样，常因硬质铺地、台阶、水体、绿化、小品建筑等因素的不同，而创造出各种形状的出入口外部集散广场，主要起到扩大空间、集散人流、疏导交通等作用。出入口外部集散广场空间的形式介绍以下几种，以供设计参考：

第一种，在外广场设计过程中，以古建筑雁翅影壁等构成大门空间，主要体现入口建筑空间的特殊韵味（图2-3-12）。当入口建筑占地不足时，可以采用此种设计形式，将街道空间扩大到出入口空间中。

第二种，在外广场设计过程中，以地形、地貌的突变形成强烈的空间感，以显示入口建筑的空间特色（图2-3-13）。地形、地貌属于园区特有风貌，只有灵活地结合其或起伏连绵、或平坦无垠、或峰回路转、或平缓斜坡等特色，再配以相应的绿化设施、小品设施，加上入口建筑的点睛之笔，才能使游人印象深刻。

第三种，在外广场设计过程中，如有水体元素，那么，出入口建筑的外广场空间就会因水体种类的变化，形成或宽广、或灵动等不同的设计形式。水体是设计中最具有灵性的设计元素。水体的种类很多，有水镜、落水、流水、跌水、喷水等。

如出入口外广场原基地上有一定面积的水镜，它虽然占据了游人停留的空间，但增加了入口建筑与水交相呼应的视觉效果，改变了出入口外广场空间的微气候环境，提高了空间的湿润度，减少了空气中的浮尘颗粒，同时还发挥着舒缓游人因等待而造成的紧张心情的作用。当然，此类外广场中为便于游人通行，桥体的造型、宽度及高度的设计就显得尤为重要。桥体的造型可由园区的特色决定，桥的宽度应参照对应出入口大门的宽度而定，桥体的高度一般以保持亲水性为原则。

又如原基地有一定宽度的流水，可以水体形成大门空间，对流水的宽度、水形、流速等进行控制（图2-3-14），也可增加水体内部的可视效果（即布置喷泉、照明、鱼群、音效等），使游人从桥

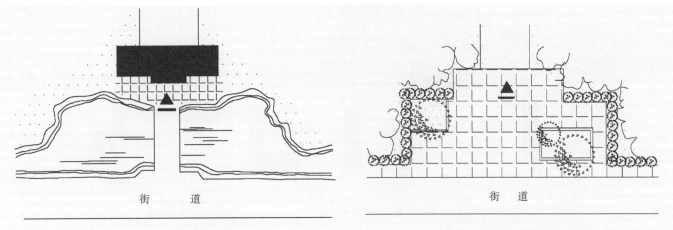

图2-3-14 外广场空间形式之三　　　　　图2-3-15 外广场空间形式之四

面通过时,感觉明朗开阔,兴致倍增。

再如原基地没有任何水体形式,但为改变微气候环境、增加游人情趣、满足亲水需要,设计师可以在入口建筑的外广场上设计喷水设施,多半以齐平于地面的旱喷或具有造型的池喷为主。旱喷可以与游人形成良好的互动性,游人在喷泉中行走,不仅缓解了烈日对游人的暴晒,又可以形成水景与环境、游人的完美结合。池喷更多的是注重造型上的变化,可以通过不同的喷水造型及喷泉形态,赋予外广场空间特有的意趣。

第四种,在外广场设计过程中,可驾驭的因素还有绿化。绿化虽不如水体灵透,但其所具有的四季变化、色彩、质感与造型的变换是任何设计元素都无法超越的。

绿化在外广场空间中也可以发挥净化空气、降低噪声、防风固沙、改善空间微气候环境、缓解疲劳等重要作用。

绿化还可以增加出入口外广场空间的视觉高度,给游人提供遮阳避风等功能。如对具有较大树冠的树木进行孤植,使其成为出入口外广场空间的视觉中心点;也可以进行对植,形成稳定、严肃的空间形象;还可以进行2~3组丛植(图2-3-15),使外广场空间因树木的不同组合形式而变得丰富、生动。

在入口建筑的外广场空间中,对地蔓类植物、膝高类植物、腰高类植物、眼高类植物以及超高类植物等从高度上进行设计,可以使广场空间更富有自然情趣。

第五种,在外广场设计过程中,还可以凭借建筑小品或入口建筑群等元素,强化广场空间特色。

建筑小品的内涵丰富,它是指体量较小,具有一定节点意义和审美情趣的建筑构筑物。如在入口建筑的外广场空间塑造的过程中,通过亭的造型点出入口处的功能空间,通过廊的造型联系入口建筑的整体空间形象等,形成别有风韵的外广场空间形式。

入口建筑通过自身构筑组合,可以形成具有统一形象的建筑群体,无论是对称式布局形成的具有一定封闭性、严肃性的外广场空间,还是通过建筑群体的错落交织,形成递进式、内涵式的外广场空间,都可以使游人感受园区建筑的艺术魅力。因建筑群体体量一般比较大,占用空间较大,所以,此类设计多在园区的出入口空间中具有多种实用功能。简单地说,通过建筑群体的围合,可以为广场空间提供多间使用房屋,除一般的售票、收票及日常园区管理外,还可以提供更多的服务性空间,如园区配套的餐饮、娱乐、休闲、住宿等服务设施。这种设计方法还要注意结合建筑构筑围合所形成的环境气氛。(图2-3-16)

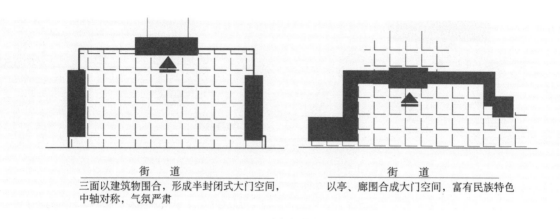

| 三面以建筑物围合，形成半封闭式大门空间，中轴对称，气氛严肃 | 以亭、廊围合成大门空间，富有民族特色 |

图2-3-16 外广场空间形式之五

（二）内序幕广场空间设计

1. 约束性空间　这类空间一般指穿越入口建筑后，利用照壁、景墙、花坛或水池等园林小品甚至是山体，与入口建筑围合所形成的较为封闭的序幕空间，称为约束性空间。

我国传统造园对出入口约束性空间的处理有很高的造诣。常以大小对比、空间开合、曲折变化、方向转折、明暗交替等手法，使空间相互衬托与对比，将入口空间层层展开，使其成为园林空间的序曲，更好地衬托出园林主体空间的艺术效果，给人以深刻的感染力。

如苏州留园入口就是一个优秀的实例。进入留园内，首先便是一个比较宽敞的前厅，从厅的东侧进入狭长的曲尺形走道，再进入一个面向天井的敞厅，最后以一个半开敞的小空间作为结束，过此转至"古木交柯"。匠师们采取收、放相间的序列渐进变换的手法，运用建筑空间的大小、方向、明暗的对比，圆满地实现了入口的引导功能，不仅使人们得到空间艺术的享受，也衬托、对比出中央景色的开阔与丰富。（图2-3-17）

约束性空间具有缓冲和人流导向的作用。导向设计表现在空间形状、道路布局、景物设置和指示系统上。

（1）单向引导。方向明确，路线单一，可通过主体景物的设置，加强引导轴线的作用，也可运用对景、主景和视线转折交点等因素，进行综合处理。如广州湛江花园（图2-3-18），入园后由山体作屏障，形成序幕空间，由于道路沿连续的山体延伸、转折，很好地起到了单向引导的作用。

又如盐城大丰区银杏湖公园南入口的序列空间，也同样是进行单向引导的约束性空间，大门与弧形片墙的结合自然分割入口空间，同时结合丝带状草坡，引导游人进入公园。（图2-3-19）

（2）多向引导。具有均等和主次引导之分，在景物设置上不仅要注意景观效果，还应强调主次方向。如广州越秀公园正门内空间，在正视轴线上设置一照壁，成为入口对景。同时，由此向南北两向引导人流，南行拾级而下，渐至山麓的圆形景门——"南秀"；北行越过"北秀桥"，到达园中的水域游览区。在照壁后东行，沿湖岸直抵游艇码头和游泳场。它是多向引导的佳例。（图2-3-20）

2. 开敞性空间　时代在变化，人们的审美情趣也随之而改变。开门见山式的开敞性空间，为越来越多的人所崇尚和追求，这种思想也逐步渗透到入口内序幕空间的处理上，不少的内序幕空间采用了开敞式处理方式。

香港听涛雅苑是位于香港沙田马鞍山临海地段的一个居住区，它以澄绿碧水为主题，是目前少

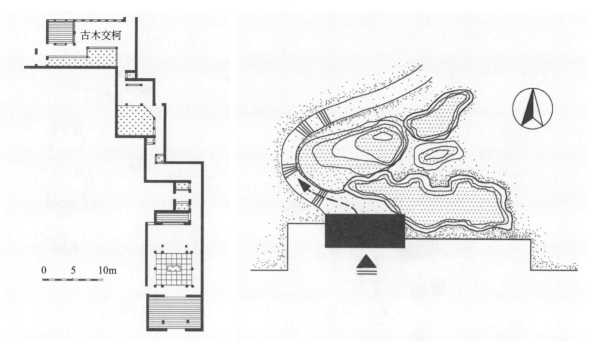

图2-3-17 苏州留园入口平面图

图2-3-18 广东湛江花园平面示意图

图2-3-19 盐城大丰区银杏湖公园南入口

有的以水景为特色的居住区园林之一。由入口沿台阶而上，登临双座式建筑大厦时，在这两座建筑蓝色檐阁内，有一道长条形、浅浅的水池，通过一座小桥，一片水景映入眼帘，似乎整座大厦浮现于水中央，将悠悠水乡意境引入室内。水面的出现，使原来不大的空间有了向前无限延伸的纵深之感。

陵园的入口内空间通常都采用纵深较大的开敞空间，宽广的陵道伴随两旁密植的深绿色针叶树向前延伸，直抵纪念碑，给人庄严肃穆的感觉，如广州起义烈士陵园。（图2-3-21）

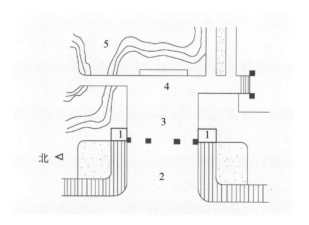

图2-3-20 广州越秀公园平面示意图
1.票房 2.前场 3.内院 4.照壁 5.湖

入口建筑 第二章 // 79

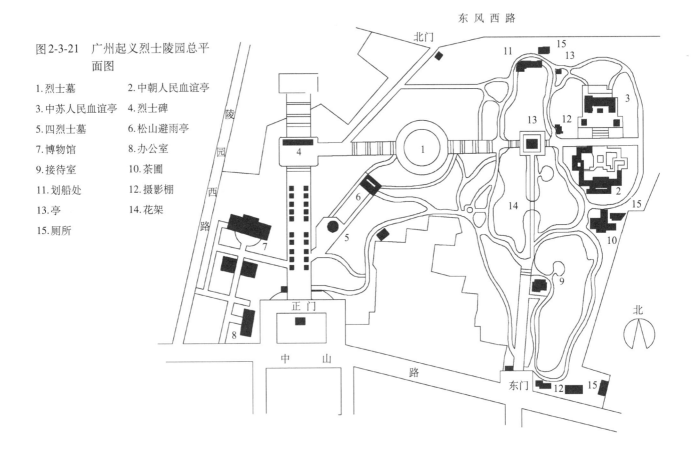

图 2-3-21　广州起义烈士陵园总平面图

1. 烈士墓　　　　2. 中朝人民血谊亭
3. 中苏人民血谊亭　4. 烈士碑
5. 四烈士墓　　　6. 松山避雨亭
7. 博物馆　　　　8. 办公室
9. 接待室　　　　10. 茶圃
11. 划船处　　　　12. 摄影棚
13. 亭　　　　　　14. 花架
15. 厕所

（三）停车场设计

在入口建筑的广场空间中，停车场可以与外部集散广场空间结合，也可以与内序幕广场空间结合，因此，对停车场空间作单独设计分析是必要的。停车场的设计主要是为了满足非机动车和机动车的停放要求。

非机动车多指目前我国非常普遍的交通工具——自行车，当然也是应用最多的代步工具，公园平日开放时，游人多借助自行车出行，所以，非机动车停车场（即自行车停放场）成为公园大门广场空间中不可缺少的部分。

随着人民生活质量的提高，我国人均汽车的保有量也在逐年递增，汽车也成为部分人们的代步工具。这就给公园入口建筑附近道路的交通、入口建筑的集散以及机动车的停放、维修与保养等都提出了更高的要求。当重大节日、郊游季节到来，尤其当公园举行集会、演出活动时，自驾车出游的方式已经成为现代都市人们的首选。每当看到汽车的拥堵、游人的无奈时，作为设计者应该意识到身上的责任。当然，伴随着汽车停放量剧增，无论是城市公园还是郊区大型公园，如北京颐和园、上海动物园等，都会遇到平日停放量小与节日停放量大的矛盾，因此停车场的设计不容忽视。

1. 机动车停车场设计　第一，机动车停车场比较适合相对独立设置，不应与公园出入口广场混在一处，以免影响交通安全和造成交通拥堵。第二，车流与人流要分开，避免人流穿越停车场。第三，要根据车辆的停放量、类型，以及方便和安全要求，以经济又合理为原则，有效地布置停车位、出入口及通道。如北京颐和园及上海动物园均在大门广场外另设机动车停车场。

2.非机动车停车场设计　自行车是目前适于我国国情的、非常普遍的交通工具。几乎每个城市公园都要考虑到自行车存放的问题。公园自行车一般以露天停放较为常见。为求隐蔽常将自行车停车场设在绿荫中，以绿带作隔离。停车场面积与停车数量、排列方法、过道组织有关，一般可按 $1.2\sim1.5m^2/$ 辆计算。自行车停车场的设置基本上有以下两种方式：

一是停车场与公园大门外广场组成一体。其优点是方便存取，路线短捷，但有碍大门外空间的美观，有时会造成人流、车流互相干扰。

二是停车场单独设置。一般在大门外广场之外，另辟空场，其优点是不影响大门的景观，人流干扰小，便于保管，但有时离大门较远，存取不便。

自行车停车场设计如图2-3-22，图2-3-23，图2-3-24，图2-3-25所示。

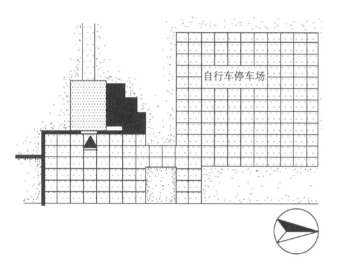

图2-3-22　上海市植物园自行车停车场

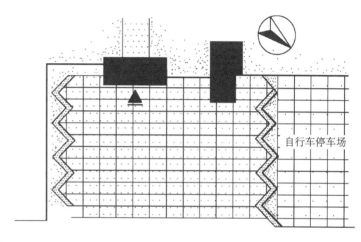

图2-3-23　常熟市虞山国家森林公园自行车停车场

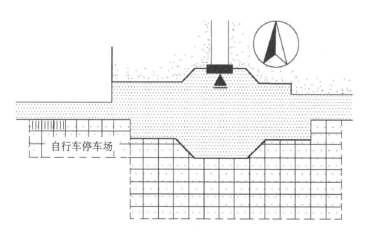

图2-3-24　南京市莫愁湖公园自行车停车场

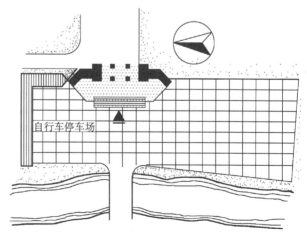

图2-3-25　常州市红梅公园自行车停车场

第四节　入口建筑本体设计

公园大门是园林入口建筑中最具有代表性的。本节将以公园大门为例，具体分析园林入口建筑的本体设计。

随着设计的发展、技术的完善以及人们审美情趣、素质的提高，大门本体建筑从形式到内涵都发生了很多改变。例如，公园的免费开放，使得近些年来有些设计已经从根本上失去了它的使用功能，需要通过别具特色的建筑形态给人以深刻的印象，使公园大门本体设计由功能上的简化而达到形态上的创新。（图2-4-1）

图2-4-1　体育公园入口建筑

再深入分析，现代公园大门的本体建筑设计，对传统大门已经达到了否定之否定的新生过程。如传统门体的结构已经被拆解，门扇、门墩、门柱等传统格式性的元素开始弱化，取而代之的则是更具有现代审美情趣、更加展现现代科技、更加体现与时代、与社会、与环境、与人的多方位和谐的设计形式。学习设计还要从基础出发，因此，大小出入口的布局设计、宽度设计、门墩设计、门扇设计、开启方式、立面形式设计等就成为学习大门设计的必要基础。在此基础上，掌握现代设计中高情感、高技术的体现。

一、大小出入口的布局设计

公园大门一般分为大、小两个出入口。大出入口主要供节假日及大型活动人流量大时使用，另外，也作特殊情况（如突发灾难等）下的特种车辆通行之用；小出入口供平日游人较少时使用，便于管理。因此，大、小出入口的布局在设计中经常表现为以下形式。

（一）一个出入口的设计形式

当大出入口与小出入口合二为一时，即只有一个供游人及车辆进出的大门，比较适于人流量较小的小型公园或大型公园的次要出入口、专用出入口等。这类大小合一的出入口设计，因多处于次要出入口处，因而出入口建筑体量较小，附带功能不会太多（图2-4-2），仅提供园区空间的划分作用，同时兼有售票、收票的功能即可。又因出入口处人流、车流

图2-4-2　九寨沟景区大门

混合，为便于管理，常采用限制车流的措施，如大门嵌小门的形式，平时游客步行进出使用小出入口，只在特殊的节日或有突发灾难时，才开启整扇大门，供车辆进出通行。所以此类出入口在设计时要处理好建筑体量与功能的关系，也要处理好大出入口与小出入口的结合比例。

（二）大出入口与小出入口分开的设计形式

因园区面积大，在多边园界上常开多个出入口，在大型的园区主出入口处也常见同时设置多个兼有进出功能的出入口，便于游客进出。因多个出入口同时存在于一个出入口空间，便会形成大出入口、小出入口分开的形式，以及大小出入口与售、收票室及管理室的组合变化，形成丰富的出入口建筑的设计形式。

第一，大出入口、小出入口分开，其售、收票室及管理室设在小出入口一侧，位于大出入口偏远方向，适于一般公园入口建筑的设计形式。

第二，大出入口、小出入口分开，其收票室设在大小出入口之间，售票室及管理室设在小出入口一侧。这种设计形式既可兼顾两侧收票，又便于将购票与出入人流分离，缩短人流的停滞时间，比较适于节假日及人流量较大时使用。

第三，同时存在三个及以上出入口，且大出入口、小出入口在中轴两侧作对称布局，并设置同样的内容。如收票室位于大出入口与小出入口之间，售票室及管理室位于小出入口一侧，或只在小出入口处设置售、收票室及管理室等。不同的组合方式都以对称的美感来体现，比较适于园区规模较大或客流量较大的大型公园。对称的布局既便于控制人流、车流进出，同时，又能将不同方向的游客进行流线上的无交叉划分，以减少因流线交叉、游客往返各功能区域之间而造成的拥堵情况。因这种设计出入口众多，位置相对固定，在设计过程中，对出入口建筑体量、质感、造型的要求就更加严格。

（三）入口与出口分开的设计形式

有些园区因各自的特色以及园内景观的布置形式，将入口门与出口门分开设置，使入口、出口人流分别紧连游览路线的起点、终点，即游客只能按照园区指定的主入口进入园区，并按照一定的游览路线在园区内观光，并通过出口离开。这种设计适合于大型公园使用，尤其是游览顺序性较强的园林、植物园、动物园等。

二、大门出入口的宽度设计

大门出入口的宽度，可根据出入口的功能要求、地形地势、周围环境以及园区的内部风格等因素来确定。

（一）大门出入口的宽度与其功能要求的关系

公园大门一般分为大出入口、小出入口。

大门宽度设计受到人流所占宽度的影响，大门宽度不是以人数来计量，而是以人流股数通行宽度为依据，如单股人流通行宽度为600~650mm，双股人流通行宽度为1 200~1 300mm（表2-4-1）。因此，公园小出入口在设计时，其功能主要是供人流进出，一般满足1~3股人流通行即可，需要600~1 900mm宽，有时亦供自行车、小推车出入。所以其宽度就由这些因素确定。

表2-4-1　出入口宽度设计参考值

项目	参考宽度/mm
单股人流宽度	600～650
双股人流宽度	1 200～1 300
三股人流宽度	1 800～1 900
自行车推行宽度	1 200左右
小推车推行宽度	1 200左右

公园大出入口除供大量游人出入外，有时需供车流进出，故应以车流通过所需宽度为主要设计依据。一般考虑出入两股车流并行的宽度为宜，需要7 000～8 000mm宽。（图2-4-3）

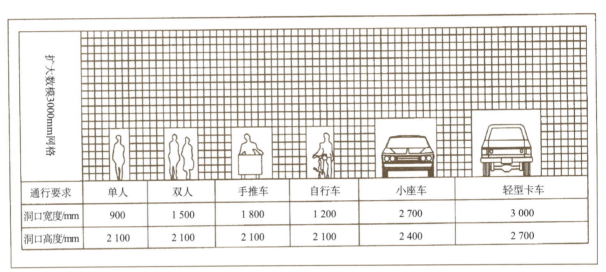

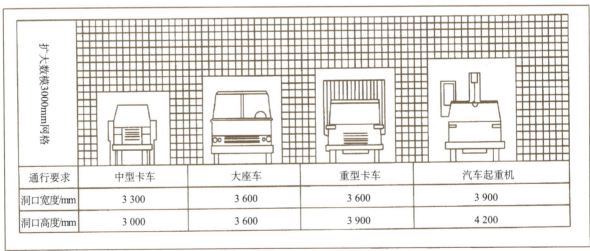

图2-4-3　大门出入口宽度的确定

注：在设计中，应根据通行车辆的具体尺寸确定洞口，洞口高度应为车辆总高度加0.2m，宽度应为车辆总宽度加0.7m。一般洞口参考尺寸：行车的门洞净高应不小于4.20m。

（二）公园出入口的宽度与人流在园内停留时间的关系

现代公园由于其等级和规模不同，游人在园区内停留的时间不同。因此，在园区出入口的宽度设计时，游人在园内停留的时间与出入口的宽度也有着密切的关系（表2-4-2）。

表2-4-2　公园游人出入口宽度下限（m/万人）

游人人均在园停留时间	售票公园	不售票公园
＞4h	8.3	5.0
1～4h	17.0	10.2
＜1h	25.0	15.0

三、大门出入口的立面形式设计

随着人们生活质量的提高、审美意识的转变以及社会环境文化的升华，公园已经逐渐转变成为开放的、免费的、供现代人们日常锻炼、休闲、集散的重要场所。因此，公园大门出入口的形式也随着功能、材料、审美以及实际生活需要而发生着不同的变化。

（一）大门出入口的立面要素

通过前面的学习，我们已经掌握出入口的主要功能是指示标志和交通连接疏导。有些出入口的立面要素较为完整，可以让人们对整体建筑形成印象，但是，更多的现代设计，为实现这两个重要的功能进行立面要素的重构，或缺失其中的一种要素，把设计的重点摆在建筑本体的形式感上。因此，在现代生活中，出入口建筑的设计越发活泼，越发灵活，越发让人难以忘却。

在众多的大门立面要素中，仅就设计分析以下几个方面：

1.大门出入口的门墩设计　门墩是悬挂、固定门扇的主要构件，是大门出入口不可缺少的组成要素之一，但在一些现代园林出入口设计中，门墩悬挂、固定门扇的功能已经开始出现缺失，取而代之的则是大胆夸张的建筑形象。

其实，门墩又是大门艺术形象的载体，有时还直接成为大门的主体形象。所以应重视门墩的形式、体量大小、质感等因素，使其与大门总体造型协调统一。门墩结合大门的总体环境，常见有柱墩式、实面墙、高花台、花格墙、花架廊等形式。（图2-4-4）

2.大门出入口的门扇设计　门扇是大门的围护构件，又是艺术装饰的细部，对大门的整体形象起着一定的作用。随着公园开放性的要求的扩展，有些出入口门扇已经被意念所取代。其实门扇的设计形式及造型的要求，也在不断地变化着。如从防卫功能上看，门扇高度一般不低于2m，其花格、图案的纹样以竖向条纹为宜，且竖条之间的距离不大于140mm。同时，也要考虑门扇大小、造型、装饰、材质以及开启方式等，这些都要与大门整体形象协调统一。常见的门扇设计有金属栅栏门扇、金属花格门扇、铁板门扇、铁丝网门扇等，有些地区还采用木板、木栅门扇等。

3.大门出入口门扇的开启方式设计　在园区出入口建筑设计中，门扇常用的开启方式有以下三种（图2-4-5）：

（1）平开门。构造简单，开启方便，但开启时占用空间较大。门扇尺寸不宜过大，一般单扇宽

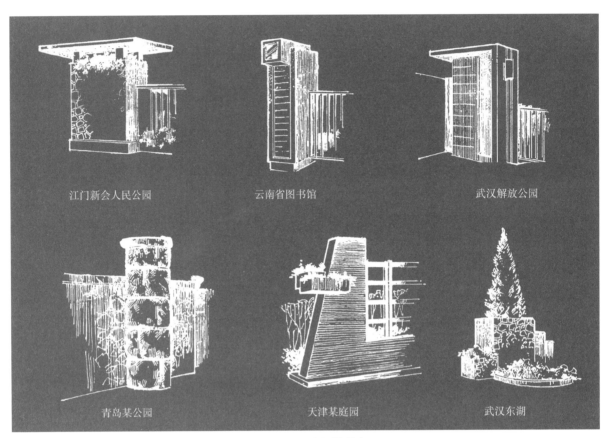

图2-4-4　几种门墩形式

图2-4-5　公园大门门扇开启方式

度为2～3m，出入口门洞宽度以4～6m为宜。

（2）折叠门。门扇分几折，开启时折叠，占地空间较小，折叠门每扇宽度为1～1.5m，可按需要做成4～6折，甚至更多。出入口门洞宽度可做到10m以上。折叠门可分为有轨折叠门和无轨折叠门两种，有轨折叠门应用更为广泛，在采用有轨折叠门时，一般建议将轨道埋至与地面平齐，或将轨道由地面转至门洞上方，以此减少因轨道突出而给游人带来的通行不便。

（3）推拉门。推拉门开启时门扇藏在墙后面，便于安装电动装置。门扇可以做得很宽，但需要大门一侧有一段长度大于门宽的围墙，使门扇可推入围墙后。

（二）大门出入口的立面形式设计

公园大门的立面形式多样，较为常见的有山门式大门、牌坊式大门、阙式大门、柱式大门及顶盖式大门等，都是从传统的中国门体建筑形式出发，结合现代的门扇、设备及开启方式而进行完善设计的。在近年来的园林出入口设计中，展现得更多的是对门的形式及功能的探索，因此，有形、有意、有创新的园林出入口设计给了设计师更多的启示。

1. 从传统建筑中汲取设计元素的出入口设计

（1）山门式大门设计。山门式大门是我国传统的出入口建筑形式之一。它依据我国古代的"门堂"建制，不仅在建筑群的外围设门，在一些主要建筑或景观前也设门。

在我国古代的宗教建筑中，道观或寺庙外一般增设"山门"等具有标志性功能的出入口建筑，这实际标示进入宗教建筑的"福地""洞天"——明确所属领域性，而"山门"就是这些建筑群的序幕空间，对游客来说起着表征和导向作用。如陕西韩城司马迁祠的山门等。

即使在现代，向广大游客开放的皇家园林，其出入口也多沿用原有宫门。但为了配合使用需求，一般需增设相关管理及服务设施。因此，要求其在空间处理和造型上注意统一性、协调性。如北京颐和园、北海公园（图2-4-6）等出入口处的大门即属此类。

（2）牌坊式大门设计。牌坊建筑在我国有着悠久的历史，在牌坊上安门扇即成牌坊门。牌坊按其空间结构和造型来分一般有两种类型，即牌坊与牌楼。它们的区别是在牌坊两根冲天柱上加横梁（或额枋），且在横梁上作斗拱屋檐起楼，即成牌楼。一般的牌坊多属单列柱结构，规模较大的牌坊为了结构的稳定则采用双列柱构架。

近代公园的牌坊式大门为了便于管理，多采用通透性较强的铁艺门，售票、收票室设于门内，最好与门体本身保持一定距离，以免影响牌坊的传统造型，又不失其实用功能。如广州人民公园后门、广州起义烈士陵园大门（图2-4-7）等。

（3）阙式大门设计。阙式大门是由古代的石阙演化而来的，"阙"通"缺"。一对阙之间留下的空缺之地，就作为通向后面建筑物或景观的道路。古时的双阙一般东西列，朝南向，子阙位于阙身外侧，两者组成整体。（图2-4-8）

图2-4-6　北海公园大门

现代的阙式出入口建筑一般在阙门座两侧连以园墙，门座中间设铁栏门。由于门座没有水平结构构件，因而门宽没有限制，售票、收票室可以设在门外或门内，也可利用阙座内部空间作管理用房。（图2-4-9，图2-4-10）

（4）柱式大门设计。柱式大门主要由独立柱和铁门组成。柱式多由古代石阙演化而来，二者的区别在于柱式门较修长，在现代公园中广为应用。一般作对称布置，设2～4个柱墩，且划分出大小出入口。在柱墩外缘可设置售票、收票室或连接围墙，有些柱由于其体量较大，也可利用柱内空间设置门卫室或检票口等。

如南京中山植物园北向大门设置在丛林深山之中，为柱式大门。大门两侧各设小门，以便大门关闭后方便行人出入。大门造型明快，富有生气，比例、尺度适宜，形成明朗、简洁的特征，檐下饰以浮雕植物图案，借以反映植物园性格。（图2-4-11）

（5）顶盖式大门设计。上述牌坊、山门等出入口建筑属坡屋顶样式，但随着建筑材料、结构和施工技术的发展，在承重构件上方设有顶盖的大门形式还有平顶式、拱顶式等。

平顶大门设计应用更广，如哈尔滨儿童公园大门，屋顶整体平坦，在局部与围墙产生高低节

图2-4-7　广州起义烈士陵园大门

图2-4-8　雅安汉高颐墓阙

图2-4-9　阙式大门

图2-4-10　四川宜宾翠屏山公园大门

奏对比，造型既稳定、亲切，又活泼、安全（图2-4-12）。桂林七星景区后门由值班、售票房和门廊等组成，采用坡屋顶形式。曲折的平面，两坡盖顶，高低起伏、前后错落的形体，组合成生动活泼、富有乡土韵味的出入口。

2. 从现代设计中汲取灵感的出入口设计

（1）运用现代材料及施工工艺，进行大跨度的出入口建筑设计。如图2-4-13所示，通过连接件以及插接结构，塑造出一个通透、空灵、飘逸的虹的造型，尖塔以突破性的视觉语言相伴于空间中，组成向上、挺拔、俊朗的出入口造型。如图2-4-14所示，同样是运用钢材的大跨度结构，在出入口处形成整体造型，为了协调其弧线的极限性，特配以不规则形的园墙，使其建筑整体设计除了体现时代的大气之外，更多了些稳定与巧致。

（2）运用雕塑语言创造出现代的审美感受。当人们的日常生活空间愈来愈趋向同质、平淡的时候，设计师便运用雕塑语言，使体量巨大的空间构筑物与传统符号、纹样相结合，创造出既具视觉冲击力，又具有中国传统特色的出入口新建筑。

（3）运用现代的审美曲线进行出入口建筑设计（图2-4-1）。体量巨大的建筑在不断涌现的同时，轻盈、灵巧的建筑也在园区出入口建筑中不断地被创造出来。这类建筑因其飘逸的性格、通透的骨架、完美的曲线等特色，帮助现代都市人们找到新的精神寄托。

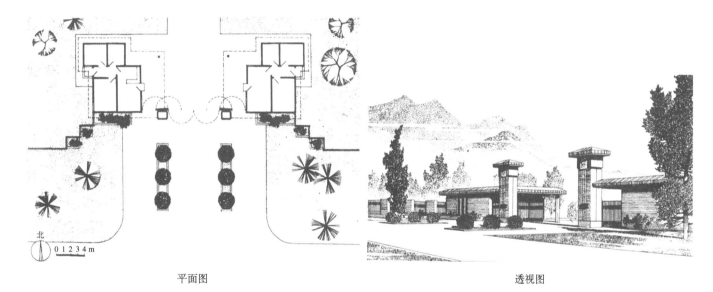

平面图　　　　　　　　　　　　　　　透视图

图2-4-11　南京中山植物园大门

图2-4-12　哈尔滨儿童公园大门立面

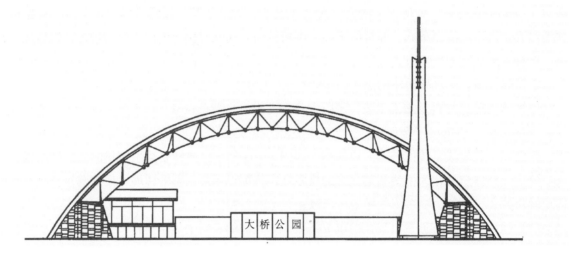

图 2-4-13　出入口造型一

图 2-4-14　出入口造型二

第五节　入口附属建筑设计

一、售票室、收票室、门卫室和管理室设计

（一）售票室设计

售票室是公园大门最基本的功能组成部分，也是大门形象及艺术构图中的重要内容。

售票室的布局，应考虑到大门出入口的环境状况、出入口广场的布局样式、公园游人数量及交通情况等不同因素，一般有两种布局方式：一是售票室与大门建筑组合成一体；二是售票室与大门建筑分开设置，成为独立在大门外的售票亭。

售票室的使用面积，一般每个售票位不小于2m²，亦可按不同建筑布局形式及通风、隔热、防寒、卫生等情况有所增减，每两个售票窗口的中间距离不小于1 200mm。售票室外应有足够的广场空间，以满足游人购票停留之需。售票室的售票窗口设置有单面售票、双面售票及多面售票等几种形式。（图2-5-1，图2-5-2）

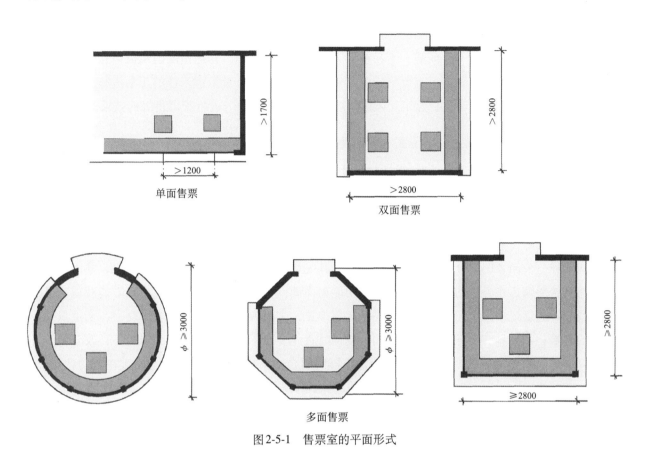

图2-5-1　售票室的平面形式

图2-5-2　上海南丹公园售票室

（二）门卫室、管理室设计

门卫室、管理室是辅助收票、维持出入口秩序、管理园区日常工作的空间。门卫室可与售票、收票室相邻或组合设计，面积不宜过大，每名门卫人员具有 $2m^2$ 左右的办公空间即可，室内陈设不宜过多，开窗朝向一般面南，且门卫室应在内、外两个朝向都设有门，以便于门卫人员及时进出。管理室因多管理日常的办公事务，因此，可置于入口建筑与围墙组合序列的末端，与入口及其他功能空间保持一定距离，创造一个安静、不易被游人干扰的办公环境。管理室的建筑风格在与其他入口建筑保持一致的基础上，又要具有可识别的建筑形象，保证办公及管理工作的正常进行。同时，管理室也可单独成形，隐藏于入口建筑、园区围墙、绿化组合之中，也可获得良好的效果。

（三）售票室、收票室及门卫室和管理室的室内气候环境

售票室、收票室的面积一般较小，建筑体量不大。根据功能要求，一般需设较大的窗口，因此，这类建筑受室外季节气候的影响严重，室内冬冷夏热是常见的设计弊病。造成工作人员终日在恶劣的环境下工作，既降低了工作效率，又影响工作人员身体健康。设计中主要应解决以下三个问题：

1. 选择良好的朝向并采取必要的遮阳措施　第一，在我国大部分地区售票室、收票室等建筑以朝南为佳。公园大门设计应有良好的朝向，尤其是售票室与收票室整天有人员值班，窗面朝向的优劣将直接影响工作条件的好坏。一般应使功能窗面朝南，或朝东南，或朝西南，方能获得充足的日照及较好的通风条件。但公园大门往往受规划位置、主景观、园区形状、城市交通、街道景观等因素的影响，不易具有良好的朝向。因此，设计时首先要在不改变大门朝向的前提下，改变建筑方位，以使建筑获得良好的朝向，或在大门建筑群的组合中，将工作房间巧妙地安排在好的朝向位。例如，在朝西的大门中将建筑物朝南，在朝北的大门中将建筑物朝东等，以改善建筑物的朝向。

第二，当选取不到较好的朝向时，应设置遮阳设施。尤其是售票、收票的窗口必然要朝东、朝西向的建筑，更需做好遮阳设计。遮阳设施以不妨碍营业窗口为宜，一般适用的遮阳方式包括挡板式遮阳、水平遮阳、绿化遮阳等。挡板式遮阳，即在廊或屋檐的顶板下悬挂垂直遮阳板，遮阳板应离地面1.8m以上，以免人们碰头。水平遮阳，即在售票、收票窗口前做加大挑檐顶盖，或在窗口做水平遮阳板，或加设进深较大的廊、花架等，其中简单易行的措施可用帆布遮阳，可设机械装置，每日收放。绿化遮阳，即在售票、收票或管理建筑体量不大，且在室外环境中有枝叶浓密的大树或有较合理的种植配置时，可使整个建筑处于树荫下，这是最理想的自然物遮阳方法。

2. 组织好穿堂风　组织穿堂风是夏季室内降温的重要措施。我国大部分地区夏季主导风为南风（或东南风、或西南风），因此房间窗户要面向主导风向，即朝南（或东南、西南）。要安排好进出风口，使穿堂风经过室内的工作范围，房间平面上要注意开窗的位置，剖面上要注意开窗的高低。因气流速度会随路线曲折程度的增加而减小，所以要使穿堂风的穿过路线简捷。

3. 屋顶保温隔热措施　屋顶保温隔热措施是防止太阳辐射热侵害室内的重要方法，尤其是对于南方夏季其作用更为突出；而在北方地区，屋顶及墙体的保温措施也是改善冬季室内环境质量的不可忽视的措施。

屋顶保温及隔热的方法很多，常用的有架空通风隔热层屋面、吊顶通风隔热层屋面、通风隔热保温屋面、保温平屋面及保温坡屋面。架空隔热层应注意，开设通风口应迎向夏季主导风向，架空

高度一般在120～240mm之间；吊顶隔热层的通风口，在冬季应能关闭，以利于保温。

二、小型服务设施建筑设计

（一）小型服务设施建筑的特征

在入口建筑中，小型服务设施建筑是对其出入口功能的辅助和补充。其具有的主要特征为：

1. 小型服务设施建筑规模不大　小型服务设施建筑占地规模一般不大，往往为一人或两人独立经营使用，面积5～10m²。若较大的服务设施或建筑可设置独立的售货厅和储藏室等，面积可达20～30m²，常与入口建筑和园区围墙相连，且地位次于公园出入口、收票室，有时可结合出入口和附近的接待室、餐厅茶室布置，朝向及开门以内外兼具为宜。（图2-5-3）

2. 小型服务设施建筑服务功能的复合性　小型服务设施建筑为游客提供购买、通信、照相、寄存、游览指导与咨询、游人休息等候等服务。其中，多数是为游客提供临时的采购物品，如土特产品、手工艺品、旅游纪念品、糖果、香烟、水果、饼食、饮料、电池、报纸杂志等，有的还供应照相器材、租赁相机、展售风光图片和导游图，以及为游客摄影等，有的也提供物品寄存服务、宣传、讲解、导游、咨询服务等，同时也为游人创造一个休息、停留、赏景的场所。

（二）小型服务设施建筑的造型设计

小型服务设施建筑的功能丰富，且与出入口处的大门、售票室、门卫室、接待室、园区围墙、绿化等因素互为依托。因此，其造型设计既要从整体统一的角度出发，也要协调其在出入口空间的从属与服务功能。

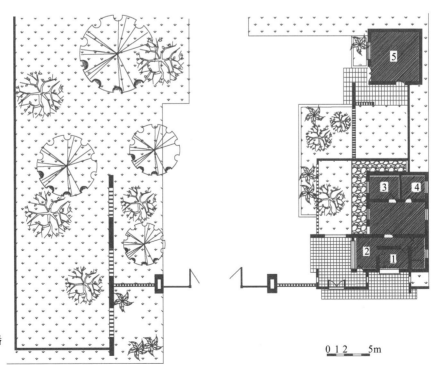

图2-5-3　上海植物园大门平面图
1. 售票　2. 收票　3. 广播　4. 值班　5. 小卖部

1.小型服务设施建筑的造型材料　传统景观中的小型服务设施建筑一般用石和木两种材料，用真材或混凝土仿制。随着现代材料工艺的发展，现代审美意识的升华以及工程施工技术的完善，小型服务设施建筑的外墙采用的材料也日渐丰富起来。片石、仿木、仿竹、充气膜、索膜、钢架、玻璃、喷漆以及茅草等饰面材料的广泛应用，为小型服务设施建筑的设计提供了更大的可能性。

2.小型服务设施建筑的造型设计　景观中的小型服务设施建筑，其基本平面设计形式很多，表现为一个几何形状单独成型或数个几何形状组合成型。自点状单柱亭起，三角形、正方形、长方形、六角形、八角形以至圆形、海棠形、扇形，由简单到复杂，建筑平面基本上都是规则几何形体，或再加以组合变形而成型，造型多样、形式活泼。当然，小型服务设施建筑也可与亭、廊、花架、花坛连体，创造幽静雅致的休闲小空间，以满足游人的多重需要。

在外观上，常以独特的造型和充满个性的色彩吸引游客。当其独立设置于入口建筑之外时，本身就是一个点缀出入口环境的小建筑，同样发挥着引人注意的作用，但仍要求融于公园入口建筑的整体环境中，以避免过于商业化和喧闹。

为了能较好地发挥其招引作用，在设计时，还可以利用屋顶的变化，突出建筑本身特色，这也是小型服务设施建筑的又一个设计点。综上所述，在小型服务设施建筑的设计中，首先，售货亭立面造型，可采用坡顶、折板、弧形、波浪形、壳体、拉膜等多种屋顶形式。其次，同样一个平面，装修的不同、式样的繁简等也可产生不同的效果，需要斟酌。再次，所有的形式、功能、建材都处于不断的演变进步之中，常常是相互交叉的，必须注重创造。

第六节　案　例

一、邳州人民公园入口

邳州人民公园位于江苏省徐州市，原为老政府大院，此处古树参天，风景宜人，居市中心繁华地段青年路的北侧。公园以浓缩几千年文明史的文化内涵为特色，展示了邳州楚汉文化的魅力。人民公园入口处浮雕相迎，奚仲、邹忌等古代名人雕像矗立其中，其整体布局古朴厚重而又不失现代气息。大门主体为牌坊造型，面向南，运用现代直线条的大理石柱与横向峨冠造型相结合，周围环绕着郁郁葱葱、枝叶茂盛的水杉，全方位地烘托峨冠博带的汉风气质。园路环绕及周围草坪匝地、绿树掩映、鲜花镶嵌，花岗岩道路将各功能小区分开，又遥相呼应，使之层次分明、错落有致，成为有机的整体。(图2-6-1)

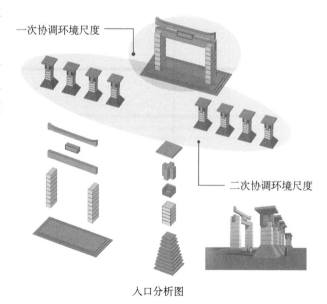

入口分析图

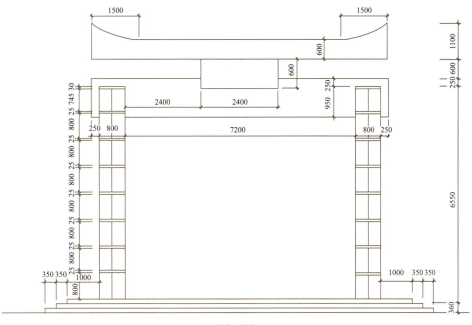

正立面图

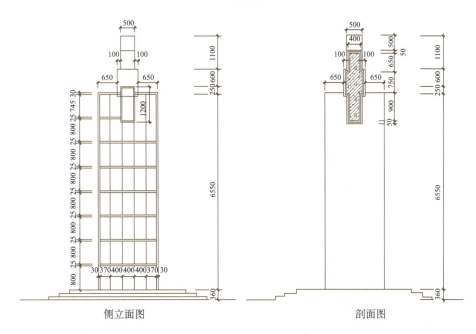

侧立面图　　　　剖面图

入口牌坊

总效果图

图 2-6-1　邳州人民公园入口

二、黄遵宪纪念公园入口

黄遵宪纪念馆（公园）既是广东省梅州市文化建设重点项目，又是城市建设的亮点工程。该项目是实施"文化梅州"发展战略、打造"世界客都·文化梅州"品牌、建设山区文化强市的重点工程。该公园规划用地约10hm^2，园区分为纪念景区、人文秀区和服务区，方案按国家旅游景区4A级要求进行设计，充分利用周溪河自然资源，对黄遵宪书斋人境庐、故居荣禄第、民居恩元第三处相连的省级文物保护单位的历史文化资源进行整合，体现国家历史文化名城梅州丰富的文化底蕴，展示世界客都——梅州文化之乡的历史风貌，展现爱国诗人、外交家、教育家黄遵宪的人文精神，将

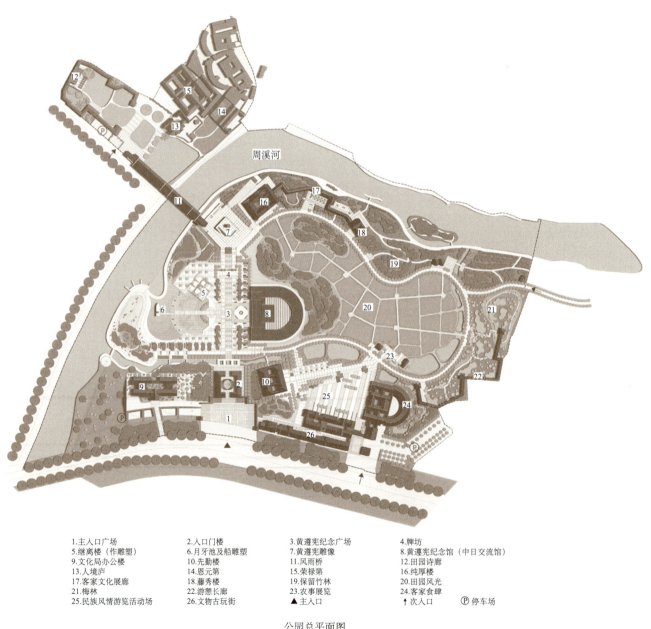

1.主入口广场　　2.入口门楼　　3.黄遵宪纪念广场　　4.牌坊
5.继离楼（作雕塑）　6.月牙池及船雕塑　7.黄遵宪雕像　8.黄遵宪纪念馆（中日交流馆）
9.文化局办公楼　10.先勤楼　　11.风雨桥　　12.田园诗廊
13.人境庐　　14.恩元第　　15.荣禄第　　16.纯厚楼
17.客家文化展廊　18.藤秀楼　　19.保留竹林　　20.田园风光
21.梅林　　22.游葱长廊　　23.农事展览　　24.客家食肆
25.民族风情游览活动场　26.文物古玩街　▲主入口　↑次入口　Ⓟ停车场

公园总平面图

其建设成集文化交流、客家传统文化展示、爱国主义教育于一体的主题纪念公园。

黄遵宪公园大门是整个公园点题的建筑物,象征性地营造了客家民居的设计意向。公园大门的造型主体为一座夯土圆墙,外加一圈围廊,象征客家的围楼,以圆墙围合的天井中间有一口水井,隐喻"饮水思源"这一感念,在体现浓厚文化内涵的同时,暗示黄遵宪先生来自梅州,从小立志放眼世界的人生观。

大门两边对联为黄遵宪先生的诗句"杜鹃再拜忧天泪,精卫无穷填海心"。2003年,当时的国务院总理温家宝视察香港时曾引用这首诗以鼓励港人团结友爱。公园大门整体设计既源自传统,又结合现代建筑的技术和结构,造型稳重端庄,具有强烈的标志性。(图2-6-2)

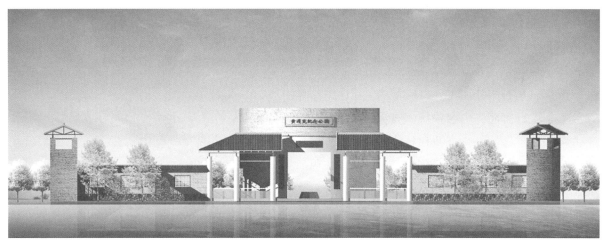

公园大门立面图

公园大门效果图

图2-6-2 黄遵宪纪念公园入口

三、南京白马石刻公园主入口

南京白马石刻公园是一座融知识性、休闲性为一体，既有浓郁历史文化氛围又有鲜明现代气息的大型城市风景园林。公园占地面积约33hm²，位于南京紫金山西北坡，紧邻风光秀丽的玄武湖，公园设计主题定为"石刻"，将部分散落的石刻文物集中到公园中，并充分结合园区内人文景观和地势地貌，精心运用碧桃等植物造景，适当以建筑小品点缀。

南京白马石刻公园主入口广场构思新颖，主题鲜明，内容独特，展示了古都南京丰厚的文化资源和独特的文化风貌。设计者将石刻碑环作为公园主入口大门与生肖柱相映成趣，通过广场硬质地面铺装和台阶，使近水平台、石刻列柱、树杉林木相融合，通过古老珍贵的文物与天造地设的自然环境相结合，展示出不同时代石刻艺术与文化的积淀。（图2-6-3）

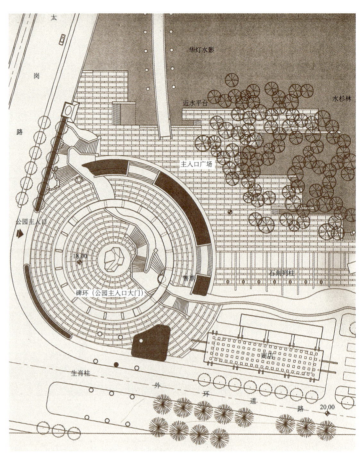

主入口广场平面图

主入口效果图

图2-6-3 南京白马石刻公园主入口

四、西安大唐芙蓉园入口

大唐芙蓉园位于古都西安大雁塔之侧，西安市曲江新区。占地面积约62.5hm^2，其中水面20hm^2，总投资13亿元，是西北地区最大的文化主题公园，建于原唐代芙蓉园遗址以北，是我国第一个全方位展示盛唐风貌的大型皇家园林式文化主题公园，是著名建筑设计大师张锦秋女士的作品。

大唐芙蓉园西门又称御苑门，也是园区的正门，造型华丽的两层主门楼与左右紧接的三重阙相得益彰，显得气势恢弘，大门正中"御苑门"这三个黑底金字由我国著名书法家、美术评论家沈鹏所书。大门两旁黑底金字的楹联更是意味深长："炎汉宜春苑曲水千载相如赋中皇家气象；大唐芙蓉园柳烟三春唐人诗裹帝里风光。"其皇家御苑的气派让人即刻能够想象出百帝游曲江的恢弘气象及大唐迎宾礼仪的泱泱气魄。之所以把西大门作为正门，有两种说法：其一是李唐王室来自陇西，所以门朝西开；其二是丝绸之路的起点在西方，象征着大唐王朝兼容并蓄、贸易往来的兴盛发达和八方来朝的繁荣景象。走进西大门，迎面是一方巨大的"玉玺"，上面刻有"大唐芙蓉园"篆书金字，玉玺下方的地面上"盖"有这五个大字的印文。玉玺象征着封建皇权，而芙蓉园也正是李唐王朝的御苑，玉玺雕塑造型也从艺术审美的角度渲染了皇家园林的恢弘大气。

玉玺两侧是猎猎风中飘扬的旗帜，84根旗柱象征着唐代长安城面积84km^2，另一层意思就是笑迎四面八方宾朋。同样也反映了威武的大唐军阵，军阵的威力主要与地形、地势的起伏、缓急密切相关，唐代已经开始运用强劲的弩作为远距离的投射兵器，敌军在攻击之前，先受到远距离箭雨的冲击，而敌军骑兵弓箭的射程远不及强弩，这有效地消除了敌军骑兵对军阵的干扰，使军阵在面对骑兵时仍处于不败之地。这种军阵前进时锐无可挡，像一座山在前行，压碎前进中遇到的一切障碍。

大唐芙蓉园北入口为次入口，主要展现万民乐游曲江的太平盛世景象。北门位置处于交通道路交叉口，滞留感弱，同时没有紧连园内的主要景点。次入口空间凭借庞大的集散广场，道路斜向交叉参差，间设游人座椅，配以广场照明、砌缝铺装和树木列植等，有效地缓解了道路交叉处对入口空间的干扰，又彰显出大唐气势。同时在入口的右侧设一停车场，通过有效的步行距离增加游人的期待和对园景的回味，同时减少交通冲突。入口建筑本身拥有大唐时期的风格，采用内凹半封闭式的空间造型，亭、廊相连增加了景园的气势和对游人的引导性。（图2-6-4）

西大门效果图

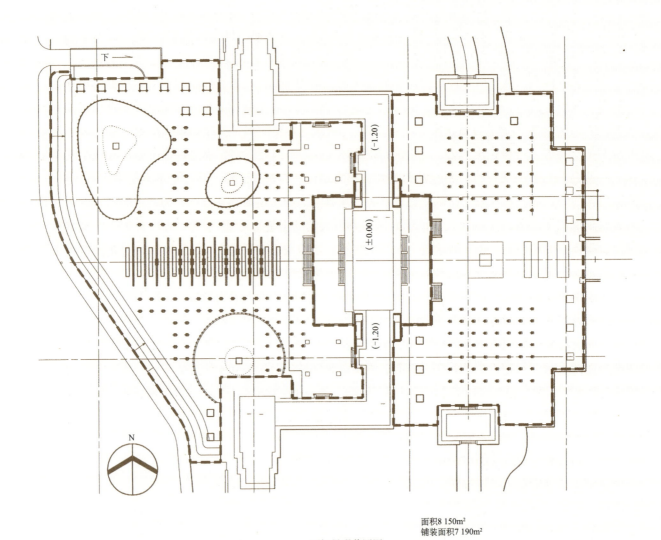

面积8 150m²
铺装面积7 190m²

西门景观范围图

西大门立面图

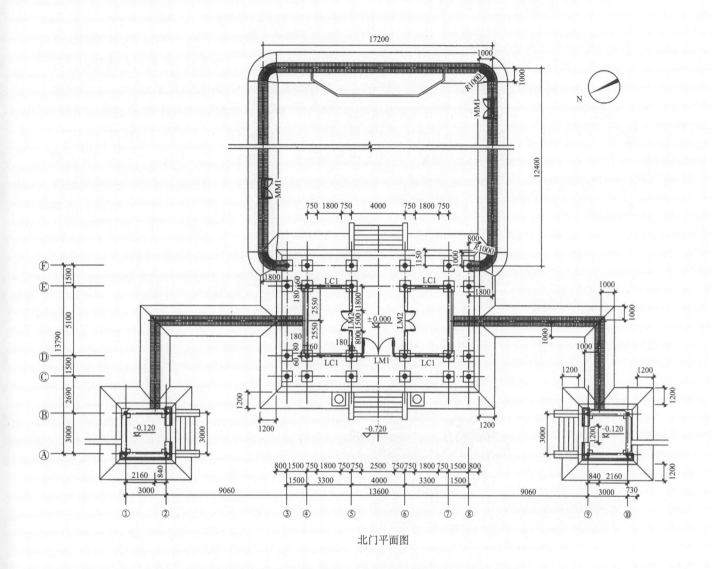

北门平面图

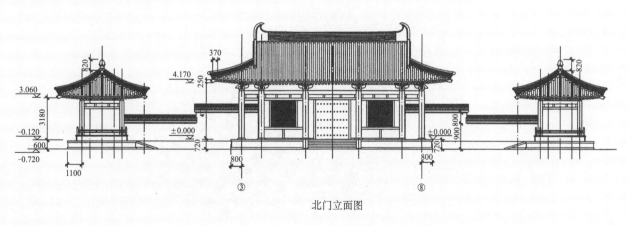

北门立面图

图2-6-4 西安大唐芙蓉园入口

五、南京花卉公园主入口

南京花卉公园（又称情侣园）位于金陵城北，南邻玄武湖，东枕紫金山，拥有得天独厚的地理优势和物产资源。公园既有游览、观赏、休闲、娱乐、婚庆等功能，又具备青少年植物科普知识学习的内容。园内流水回绕，花木葱郁，景色幽雅宜人。其中婚礼摄像服务为该公园的特色亮点，内可举办中式传统古典的"洞房"婚礼和西式浪漫唯美的"教堂"婚礼，很受广大新婚佳偶的追捧和青睐。公园每年4月左右举办为期一个半月的郁金香艺术节，郁金香高贵优雅，气度不凡，颇具观赏价值。

公园入口广场规划有大门、服务用房及可停30辆车的小型停车场，由布满鲜花的大门进入园内，大道两侧即是水上森林。水上森林由一层层的树池、花坛组成，水沿台地跌落而下，形成独特美景，夜间配上灯光，景色尤为绮丽。主干道中心是巨大的水模纹花坛，花坛内耸立着美丽的花柱，引导人们到达主要景点——花卉台地区。花卉台地区由小广场、花仙雕塑、休闲草坪及海浪式起伏的花池构成，花池内大片的鲜花形成彩色的花海，与背景浓绿的树木构成一幅瑰丽的立体画面。花卉台地的东侧是幽静的树木园，高大的树木、鲜花盛开的灌木群及成片的花草地是人们休闲、谈心的好去处。（图2-6-5）

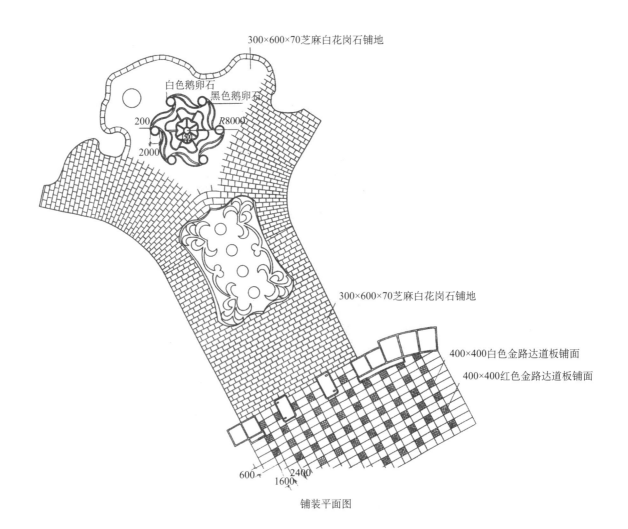

铺装平面图

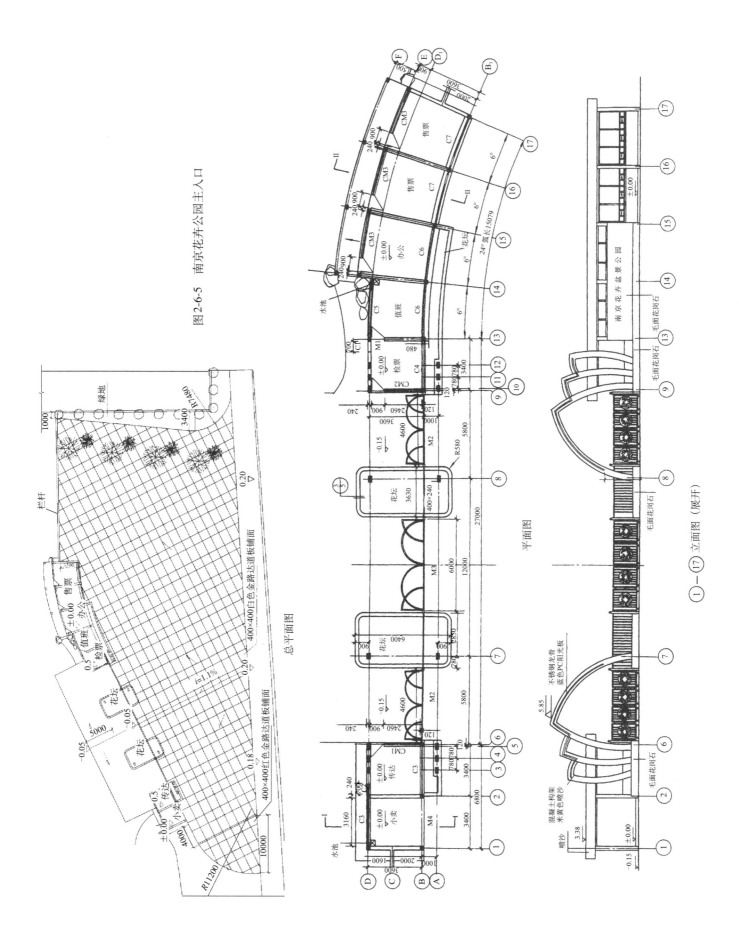

图 2-6-5 南京花卉公园主入口

六、北京玉渊潭公园西门

玉渊潭公园位于北京城西,在阜成门外,东临钓鱼台,西到西三环路,东西长约1.7km,占地面积约137hm^2,其中水面占61.47hm^2,为北京十大市属公园之一。与中华世纪坛、中央电视塔、军事博物馆相毗邻。玉渊潭公园经过多年的建设,初步成为具自然野趣风格的综合性公园,全国分为樱花区、湿地区、运动休闲区和文化展示区四个区域,有樱花园、湿地园、石柳堂、玉渊春秋等一批特色景区和园林建筑。

西门景区包括入口空间区和码头两个部分,入口区域占地面积约2 500m^2。其内设有内

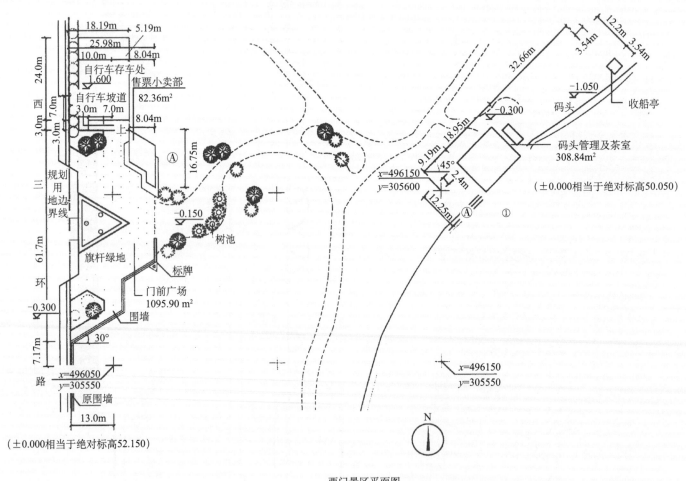

西门景区平面图

外广场、售票房和小卖部以及自行车存车处。入口建筑处理简洁明快，白墙红瓦缓坡屋面，尺度宜人，与环境相协调。门前广场铺装的线形与售票房建筑的轴线完全一致，并组成红砖白石花朵形的图案。公园名墙和一透雕三角柱与建筑南北相对，总体突出樱花主题，植物和园林空间经过调整后，入园视野开阔，路线流畅自然，并恰如其分地点缀山石，使门区的园林内容得以充实。（图2-6-6）

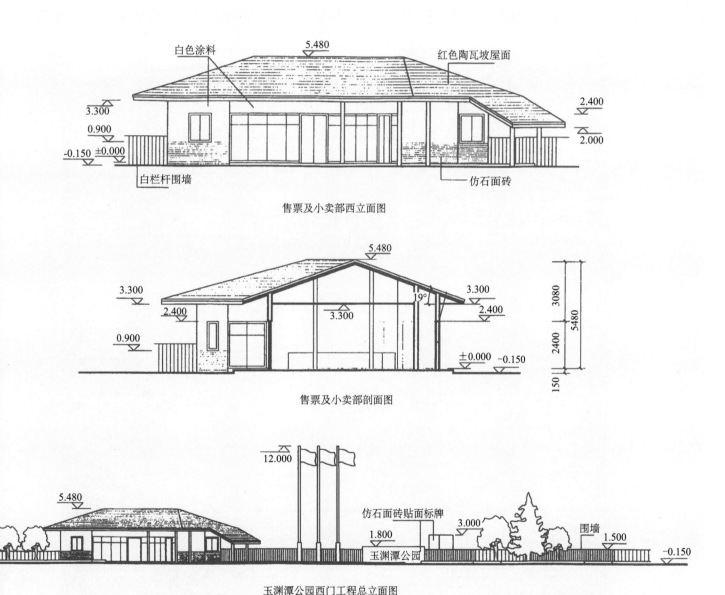

图2-6-6 玉渊潭公园西门

七、昆明呈贡洛龙公园入口

昆明呈贡洛龙公园是呈贡新城最主要的公共绿地公园，以水为主线，处于呈贡新区核心区域，占地面积约160hm^2，为城市的发展提供一个基础的生态环境，是满足人们集体活动、展示城市文化和城市精神的理想场所。

其入口正对交通干道，入口轴线是公园空间的主轴，建筑整体呈曲线形，功能相对简单，通过空间建筑顶部形体与入口道路间形成曲与直、自由与规整、静与动的鲜明对比。入口处的集散广场通过绿化以及道路等形式强化入口空间及分流作用，有效地减少了城市干道交通对公园入口空间的冲击。在入口的内序幕空间中，笔直的道路增强了空间的延伸感，通过水体的设计，既强化空间的连续性，又增加空间的活力和湿度，同时可以提升空间出入交通的导向性。（图2-6-7）

入口平面图

入口局部图

入口效果图

图2-6-7 昆明呈贡洛龙公园入口

休憩建筑

园林建筑中有一类形体小巧、功能简单、形式丰富，起点景、观景及休憩之用的建筑，称为园林休憩建筑，主要包括亭、廊、榭、观景楼阁等几种类型。休憩建筑作为风景园林的一个重要组成要素，不仅要满足游人遮阳避雨、驻足休息等实用功能，还要与园林环境密切结合，与自然融为一体，共同组成风景画面。因此，休憩建筑设计要将其功能与园林景观要求巧妙地结合起来，以创造不同特色的园林环境。中国园林建筑注重与自然协调，在环境中常起到"画龙点睛"的作用，同时也十分注重文化内涵的创造。无论点景、赏景均使人触景生情，成为既满足功能要求、又可供人品赏的艺术品。总体而言，休憩建筑的设计应遵循"巧于因借，精在体宜"的总体原则。"因"，即因地制宜，从客观实际出发。"借"，即借景，借助周围的景色丰富其景观效果。"精在体宜"，即园林建筑与空间景物之间最基本的体量构图原则。休憩建筑应根据周围的环境确定其大小，力求在体量上合宜得体，并应尽可能精巧。

第一节　休憩建筑的功能和特点

一、功能

1. 驻足休憩　园林既可改善与美化人们的生活环境，也是供人们休息、游览和进行文化娱乐的场所。为了满足人们遮阳避雨、休息的需要，园林中需要设置一定数量的休憩建筑。

园林中的建筑通常建在景色优美且便于观览周围景色的地方，为游人提供最佳的驻足观景视点。同时，这些建筑还能供游人休憩，解除疲劳，使游人能更从容地观赏风景。清代袁枚在《峡江寺飞泉亭记》中记述了飞泉亭在观景中所起的作用。他在文中写道：

"凡人之情，其目悦，其体不适，势不能久留。天台之瀑，离寺百步；雁宕瀑旁无寺；他若匡庐，若罗浮，若青田之石门，瀑未尝不奇，而游者皆暴日中，踞危崖，不得从容以观。如倾盖交，虽欢易别。

"登山大半，飞瀑雷震，从空而下。瀑旁有室，即飞泉亭也。纵横丈余，八窗明净，闭窗瀑闻，开窗瀑至。人可坐，可卧，可箕踞，可偃仰，可放笔砚，可瀹茗置饮。以人之逸，待水之劳，取九天银河置几席间作玩，当时建此亭者其仙乎！"

袁枚从多次观赏瀑布中得到一个体会，认为峡江寺建飞泉亭供游人观赏休憩，使人可以安闲自适地欣赏自然风景。因为有了亭，游者不再"皆暴日中"、不再"踞危崖，不得从容以观"，而是

"可坐，可卧，可箕踞，可偃仰"，不一而足，生动描绘了休憩建筑的功能。

2.观赏风景 园林建筑作为观赏景物的场所，其位置、朝向、封闭或开敞的处理往往取决于所得之景佳否，即能否使观赏者在视野范围内摄取到最佳的风景画面。在这种情况下，大至建筑群的组合布局，小至门窗洞口或由细部所构成的"景框"的布置，都可以作为"剪裁"风景画面的手段。著名的黄山风景区中，在纵观西海群峰的万丈悬崖处设置了排云亭；在远眺始信峰、"梦笔生花"的北海狮子林山巅处设置了六角亭；在温泉风景区的桃花溪上游，面对桃花峰与人字形瀑布处设置有两层的桃源亭。这几处亭子，都成了黄山风景的极好观赏点，吸引着无数游人。

3.点缀风景 园林建筑应与自然风景相融合、相辉映，建筑常成为园林景致的构图中心或主题。建筑与山水、花木种植相结合而构成园林内的许多风景画面，有宜于就近观赏的，有适合于远眺的。有的隐蔽在花丛、树木之中，成为宜于近观的局部小景；有的则耸立在高山之巅，成为全园主景，控制全园景物的布局。在一般情况下，建筑物往往是这些画面的重点或主题，没有建筑也就不能成为"景"，无以言园林之美。因此，建筑在园林景观构图中常具有"画龙点睛"的作用，以优美的园林建筑形象为园林景观增色生辉。重要的建筑物常作为园林的一定范围内甚至整座园林的构景中心，园林的风格在一定程度上也取决于建筑的风格。在古典园林中，建筑常与诗画结合。诗画对意境的描绘加强了建筑的感染力，达到情景交融、触景生情的境界，这是园林建筑的意境所在。峨眉山清音阁景区的清音亭利用天然瀑布、山涧组景就是一个佳例。（图3-1-1）

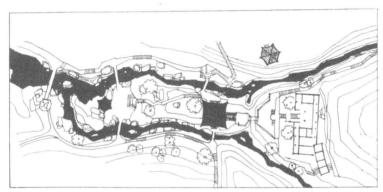

清音阁总平面图

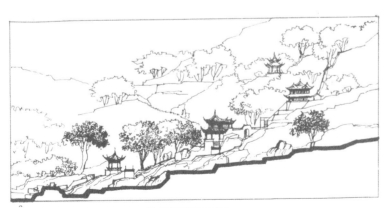

清音阁景区剖面图

清音亭

图3-1-1 峨眉山清音阁清音亭

4. 引导视线 园林游览路线虽与园路的布局分不开，但比园路更能吸引游人，游览线路中具有空间起承转合作用的往往是园林建筑。当人们的视线触及某处优美的建筑形象时，游览路线就自然地顺视线而延伸，建筑常成为视线引导的主要目标。人们常说的"步移景异"，就是一种视线引导的表现。杭州的云栖竹径，沿山道拾级而上，起步处有一石牌坊，上书"万竿绿竹参天景，几曲山溪不坠泉"，点出环境特征，引人上行。经"古放生地"至半途，有路亭"修隐处"，其对联"大道半途且小休歇去，灵山有会不为等闲来"，提示游人山上还有更好的风景。再往上走，经兜云亭、过雨亭，直至山顶的冲云楼。建筑在这里不但为人们提供休息赏景的场所，还吸引、提示游人渐入佳境，直至高潮。

5. 其他 除了以上的功能与作用外，有些亭还可作纪念之用。如桂林独秀峰下的"仰止亭"，就是为了纪念孙中山先生当时在桂筹划北伐而修建的，题为"仰止"，即取"高山仰止，景行行止"之意，其联云："小筑正宜邀月到，古人不见仰山高"，让游者自然而然地联想到孙中山先生之道德品行如峻峰万古矗立，实为匠心独具之创造。

二、特点

1. 诗情画意 休憩建筑应有较高的观赏价值并富于诗情画意。在我国传统造园技艺中，为了创造富于艺术意境的空间环境，特别重视因借大自然中各种动态组景的因素。园林建筑空间在水石花木的点缀下，再结合诸如各种水声、风啸、鸟语、花香等动态组景因素，常可产生奇妙的艺术效果。例如，白居易在庐山营建的草堂尽揽山川之胜，"仰观山，俯听泉……春有锦绣谷花，夏有石门涧云，秋有虎溪月，冬有炉峰雪"，使草堂与秀色可餐的庐山山景融为一体。

2. 自然错落 计成《园冶》中名句"虽由人作，宛自天开"，要求园林模仿自然，表现自然的美。园林中布置休憩建筑时，要遵循"宜小不宜大，宜散不宜聚，宜藏不宜露"等原则。在休憩建筑空间处理上，也应尽量避免轴线对称与整形布局，而力求曲折变化、参差错落。空间布局要灵活，虚实穿插，互相渗透，并通过空间的划分，形成大小空间的对比，增加空间层次，扩大空间感。

3. 造型精巧 由于园林建筑在造型上更重视美观的要求，建筑体形、轮廓要有表现力，要能增加园林画面的美。建筑的体量、体态、色彩都应与园林景观协调统一，建筑造型要表现园林特色、环境特色及地方特色。一般而言，在总体造型上，园林休憩建筑体量宜轻巧，形式宜活泼；在细部装饰上，园林休憩建筑应精巧，既要增加建筑本身的美观性，又要以装饰物来组织空间、组织画面，要通透，要有层次，如挂落、栏杆、漏窗、花格等都是常用的装饰要素。

4. 注重环境 休憩建筑的设计与筑山、理水、植物配置的关系也十分重要，它们之间不是彼此孤立的，而是一个有机的整体。正如《园冶·兴造论》中说，园林建筑必须根据环境的特点，"随曲合方""巧而得体"，要得体就应根据自然环境的不同条件"随机应变"。无论是在风景区或市区内造园，出自对自然景色固有美的向往，都要使建筑物的设计有助于增添景色美感，并与风景园林环境相协调。在空间组合中，要特别重视对室外空间的组织和利用，最好能把室内、室外空间通过巧妙的布局，使之成为一个整体。

第二节　休憩建筑设计要点

一方面，休憩建筑的设计是通过物质手段来组织特定的空间，需要考虑工程技术和艺术技巧的结合。在艺术构图技法上要考虑诸如统一与变化、尺度、比例、均衡、对比等原则，对建筑的形体、色彩、比例、尺度都应结合园林造景的要求予以通盘的考虑。凡是园林建筑，它们的外观形象与平面布局除了满足和反映其特殊的功能性质之外，还要受园林造景的制约。在某些情况下，甚至首先服从园林景观的需要。

另一方面，由于本身功能简单，而且受休憩游乐活动多样性和环境多变的影响，休憩建筑在设计方面的灵活性特别大，可以说是"有法无式"。因为一座供人观赏景色、短暂休息停留的休憩建筑很难在设计上确定其必然的功能制约要求，因而在建筑形式和大小的选择上，或亭或廊，或圆或方，或高或低，似乎均无不可。这种设计灵活性为设计师充分发挥想象带来了空间，但是又给初学者带来了困难。

一、选址与布局

休憩建筑是一类更注重环境条件关系的园林建筑，选址与布局尤为重要。选址的目的是为了在整体环境范围内更好地"得景"，包括点景与观景两个方面。布局也会考虑环境，但是往往只涉及建筑周边的地形地貌，目的是为了更好地"成景"。计成在《园冶》中提出了一系列的园林建筑选址布局的"经营"原则，例如"故凡造作，必先相地立基，然后定其间进，量其广狭，随曲合方""能妙于得体合宜""深奥曲折，通前达后""按基形式，临机应变而立"等，不一而足。因此，有景可眺就设亭台楼阁，相互借景应有亭榭的适当安置。所谓"宜亭斯亭，宜榭斯榭"就是根据地形巧于因借，达到因景而生，借景而成。

1.选址　要想得景，首先就要有得景的场所。在自然风景优美的地段比较容易取得良好的景观效果。园林建筑与自然环境相协调，因境成景，形成典型景致。以亭为例，真正给人深刻印象的，除了亭子本身的造型外，更加重要的在于选址恰当。眺望景色，主要应满足观赏距离和观赏角度这两方面的要求，而对于不同的观赏对象要求的观赏距离与观赏角度是很不相同的。例如，在素有"天下第一江山"之称的镇江北固山上，于百丈悬崖陡壁的岩石上建有"凌云亭"，又名"祭江亭"。北固山三面突出于长江之中，站在亭中观看奔腾江水的宏大场面：低头俯视，万里长江奔腾而过，"洪涛滚滚静中听"；极目远望，"行云流水交相映"；左右环顾，金、焦二山像碧玉般浮在江面之上，"浮玉东西两点青"。通过俯视、远望、环眺这些不同的观赏角度与观赏距离，使"凌云亭"成了观望长江景色的绝佳之处。

北京颐和园中的知春亭是颐和园主要的观景点之一。在这个位置上，大致可以纵观颐和园前山景区的主要景色。在180°视域范围内，从北面的万寿山前山区、西堤、玉泉山、西山，直至南面的龙王庙南湖岛、十七孔桥、廓如亭，形成了一幅中国画长卷式的立体风景画面。在与其他景的关系处理上，知春亭也有十分重要的位置。知春亭距万寿山前山中部中心建筑群及南湖岛500~600m，这个视距范围是人们正常视力能把建筑群体轮廓看得比较清晰的一个极限，成了画面的中景，而作为远景的玉泉山、西山则剪影式地退在远方。从东堤上看万寿山，知春亭又成了丰富画面的近景。从乐寿堂前面向南看，知春亭小岛遮住了平淡的东堤，增加了湖面的层次。由此可见，无论从"观景"还是"点景"两方面看，知春亭位置的选择都是十分成功的。（图3-2-1）

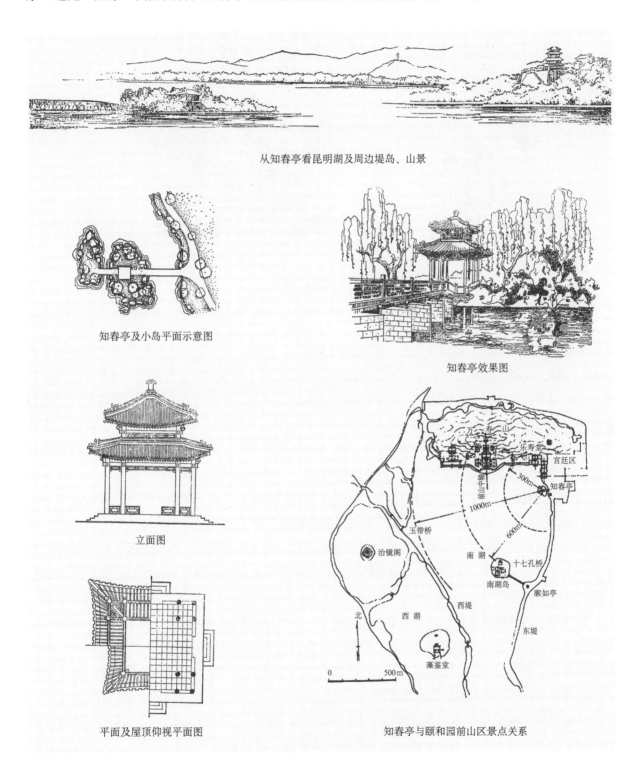

图3-2-1　北京颐和园知春亭及其环境

"云窝"及其平面　　　　　　　　"云窝"周围环境

图 3-2-2　武夷山风景区景点"云窝"

园林休憩建筑选址，在环境条件上既要重视大的空间结构，也要注意细微的因素，要重视诸如树木、水体、山石、地形、气候等一切饶有趣味的自然因素。园林休憩建筑设计的成败往往取决于设计者利用和改造环境条件的得失。例如一树一石、清泉溪涧，以至古迹传闻，对于建筑设计都十分有用。或以借景、对景等手法将其纳入画面，或专门为之布置富有艺术性的环境供人观赏。正如《园冶》所谓"得景随形"与"因境而成"。因势利导环境条件，贯彻因境而成、景到随机的原则进行创造性组景的例子有很多。例如，武夷山风景区有一景称"云窝"，景名源于夏季石穴中常有潮湿的寒气化为薄雾飘浮于洞穴之外，其中一个体量很小、造型古朴的石亭传说是神仙腾云驾雾来此下棋的地方，故名"仙弈亭"。因受地形条件限制，亭内空间十分局促，只能设两小石桌和两石凳供人对弈。但因亭子建在接笋峰挺拔险峻的悬崖峭壁间，每当云雾缭绕，犹如仙境。设计的成功之处在于选址（图3-2-2）。再如桂林七星景区碧虚阁和豁然亭也是巧妙利用山崖洞口进行组景的佳例（图3-2-3）。

2. 布局　园林建筑布局总体上要遵循因地制宜、巧于因借的原则。由于休憩建筑受功能要求的约束较小，可以更灵活地利用地形与自然环境，与山石、水体和植物互相衬映与渗透。因此，园林建筑的布局应借助地形、环境的特点，使建筑物与自然环境融为一体。建筑的位置和朝向确定应使之与周围景物形成巧妙的借景或对景关系。

布局是园林建筑设计方法和技巧的中心问题之一。虽然有了好的组景立意和基址环境建筑条件，如果建筑布局零乱，不合章法，也不可能成为佳作。园林建筑布局内容广泛，从总体规划到局部建筑的处理都会涉及。由独立的建筑物和环境结合，形成开放性空间。这种空间组合形式多

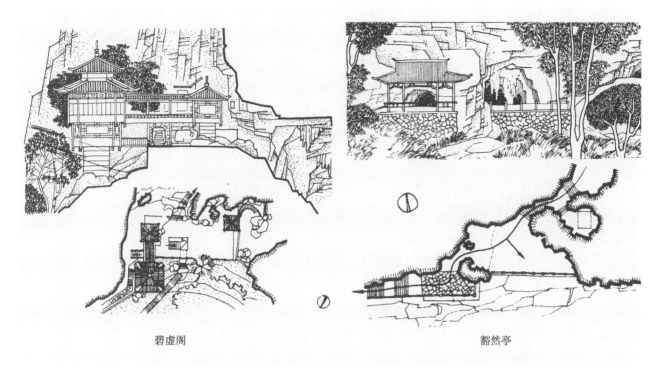

碧虚阁　　　　　　　　　　　　　　豁然亭

图3-2-3　20世纪80年代地域建筑的探索与尝试——桂林七星景区碧虚阁和豁然亭

用于某些点景的亭、榭之类，或用于单体式平面布局的建筑物。点景，即用建筑物来点缀风景，使自然风景更加生动别致，这种空间组合的特点是以自然景物衬托建筑物。建筑物是空间的主体，故对建筑物本身的造型要求较高。建筑物可以是对称布局，也可以是非对称布局，视环境条件而定。

二、建筑与地形

园林建筑存在于环境中，这就产生了自然环境—建筑—人的关系。与园林建筑所联系的环境包含自然因素和人工因素两个部分，在多数情况下，自然因素总是占据着突出、重要的地位。其中主要包括自然界中的山、水、植物、动物、气候、光、色、声、大气等。园林建筑与环境的关系，犹如树木生根于土壤之中一样，是一种浑然天成、自然统一的关系。下面从山坡地、水体、林间、平地几种情形分别阐述园林建筑与地形的关系。

1.山坡地　建筑与山势的结合，根据不同地势可分别采用"台""跌""吊""挑"等设计手法。

（1）"台"。"台"是指为顺应山势地形，将适当的"挖"和适当的"填"相结合，以最少的土方工程量取得较大平整地坪的一种有效方法。在山腰地带布置建筑时，常做成跌落平台的形式，建筑与院子分列于平台之上，建筑顺山势起伏而跌落变化，取得生动、自然的景观效果。

（2）"跌"。将较小的平台较密地层层跌落而成这种形式。多用于建筑纵向垂直于等高线布置的情况。建筑的地面层层下"跌"，建筑物的屋顶也层层下"落"。例如顺山坡而下的跌落廊。

（3）"吊"。利用柱子支撑在高低起伏的山地上，常见的是最外层的柱子比室内地坪落下一截，以支柱形式支撑楼面。

（4）"挑"。利用挑枋、撑拱、斜撑等支撑悬伸出来的挑楼、挑廊。它以"占天不占地"的方式扩大了上部空间，在吊柱头、斜撑等结构部位通常还进行一些简练的装饰处理。

2. 水体 中国园林常用水来丰富景观，建筑与水面结合，更富有亲切感。建筑可点缀于水中或设置于孤立小岛上，成为水中一景。建筑还可飞架于水面之上，与水面紧密结合。临水建筑与岸的关系有"凸""凹"两种。"凸"以三面临水，观水景的效果最佳；"凹"以水湾形成较为亲切的水面。近水建筑可把水引入建筑之中，使之成为建筑外部空间的一部分。

（1）"点"。"点"就是把建筑点缀于水中，或建于水中孤岛上。建筑成为水面上的"景"，要到建筑中去观景则要靠船摆渡或用桥来引渡。

（2）"凸"。建筑临岸布置，三面凸于水中，一面与岸相连，视野开阔，与水面结合得更为紧密，许多临水的亭、榭都采用这种形式。

（3）"飘"。为使园林建筑与水面紧密结合，伸入水中的建筑基址一般不用粗石砌成实的驳岸，而采取下部架空的办法，使水漫入建筑底部，建筑有漂浮于水面上的感觉。

（4）"引"。就是把水引到建筑中来，使水庭成为建筑内部空间的一部分。

3. 林间 将亭建于大片丛植的林木之中，若隐若现，令人有深郁之感。如苏州留园中的舒啸亭、沧浪亭中的沧浪亭、天平山的御碑亭、北京中山公园内的原木亭和颐和园的荟亭等，皆四周林木葱郁，树叶繁茂，一派天然野趣。

4. 平地 此处平地主要指没有山、水、林等自然条件，通常地势平坦的地段。平地条件由于场地可资利用的景观特色不突出，建筑更需要与园林空间组织、园林道路游览线路安排，以及平地中小规模的地形改造等内容相结合，以获得更佳的园林空间。例如杭州花港观鱼的牡丹园，在地势稍高处设置了牡丹亭，形成了较好的园林景致。（图3-2-4）

图3-2-4 杭州花港观鱼牡丹亭

三、建筑与植物

建筑与植物结合是我国园林的优良传统，常见建筑物掩映于花木之中。山石、建筑的造型线条都比较硬直，而花木造型线条却是柔软、活泼的；山石、建筑是静止的，而花木则随风而动。建筑与植物配合，应依据具体情况，以构成美丽的景观为目的。以植物配合建筑时，不仅要注意植物的季相变化，也要注意其形态与建筑造型的搭配。关于植物配置对园林建筑的作用，《杭州园林植物配置》一书总结为五个方面：①使园林建筑主题更突出，园林中有些景点是以植物命题的，而以建筑为标志；②协调建筑与周围的环境，使建筑物突出的体量与生硬的轮廓"软化"在绿树环绕的自然环境之中；③丰富建筑物艺术构图，以植物柔软、弯曲的线条打破建筑平直、呆板的线条，以绿化的色调调和建筑物的色彩气氛；④赋予建筑物以时间和空间的季候感，植物的四季变化与生长发育，使园林建筑环境在春、夏、秋、冬四季产生季相的变化；⑤完善建筑物的功能要求，以植物的种植起到分割空间的作用，使建筑隐蔽，创造安静休憩的小空间。

园林建筑讲究立意，旨在创造一种感人的环境气氛，而这种环境气氛的创造，往往在很大程度上依赖于建筑周围植物的配置。例如在园林中建亭榭，不论置于何处，都辅之以花木而不使其孤立。花木的"姿""色""香""品"，不仅为亭增添风韵，有时还作为构景的主题，借花木间接地抒发某种情感和意趣，亦即所谓"偃仰得宜，顾盼生情，映带得趣，姿态横生"。无论是以单一植物相辅，还是以多种植物进行混植，首先要考虑花木的姿态，考虑花木与亭榭、山石景物的关系，以及色彩的搭配等问题。例如苏州留园中的闻木樨香轩，周围遍植桂花，开花时节，异香扑鼻，令人神骨俱清，意境十分幽雅。苏州拙政园的雪香云蔚亭，以梅构景，是赏梅胜境。因梅有"玉琢青枝蕊缀金，仙肌不怕苦寒侵"之迎霜傲雪的品性，故而隐喻建亭构景所追求的是一种心性高洁、孤傲清逸的境界。这种借花木隐喻某种品格、境界的做法，让人在花木寓意所引起的情感意象中，体味个中情趣。而且许多亭就是利用花木的这一特性命名题匾，以强化主题，起到画龙点睛的作用。一些楹联、诗词的运用，则更使感情升华，令人回味无穷。苏州拙政园的待霜亭，为橘林所辅，取唐人韦应物的诗句"洞庭须待满林霜"命名，寓意"霜降橘始红"，故名"待霜"。颐和园知春亭旁遍植桃树，点出"知春"之意。避暑山庄的采菱渡亭，因"新菱出水，带露萦烟"，而得"菱花菱实满池塘，谷口风来拂棹香"的景趣。拙政园中的荷风四面亭，周围被莲荷所环绕，夏季清香四溢，荷风扑面。联题"四壁荷花三面柳，半潭秋水一房山"，意趣高远，耐人欣赏玩味。这种精神和物质的结合，产生了景物的交融和情感的交流，引起内心的共鸣。因此，亭、榭、廊四周花木的配置不只是点缀的问题，在构思立意上也起着举足轻重的作用。在现代园林设计中，应用亭、廊、架作点缀时，同样要注重建筑与植物之间的体量、比例及空间组合关系。

第三节　亭　榭

亭榭是园林中数量最多、形式最丰富的建筑类型。在园林建筑中，由于亭、榭、轩、舫等建筑在性质上比较接近，将其统称为亭榭类休憩建筑，一并叙述。亭榭类建筑的功能主要是满足人们在游赏活动过程中驻足休息、纳凉避雨和极目远眺之需要，在使用功能上没有严格的要求。亭榭与其他建筑在功能上一般没有什么必然的内在联系。山巅设亭榭，可纵目远眺，不仅可以丰富山体的立体轮廓，而且能将各处景物联系起来，相互呼应。山麓建亭榭，除了可得相互呼应的观赏路线外，还能获得一个幽僻、清静的环境。临水建亭榭，清澈坦荡的水面给人以明朗宁静的感觉，而且能够组成丰富的水景。平地建亭榭，可以作为一种点缀，亭榭本身还可以与其他园林建筑组景而获得很好的观赏效果。在造型上，亭榭小而集中，有其相对独立而完整的建筑形象，因此，也常作为造园中"点景"的手段。亭榭的设计主要应处理好选址和造型两方面的问题。其中，第一个问题是空间经营上的问题，是首要的，前面已有详述；第二个问题是在位置确定之后，根据所在地段的周围环境，进一步研究亭榭本身的造型，使其能与环境更好地结合。

一、亭的造型与体量

亭是风景园林中一种造型变化十分丰富的小建筑。以材料而言，木、石居多，砖亭较少。就形式而言，四角形、六角形、八角形、圆形居多，三角形、扇形、海棠形、梅花形、五角形等较少。组合式的则有套方、套六角、十字形、人字形、下方上圆（八角）、下八角上方（圆）

图 3-3-1　苏州西园寺八角重檐亭

图 3-3-2　苏州拙政园梧竹幽居亭

等，随宜变化，只要造型美观，结构合理，都可创新应用。中国的亭子以露明结构为美，显示出传统建筑结构与形式的高度统一。只有当结构形式不美观时才用天花遮蔽。或因碑亭、纪念亭，其规格需高出一等，则采用有斗拱的亭子做法，也以天花遮蔽梁架，以增其隆重感。井亭则需敞开其顶部，以便光线射入井中，照出水面深浅。（图3-3-1，图3-3-2，图3-3-3，图3-3-4，图3-3-5）

图3-3-3　绍兴兰亭的鹅池碑亭

图3-3-4　狮子林卧云室外观

图3-3-5　拙政园与谁同坐轩

（一）传统风格的独立亭

亭子一般体量不大，但造型上的变化却非常多样与灵活。主要取决于平面形状与屋顶形式（图3-3-6，图3-3-7），可分为独立结构与组合结构两大类。常见的有以下几种造型：

1.三角攒尖顶亭　这种亭体积特别小，主要起点缀作用。由于这种亭子只有三根柱，因而显得最为轻巧。近年来一些新建风景点采用较多，如杭州西湖三潭印月的三角桥亭、绍兴兰亭的鹅池碑亭、广州起义烈士陵园中的三角休息亭等。杭州西湖三潭印月的小瀛洲三角亭，建于石板曲桥的转折处。该亭为三角攒尖顶，宝顶上立有仙鹤。屋面采用嫩戗发戗，造型轻盈秀丽。该亭与石板桥相呼应，亭立于水中，波光荡漾，堪称佳境。（图3-3-8）

2.正方形、六角形、八角形亭　这是最常见的亭式。一般为单檐攒尖顶或重檐攒尖顶亭，偶见三重檐。攒尖顶亭形态端庄均衡，可独立设置，也可与廊结合在一起，重檐较单檐在立面轮廓线上更为丰富，结构亦稍为复杂，通常用于较大或较重要的园林空间之中。例如，在皇家园林中，由于

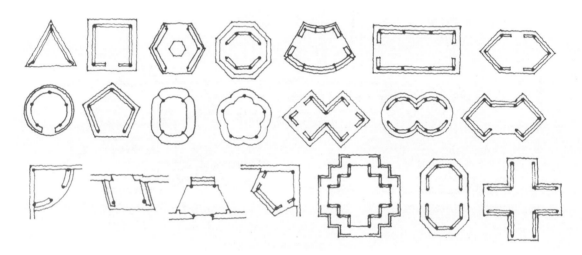

图3-3-6　亭的平面形式

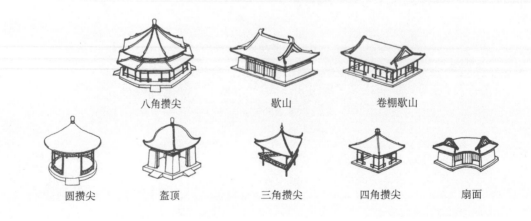

图3-3-7　亭的屋顶形式

园林规模大，从体型方面考虑，既要丰富多样，又要有一定的体量，因此多用重檐亭。如北京颐和园的廊如亭，是一座八角重檐特大型的亭子，其面积达130m²，由内外三圈24根圆柱和16根方柱支承，体型稳重，极为壮观（图3-3-9）。在南方园林中，重檐的多角亭也很常见，但体型一般比北方的小。三重檐攒尖顶亭是亭中最庄重的一种形式，一般很少见。

3. **矩形亭** 平面为矩形的亭由于结构所限，大都是歇山、两坡顶，其中前者多以卷棚或轩的形式出现，后者以悬山为多。如苏州拙政园中的雪香云蔚亭、绣绮亭（图3-3-10）均为长方形

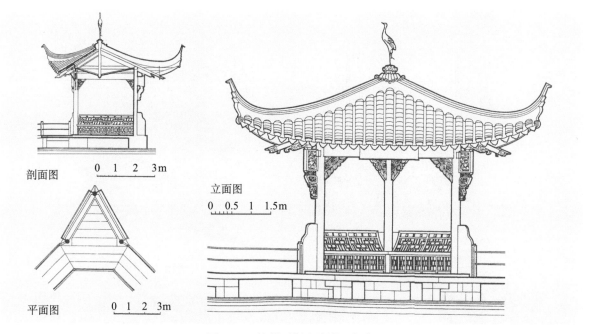

图3-3-8　杭州西湖小瀛洲三角亭

图3-3-9　颐和园廊如亭

三开间卷棚歇山顶亭。两坡顶矩形亭不多见，安徽歙县西溪南村的绿绕亭是供路人休憩的过街亭（图3-3-11），亭平面近方形，悬山顶，两侧山面带披檐。该亭比例匀称、结构细致、朴素大方，是两坡顶亭中的佳例。

平面图　0　1　2　3m　　　　　立面图　0　1　2m

亭景之一　　　　　　　　　　亭景之二

图3-3-10　苏州拙政园绣绮亭

4.圆亭 圆亭在园林中并不常见,主要是因为结构与材料所限,特别是屋顶部分限制较大。古典式圆亭多具有斗拱、挂落、雀替等装饰,圆亭的造型美,全在于体型轮廓美,由于没有翼角,从不同方向看都很均匀优雅,如拙政园西部的笠亭(图3-3-12)。这种亭现在于新建园林建筑中亦逐步采用。

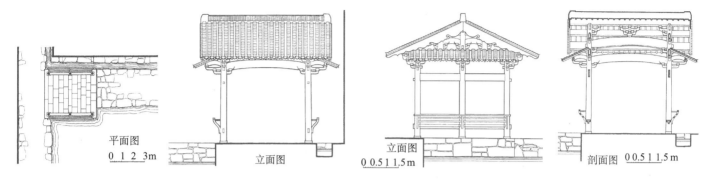

图3-3-11 安徽歙县绿绕亭

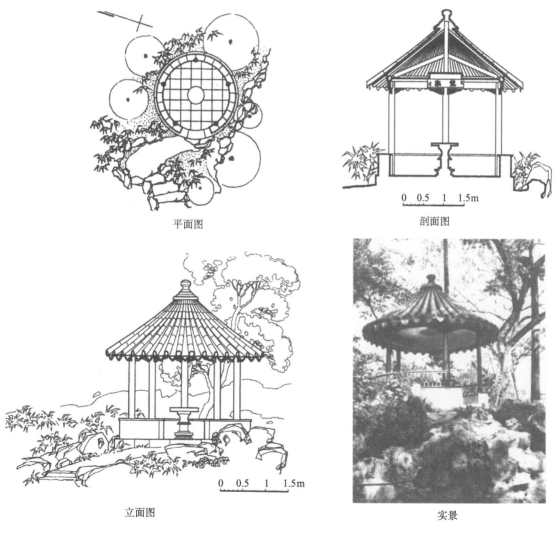

图3-3-12 拙政园笠亭

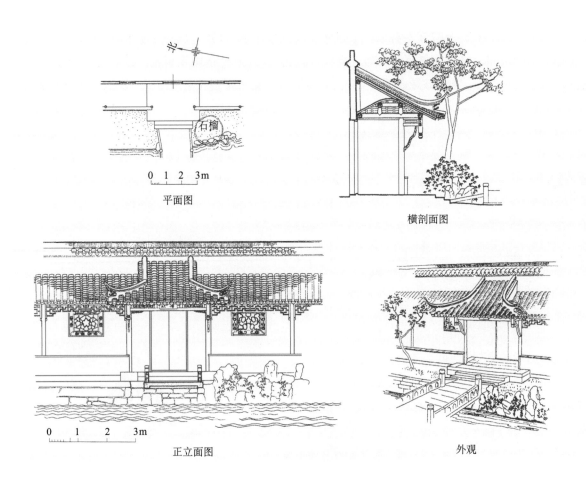

图 3-3-13 苏州拙政园倚虹亭

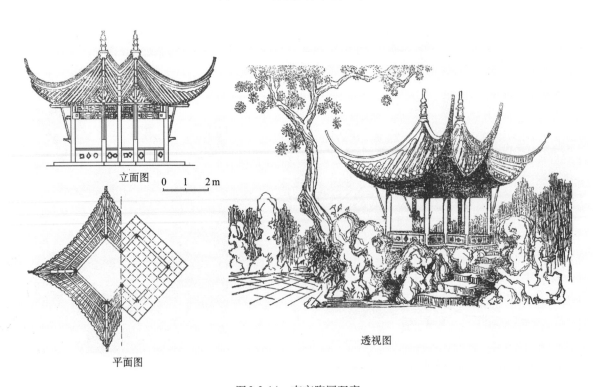

图 3-3-14 南京煦园双亭

5. 伞亭　伞亭只有中心一根支柱，传统木结构难以实现，现代可用钢筋混凝土结构营建。伞亭拼合在一起还可以任意组合灵活的平面。如南京古林公园晴云亭（详见本章实例）。

6. 半亭　半亭一般依墙而建，自然形成半亭。亭主要与廊结合在一起，通常较廊稍宽，外出一步，如拙政园的"别有洞天"和"倚虹"半亭（图3-3-13），有的在墙拐角处或围廊转折处做出四分之一的圆亭形成扇面形状，如苏州狮子林内的扇面亭。

（二）传统风格的组合式亭

个体亭的形式决定了其体量不会很大，为了追求形体与轮廓线更丰富的变化，或在大型空间中获得相称的尺度感，可以进行个体亭的拼合与组合。

1. 拼合　拼合的亭组，其个体亭的结构需变动。由两个或两个以上相同形体进行拼合，最常见的有套方（又名方胜或鸳鸯亭）、双六角、套圆等（图3-3-14）。如天坛公园中的两个套连在一起的重檐双环亭，与低矮的长廊组成一个整体（图3-3-15），与单个圆亭相比，显得更加圆浑雄

图3-3-15　北京天坛公园双环亭

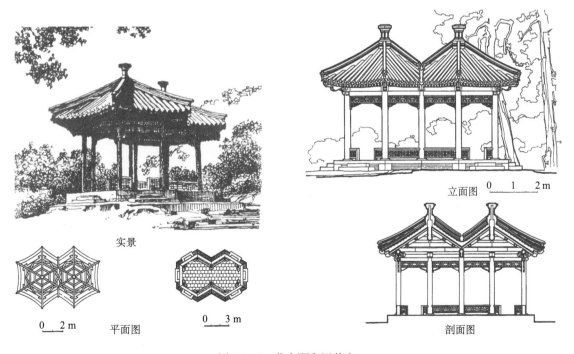

图3-3-16　北京颐和园荟亭

健。如颐和园山脊上的荟亭（图3-3-16），平面上是两个六角形亭的并列组合，采用单檐攒尖顶，若从昆明湖望过去，仿佛是两把并排撑开着的大伞，亭亭玉立在山脊上，显得格外轻巧美观。也可以由不同形体的个体进行拼合，如苏州天平山白云亭由两个方亭与一间廊拼合而成（图3-3-17）。

2. 组合 另一种是个体亭的组合，通常为相似造型的亭按一定方式排列，在结构上相互独立。组合亭可以按直线排列，如承德避暑山庄的水心榭、北京北海公园的五龙亭。也可以把若干个亭子按一定的建筑构图规律排列起来，组成一个丰富的建筑群体，形成层次分明、体型多变的建筑形象和空间组合，如广东肇庆七星岩景区的湖心五龙亭、扬州瘦西湖的五亭桥，都是组合巧妙得体的例子（图3-3-18，图3-3-19）。瘦西湖五亭桥横跨瘦西湖，桥两端设宽台阶，桥上架设五亭，均为金黄色琉璃瓦攒尖顶方亭。正中为重檐主亭，形体相对高大，四角为单檐方亭。五亭与桥身组合成优美的园林景点，成为瘦西湖的象征。

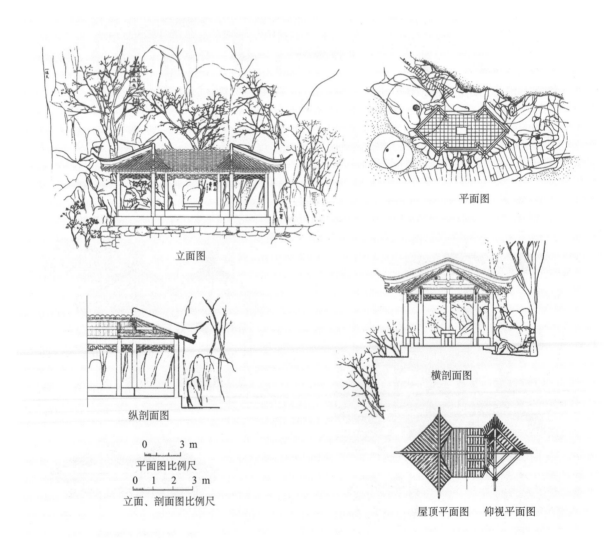

图3-3-17 苏州天平山白云亭

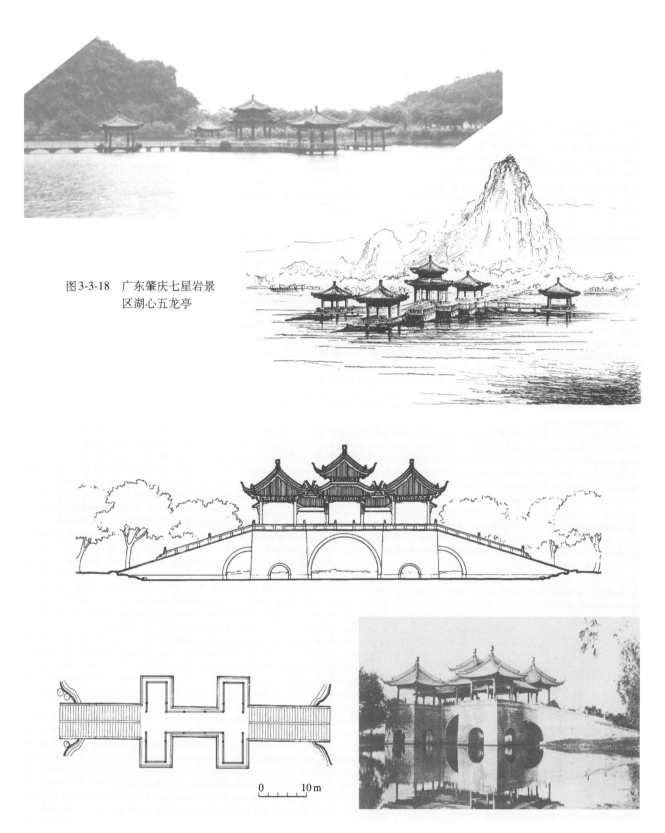

图 3-3-18　广东肇庆七星岩景区湖心五龙亭

图 3-3-19　扬州瘦西湖五亭桥

（三）现代风格的亭

随着新材料与新技术的应用以及现代建筑设计思想的影响，园林建筑出现了一些新的形式，其中有的是在传统基础上，进行创造、革新的，而有的则是另有思路，别具一格，颇具新意，它们形式活泼，千姿百态，为我国园林亭的造型增加新的活力（图3-3-20）。新亭大致具有如下特点：首先，在造型上灵活多样，新结构、新材料提供了良好的物质基础，使其几乎不受约束地按设计意图塑造出各种形象，造型丰富、体态简洁、形式新颖，表现出更大的创造性。其次，更多地采用明快、轻松、鲜亮的色彩，有时色彩对比强烈，使园林环境中亭的形象更为突出。其三，在材料及质感上，除原有的木材外，更多地采用各种新材料。常用的有各种人造石材、自然石材、玻璃、塑

图3-3-20　现代风格的园林建筑

（引自彭一刚，中国古典园林分析，1986）

料、各种合金等，以及随着施工技术的提高，出现各种仿造材质，如仿竹、仿木、仿石等，也表现出不同的材料质地，故在新亭中质感效果尤为明显。其四，在环境设施上，由于新园林人流量增多，新亭在设计中更多地考虑周围环境的设计，以及装饰小品的设置，如平台、小广场、座椅、花池、灯柱、栏杆、小水池等，在环境的烘托下，亭内外空间交融、延伸，使景观更丰富、活跃，尤其适于新园林中人流量较大的活动需要。目前常见的现代亭大致有如下几类：

1. 坡顶亭　屋顶略似传统亭的攒尖顶或正脊顶，可做成两坡的悬山顶以及四坡顶、六坡顶等，有的仍有屋脊及宝顶等装饰，但不做屋角起翘及屋面变坡，均为直坡斜屋面，檐口一般较厚重，挑檐较大，有的将屋顶与檐口分层处理，做成简化的重檐顶。（图3-3-21）

武夷山牛栏坑景点入口——天心亭　　北京恩济里小区方亭　　合肥庐阳亭

深圳某小区方亭　　天津某小区休息亭　　云南大理洱海边小方亭

图3-3-21　坡顶亭

2.**平顶亭** 这是现代亭中最常见的形式。造型上与传统古亭完全不同，采用平屋顶，一般檐口较厚。由于屋顶简单，故重在亭身的装饰，亭身常饰以花格、漏窗以及厚重的实墙面等，以求变化与对比。有的在平屋顶的挑檐处做装饰，如花格、天窗等，甚至在平屋顶的屋面开天窗，以利于亭内花木的种植。（图3-3-22）

3.**覆斗顶亭** 屋顶似斗状覆盖，造型上与传统的盝顶亭相似，但比盝顶亭更高大。由于结构简单，又带有传统亭的韵味，屋顶形象突出，屋面更可饰以各种色彩或瓦作，颇受群众喜爱。

4.**单柱亭及束柱亭** 亭身仅为一单柱或由数柱集结而成，体态简洁。屋顶有坡顶、平顶、折板顶、圆顶等形式，如直坡的单柱亭、曲面的蘑菇亭等。其屋顶的平面形状更为丰富，有三角形、四角形、六角形、圆形等，形式丰富，造型简洁活泼。由于单柱亭亭身仅为一柱，略显单薄，体量不

湛江儿童公园休息廊

广东开平三埠公园三角亭

桂林望江亭

浙江宁波某公园小方亭

图3-3-22 平顶亭

宜过大，以免头重脚轻。而束柱亭由数柱组成亭身，故可克服此弊，亭身较为丰满。单柱亭常做成组亭，由数亭连接而成，以增体量（图3-3-23）。如桂林杉湖岛上的蘑菇亭，由一组圆形的水榭与三个单柱式圆形亭子组成，若从高空俯视，湖心岛的平面呈美丽的梅花图案（详见本章实例）。

5. 构架亭及空架亭　屋顶为透空的构架或是通天的空顶，构架可做成规则的花格架，也可做成纹样复杂的铁艺架等，屋顶可做成平顶、坡顶以及半球形顶，构架材料常用钢筋混凝土、金属、木材、竹材等。设计中也可结合植物配置将构架当成花架。此类亭仅能用来遮阳，而不能防雨淋。

6. 膜结构亭　该亭用布幕、撑柱、拉绳似拉帐篷一样，支撑成亭，供游人休息或开展其他活动。体量随宜，有单顶支撑的小亭，有多顶连成的大体量亭，更适于短期活动使用。

广州珠江公园小圆亭

天津海河亭

图3-3-23　单柱亭及束柱亭

（四）亭的体量

尽管亭子一般体量不大，但是仍需要根据不同的环境考虑其尺度问题（图3-3-24）。较小空间中设置的亭体量宜小，较大空间中设亭可加大亭的体量，例如避暑山庄中位于山巅的亭尺度较大，处于湖滨的亭尺度接近正常，而与建筑物组织在一起的亭则尺度较小（图3-3-25）。但是，亭本身有完整的形体与尺度要求，为了使亭具有与环境相称的体量，可以采用较复杂柱平面、重檐、组合

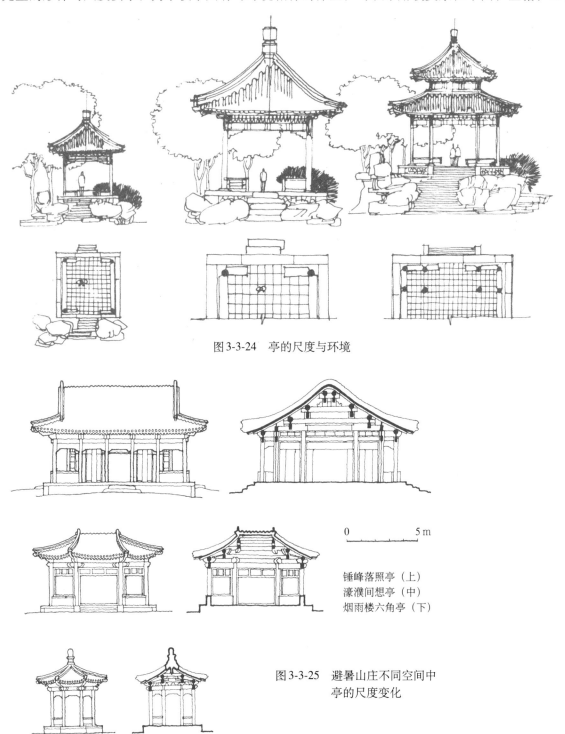

图3-3-24 亭的尺度与环境

锤峰落照亭（上）
濠濮间想亭（中）
烟雨楼六角亭（下）

图3-3-25 避暑山庄不同空间中亭的尺度变化

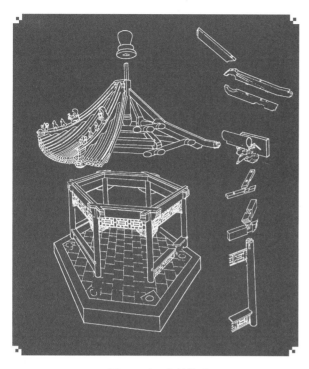

图 3-3-26 亭的构造

等方式，如承德避暑山庄的水心榭、北京北海的五龙亭、扬州瘦西湖的五亭桥等。北京景山上的万春亭是一个很特别的例子，它位于贯穿全城的南北中轴线的中心制高点上，起着联系南起正阳门、天安门、端门、午门、故宫三大殿、神武门，北至钟楼、鼓楼的枢纽作用。为突出强调它的地位，万春亭本身不仅做成了三重檐的宏伟壮观的形象，而且在其两翼山脊上分别建造了相应对称布局的亭子，较小而有变化，使一组五亭相互呼应，主次有序，连成一气，起到作为故宫背景的陪衬作用。

（五）亭的构造

亭子在体量上虽然不大，但其造型却独特而完整。园林中大多数亭构造简单，但一些要求较高的亭讲究工艺，制作相对复杂。传统亭子通常采用木结构，现代亭可根据造型需要采用不同的材料，如钢筋混凝土、木材、石材、竹、钢材、玻璃等。

亭的立面一般可划分为屋顶、柱身、台基三个部分（图3-3-26）。柱身部分一般仅为几根承重的立柱，做得很空灵。屋顶一般为木构，造型与曲线变化丰富，台基随环境而异。与其他建筑类型相比，亭的立面造型、比例关系、色彩等能更自由地按设计者的意图来确定。亭子的顶以攒尖顶为多，还有歇山顶、硬山顶、盝顶、卷棚顶等形式。现代亭的形式更加自由，如用钢筋混凝土做成形态各异的平顶、坡顶亭。攒尖顶在结构上比较特殊，它一般从中部向上渐收，造型上独立而完整。因此，从四面八方各个角度看过来，都显得独立而完整，玲珑而轻巧，很适合园林的景观要求，多应用于正多边形和圆形平面的亭子上（图3-3-27，图3-3-28）。攒尖顶的各戗脊由各柱中向中心上方逐渐集中成一尖顶，用"顶饰"来结束，外形呈伞状。屋顶的檐角一般反翘。北方起翘比较轻微，显得平缓持重；南方戗角兜转耸起，如半月形翘得很高，显得轻巧飘逸。

翼角的做法，北方的官式建筑，从宋到清都是不高翘的。一般是子角梁伏贴在老角梁背上，前段稍稍昂起，翼角的出椽也是斜向角梁出，并逐渐向角梁抬高，以构成平面上及立面上的曲势，它和屋面的曲线一起形成了中国建筑所特有的造型美。江南的屋角反翘样式，通常分成嫩戗发戗和水戗发戗两种类型（图3-3-29）。嫩戗发戗的构造比较复杂，老戗的下端伸出檐柱之外，在其尽头向外斜向镶合嫩戗，用菱角木、箴木、扁担木等把嫩戗和老戗固定，这样就使屋檐两端升起较大，形成展翅欲飞的态势（图3-3-30）。水戗发戗没有嫩戗，木构件本身不起翘，仅戗脊端部利用铁件和泥灰形成翘角，屋檐也基本上是平直的，因此构造上比较简单（图3-3-31）。扬州园林及岭南园林的建筑，出檐的翼角没有北方的沉重，也不如江南的纤巧，是介于两者之间的做法，比较稳定、朴实。

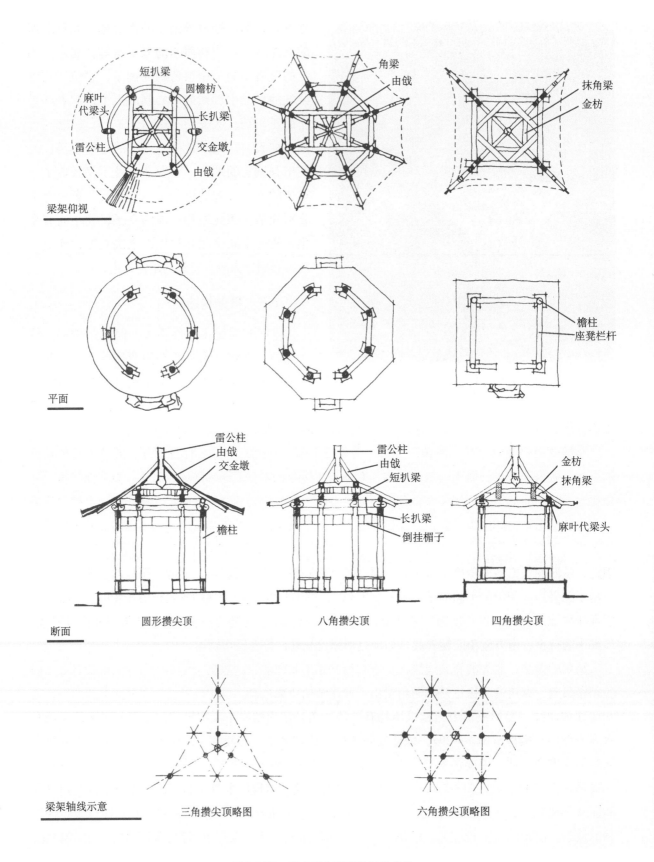

图3-3-27 清式攒尖顶亭的结构做法

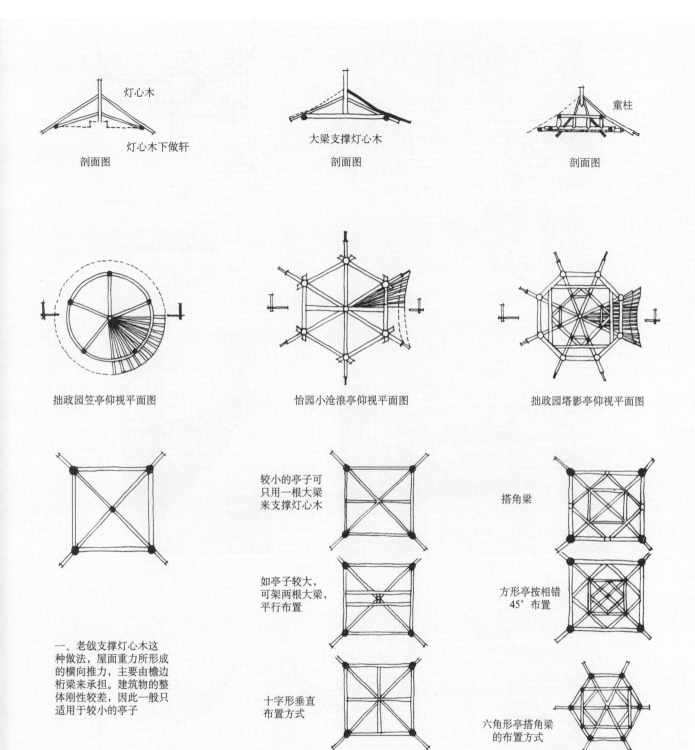

图 3-3-28 攒尖顶屋架构造图

休憩建筑 第三章

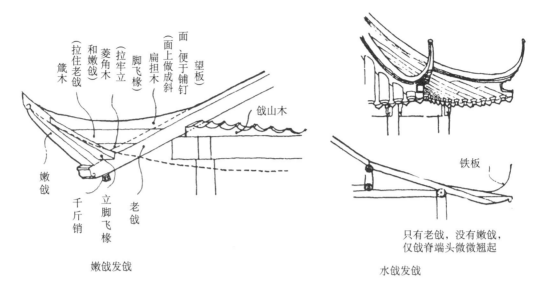

嫩戗发戗　　　　　　　　　　水戗发戗

图 3-3-29　南方园林建筑屋角发戗

屋角构造

怡园金粟亭屋角

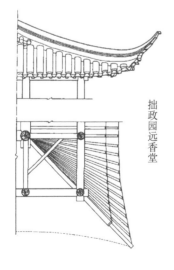
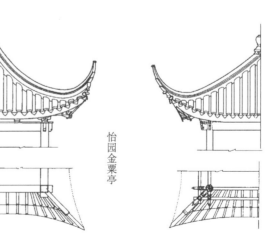

屋角实测图

图 3-3-30　嫩戗发戗

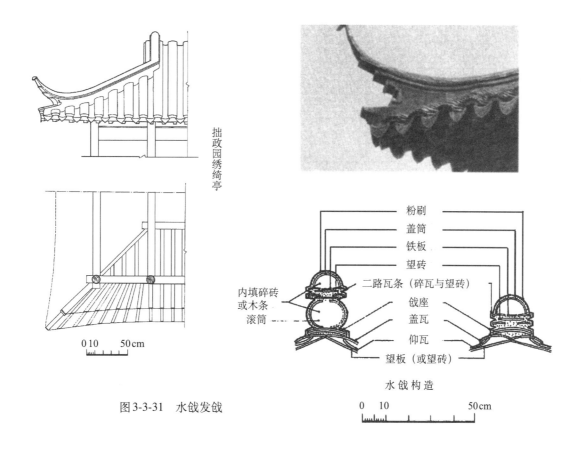

图 3-3-31 水戗发戗

二、榭的造型与体量

榭是中国古典园林建筑类型中出现最早的形式之一，也是园林建筑中较有特色的类型之一。《说文解字》中曰："榭，台有屋也。"秦汉及以前的榭是建在高台上的敞屋。"土高曰台，有木曰榭"，早期的榭依附于台而存在，它的很多功能与台的形式相关联，如军事、玩乐、观演甚至观天象的功能，这不同于古典园林中榭的基本形式和功能。秦汉以后的园林建筑中，榭则主要成为一种依水型园林建筑。明《园冶·屋宇篇》中说："榭者，借也。借景而成者也。或水边，或花畔，制亦随态。"文中的"借景而成"是指榭这种建筑类型凭借周围的景色而构成其特色。"制亦随态"则指出了榭的形式依周围景色不同而不同，灵活多变，具有依附性。除了水榭，隐在林中花间的一些小建筑也称为榭，但是在园林中总体而言以水榭居多，《营造法原》中这样解释水榭："水榭，为傍水之建筑物。或凌空作架，或旁池筑台。"

榭在园林建筑中是具体实用功能较弱的一种，一般不作为园中主体建筑。除满足人们的休息、游览等一般性功能要求外，榭与亭一样，最主要的作用就是观景与点景。水景是榭所依附的重要景色，也是榭中观景最重要的对象。水榭所观景色有实景和虚景之分。实景包括水面、荷、游鱼等，虚景有月色、晚霞以及由于季节不同而形成的景色等。水本身除了是水榭的观景对象之外，水榭所观的其他景色也大多与水有关。园林中的水除了可以形成周围事物的倒影以外，还有很多其他功能，如植荷、养鱼、濯足、泛舟、垂钓、听泉等，增添了游者于临水而筑的水榭之中观水的情趣。

传统园林中的水榭大多为三开间的长方形歇山卷棚建筑。在《营造法原》中有这样的描述：

北京北海濠濮间水榭　　　　　　苏州东山启园翠微榭

图3-3-32　南北传统水榭的风格差异

图3-3-33　拙政园芙蓉榭

图3-3-34　广州华南植物园水榭

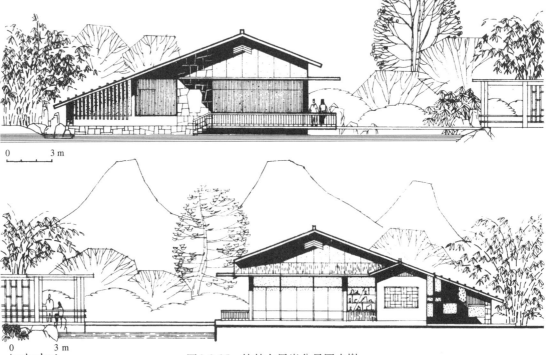

图3-3-35　桂林七星岩盆景园水榭

"平面为长方形。一间、三间最宜。柱间或装短栏，或置短窗，榭高仅一层，深四、五、六界，作回顶、卷棚诸式。或薄施油漆，或幔糊白纸，甚觉雅洁。"榭的平面形式通常为长方形，其临水的一面开敞，有的四面都有落地的窗，显得较空透，有的则背水一侧或左右两侧设墙，墙上设置较通透的窗扇。其屋顶大多采用卷棚歇山式样，檐角低平轻巧，檐下有玲珑的挂落。柱间大多设鹅颈靠椅。门窗、栏杆、挂落等木作完整协调。水榭的基本形式也由于园林所处地方的不同而有所变化，如南北风格的差异（图3-3-32）。与传统水榭相比，现代水榭形式有较大的变化和灵活性（图3-3-33，图3-3-34，图3-3-35）。

江南私家园林之中因水面众多，水榭的数量也很多。由于私家园林一般水面较小，因此水榭的尺度也不大，形体上为取得与水面的协调，在立面造型上常以水平线条为主。建筑临水一侧开敞，或设栏杆，或设鹅颈靠椅，装饰比较精致。水榭的平台或建筑物一半或全部跨入水中，下部以石梁柱结构支承，或用湖石砌筑，让水漫入平台或建筑底部，使人产生幽深莫辨、余波不尽之感。如苏州拙政园的芙蓉榭、耦园的山水间水榭、网师园的濯缨水阁、苏州同里退思园的水香榭、上海豫园的鱼乐榭、无锡寄畅园的知鱼槛等都是比较经典的实例。

北方皇家园林中的水榭大多借鉴了江南水榭的形式，除仍保持其基本形式外，又增加了官式建筑的色彩，风格浑厚持重，如颐和园中的"洗秋"和"饮绿"水榭（图3-3-36）。"洗秋"和"饮绿"是谐趣园内的两座临水建筑物。前者的平面为面阔三间的长方形，卷棚歇山顶，它的中轴线正对入口宫门。后者的平面为正方形，位于水池拐角的突出位置，它的歇山顶变换了一个角度，对着涵远堂。这两座建筑之间以短廊相连，体形富于变化。红柱、灰顶，略施彩画，反映了皇家园林的建筑格调。因皇家园林中水面面积较大，水榭尺度也相应加大，有些已不是一个单体建筑物，而是一组建筑群体，如承德避暑山庄的水心榭。

岭南园林中，由于天气炎热，水面较多，水榭多以观水景为主，成为"水庭"的形式。水榭多位于水旁或完全跨入水中，其平面布局与立面造型都力求轻快、舒畅，与水面贴近，平面形式也较为

图3-3-36 北京颐和园谐趣园中的"洗秋"和"饮绿"

多样。如广东东莞可园的观鱼水榭、广东番禺余荫山房的玲珑水榭、广东顺德清晖园的澄漪亭等。

另外，在新建的一些公园、风景游览区中也修建了不少新形式的水榭，这些水榭在形式上继承了中国古典园林水榭的一部分特点，但由于新材料、新结构形式、新工艺的运用，为其空间形式的变化提供了可能，在形式上则更加灵活多变、千姿百态，更有时代气息。如桂林芦笛岩水榭、马鞍山雨山湖公园水榭、上海南丹公园伞亭水榭（以上三例详见本章实例）、上海复兴公园水榭（图3-3-37）等。

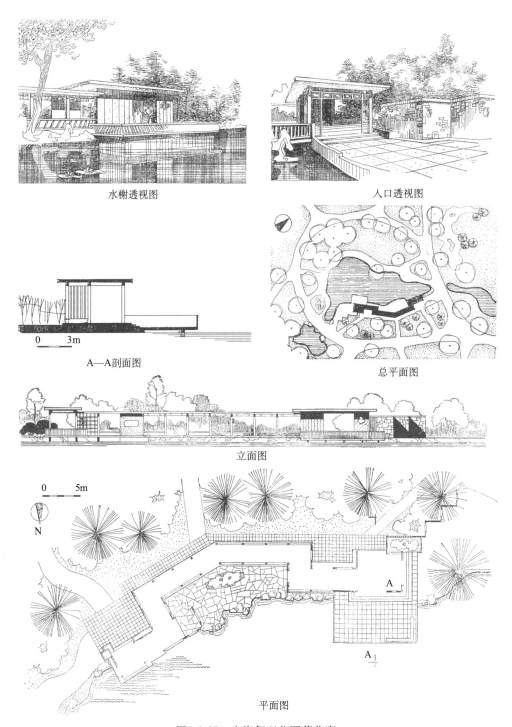

图3-3-37 上海复兴公园荷花廊

三、亭榭的设计

在亭榭设计中，主要应考虑亭榭的位置和亭榭本身的造型两方面的问题。不同的地形环境，亭榭位置的选择也不相同。亭榭在环境中位置的确定，一方面是为了观景，以便游人驻足休息，眺望景色；另一方面是为了点景，即点缀景色。明计成在《园冶》一书中讨论亭榭的位置时说："花间隐榭，水际安亭，斯园林而得致者。惟榭只隐花间，亭胡拘水际，通泉竹里，按景山颠，或翠筠茂密之阿；苍松蟠郁之麓；或借濠濮之上，入想观鱼；倘支沧浪之中，非歌濯足。亭安有式，基立无凭。"这里的"花间""水际""山颠"、泉水流淌的溪涧、苍松翠竹的山上都是具不同情趣的景致，有的可以纵目远眺，有的幽僻清静，均可置亭榭，没有固定不变的程式可循。

（一）山体环境

山体是易于远眺的地方，特别是山巅或山脊上，眺览的范围大、方向多，同时也为登山的游客提供了一个坐憩观赏的环境。山上建亭，丰富了山的轮廓，使山色更有生气，也为人们观赏山景提供了一个合宜的场所。用这种环境处理的方式来控制景区的范围，最成功的例子要数承德避暑山庄。该地段有山区、水面、平原，在接近平原和水面的西北部山峰布置有北枕双峰、南山积雪、锤峰落照三个亭子，随着山区建筑群的发展，又在西北部的山峰制高点上建四面云山亭。这样，就在空间的范围内把全园的景物控制在一个立体交叉的视线网络中，把平原风景区和山区风景区在空间上联系起来。这些虽只是一些造型简单的矩形亭子，但由于建造在山巅、山脊高处，亭子的立体轮廓十分突出，登亭远眺，视野极其辽阔，随着时节晨昏的变化，可以细细玩味积雪、云山、落照、园外锤峰等优美景色。乾隆年间，在北部山峰最高处建古俱亭，其目的在于俯视北宫墙外狮子沟北山坡上建起的罗汉堂、广安寺、殊象寺、普陀宗乘庙、须弥福寿庙等，进一步使山庄与这几组建筑群在空间上取得呼应。这五个亭子数量虽不多，但作用很大，在规划手法上很成功。

我国著名的风景游览地，在山上最好的观景点上常设亭。加上各代名人到此常根据亭之位置及观赏到的景色而吟诗题字，使亭的名称与周围的风景更紧密地联系起来，在"实景"的观赏与"虚景"的联想之间架起了"桥梁"。例如，桂林的叠彩山是鸟瞰整个桂林风景面貌的最佳观景点之一。从山脚到山顶，在不同高度上建了三个形状各异的亭子，最下面的是叠彩亭，游人到此而展开观景的"序幕"，亭中悬"叠彩山"匾额，点出主题。亭侧的崖壁上刻有明人的题字"江山会景处"，使人一望而知，这是风景荟萃的地方。行至半山，有望江亭，青罗带似的漓江就在山脚下盘旋而过。登上明月峰绝顶，有擎云亭，"明月""擎云"的称呼不仅使人想见其高，而且站在亭中，极目千里，真有"天外奇峰排玉笋""如为碧玉水青罗"之胜，整个桂林的城市面貌及玉笋峰、象鼻山、穿山等美景尽收眼底。

广东肇庆七星岩景区中的天柱阁与石室峰上都设置有亭，既可观赏整个星湖景色，也丰富了七星岩山景的立体轮廓，生动别致。同时，由于这两个山峰位于星湖的中心部位，在山顶设亭，也起到了控制整个星湖风景的作用。

北京颐和园内不同形式的亭子有四十多座。建在万寿山前山上的亭子，从规划布局上看，有两个主要的特点：第一，所有亭子都是作为陪衬与烘托，沿以佛香阁为中心的强烈中轴线大体均衡、对称布置，有助于形成皇家园林主体建筑群的宏伟场面。第二，所有亭子均按照观赏上的要求，分别布置在山脊、山腰、山脚三条主要游览路线上，这样就在不同的高度上获得了不同的风景效果。

在这个整体布局的基础上,亭子的个体造型与其周围的环境又紧密地配合起来,形式各不相同,在严整中求变化,以增添园林建筑气氛。

(二)临水环境

水是园林中重要的构成因素。水是流动的、变化的,水的透明性质还能产生各种倒影。因此,水面是构成丰富多变的风景画面的重要因素。同时,清澈、坦荡的水面给人以明朗、宁静的感觉。所以,在水边设亭,一方面是为了观赏水面的景色,另一方面,也可丰富水景效果。水面设亭,一般应尽量贴近水面,宜低不宜高,并突出水中,为三面或四面水面所环绕。如扬州瘦西湖中的"吹台"是一个重檐攒尖顶的四方亭,据载:"徐湛之筑吹台,盖取其三面濒水,湖光山色映人眉宇,春秋佳日,临水作乐,真湖山之佳境也。"经清代改建,亭子三面临水,一面由长堤引入水中,盖见瘦西湖之瘦。步行至亭入口处,但见远处的五亭桥及白塔正好嵌入亭子圆洞门中,宛如两幅天然图画。临水亭的体量主要取决于它所面对的水面大小。小巧的如苏州园林中临池的亭,一般体量较小,有些甚至直接由廊变化而成半亭。在郊野或皇家园林中,有时为了增强气势和满足园林造景的需要,将几个亭子组织起来形成形体变化多样的组合亭,如北海的五龙亭、承德避暑山庄的水心榭(图3-3-38,图3-3-39)。

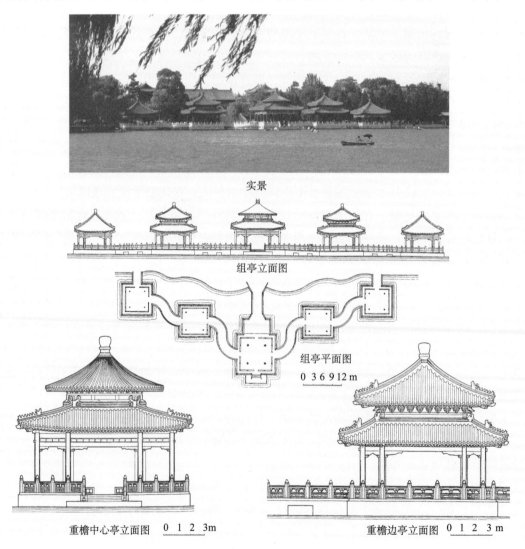

图3-3-38 北海五龙亭

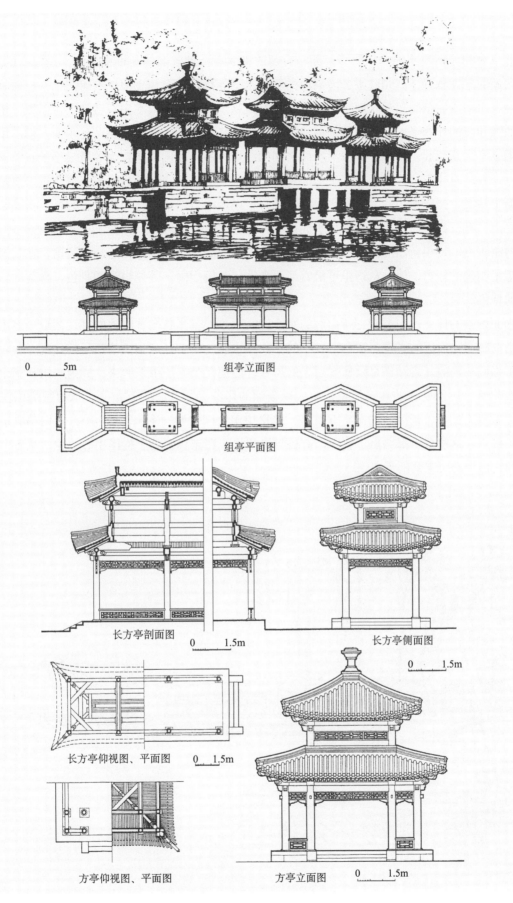

图3-3-39 承德避暑山庄水心榭

北京颐和园谐趣园中的饮绿亭、苏州留园的濠濮亭、拙政园的与谁同坐轩、沧浪亭的观鱼亭、杭州西湖的平湖秋月、广州晓港公园湖边的双层水亭等都是把亭建于池岸石矶之上、三面临水的佳例。突入水中或完全凌驾于水面之上的亭，也常立基于岛、半岛或水中石台之上，以堤、桥与岸相连，如颐和园的知春亭、苏州西园的湖心亭等。完全临水的亭，应尽可能贴近水面，切忌用混凝土柱墩把亭子高高架起，使亭子失去与水面之间的贴切关系，比例失调。为了造成亭子有漂浮于水面的感觉，设计时还应尽可能把亭子下部的柱墩缩到挑出的底板边缘的后面去，或选用天然的石料包住混凝土柱墩，并在亭边的沿岸和水中散置叠石，以增添自然情趣。如拙政园的塔影亭就架在湖石柱墩之上，有石板桥与岸相连，前后水面虽小，但已具水亭的意味，并成了拙政园西部水湾的一个生动的结束点。近年新建的扬州瘦西湖大门旁跨入水中的亭子，不仅在造型上突出，在长河上为入口确定了明确的标志，而且从这里可沿着河面观赏"四桥烟雨"等处纵深的景色，含蓄地预示着瘦西湖的特色。

水面设亭的体量，主要看它所面对的水面的大小。如苏州各园林临池的亭，体量一般不大。有些是由曲廊变化而成的半亭，适合于较小的空间和水面。位于开阔湖面的亭子的尺度一般较大，有时为了强调一定的气势和满足园林规划上的需要，还把几个亭子组织起来，成为一组亭子组群，形成层次丰富、体型变化的建筑形象，给人以强烈的印象。如北海的五龙亭、承德避暑山庄的水心榭、广东肇庆七星岩景区中的湖心五龙亭、北京中山公园水榭（图3-3-40）等，它们都成了园中的著名风景点。这些亭组都突出于水中，有桥与岸相连，在园林中处于构图中心地位，从各个角度都能看到它们生动、丰富的形象。

图3-3-40　北京中山公园水榭

桥上置亭，也是我国园林艺术处理上的一个常见手法，设计得好能锦上添花。北京颐和园西堤六桥中的柳桥、练桥、镜桥、豳风桥和石舫近旁的荇桥上都建有桥亭。这五个桥亭结构各异，长方、四方、八方、单檐、重檐等，与桥身都很协调，与全园金碧辉煌的建筑风格也很统一，成为从万寿山西麓延伸到昆明湖最南端绣绮桥的一条精致的练带。从东岸看过去，这条练带增加了空间上的层次，丰富了湖面的景色。

亭榭应尽可能地突出于池岸，造成三面或四面临水的形势。如果建筑不宜突出水面，也要以伸入水上的平台作为建筑和水面的过渡，为人们提供一个身临水面的宽广视野。颐和园中的鱼藻轩，建筑突出于昆明湖，三面临水，后部以短廊与长廊相接。在其中不仅可以观赏到正面的湖景，而且可以看到玉泉山和西山，视野开阔，是游人休息和观景的好去处。水榭不突出水面而以平台作为过渡的例子有杭州的平湖秋月、怡园的藕香榭、北京陶然亭公园的水榭等。

亭榭应尽可能地贴近水面，使水延伸入其底部，避免采用整齐划一的石砌驳岸。在这一点上很容易出现的毛病就是在池岸地坪离水面较高时，水榭建筑的地坪没有相应地降低高度，而是把地坪与池岸取平，结果使水榭在水面上高高架起，支撑部分的结构裸露过分明显，建筑本身的比例再好，但整体感觉失调。广东惠州西湖的逍遥堂处理得较好。建筑取意于苏东坡贬至广东惠州期间，经常携子来芳洲打发日夜，塔影玉澜，素构简饰，适地轻盈，涉水露舫，深竹逍遥。它结合地形上的高差，将建筑分成两个空间，即逍遥堂和舫亭，中间用步廊连接，主厅与池岸地坪取齐，作为敞厅，通过楼梯下到底层空间，舫亭作为临水平台。在竖向上很好地解决了建筑、水面和池岸三者之间的高差问题。

水榭与水面的高差关系在水位无显著变化的情况下容易处理，有时水位的涨落变化较大，因此，设计前要仔细了解水位涨落的原因和规律，特别是最高水位的标高，以稍高于最高水位的标高作为建筑的设计标高，以免被水淹。在建筑物与水面之间的高差较大，而建筑物又不宜下降时，应对建筑物的下部做适当处理，创造出新的意境来。如广州泮溪酒家的临水餐厅位于二层，距水面很高，在其侧畔以英石叠砌假山，塑造一种悬崖高耸的气氛，也很有特色。为使水榭有凌空于水面上的轻快感，除要把水榭尽量贴近水面建造外，还应避免把其下部做成整齐的石砌驳岸，而宜将支撑的柱墩尽量后退，在浅色平台下面形成一条深色阴影，在光影对比中增加平台外挑的轻快感觉。

在与水面、池岸的结合上，不同形态的亭榭有不同的处理方式。通常榭强调水平线条，亭则有集中向上的倾向。如水榭建筑一般为矩形，扁平状的建筑贴近水面，有时配合着水廊、粉墙、漏窗，平缓而开朗，再加上几株修竹，在线条的横、竖对比中常能取得较好的效果。榭在建筑轮廓线的方向上与临水的亭、阁是不同的。

（三）平地环境

平地建亭榭是城市园林中最常见的方式。亭子通常位于道路的交叉口上，路侧的林荫之间，有时为一片花圃、草坪、湖石所围绕，或位于厅堂、廊室一侧，供户外活动之用。有的自然风景区在进入主要景区之前，在路边或路中筑亭，作为一种标志和点缀。亭子的造型、材料、色彩要结合所在的具体环境统一考虑。

江南的庭园多半是在平地上人工创造的以建筑为基础的综合性园林，因而讲究直接的景物形象和间接的联想境界互相影响、互相衬托。在园林建筑的构图手法上特别注重互相之间的对应关系，

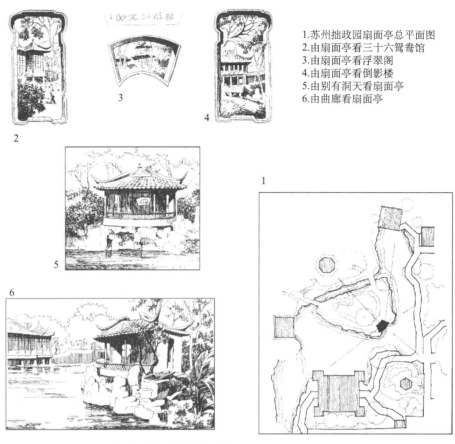

1. 苏州拙政园扇面亭总平面图
2. 由扇面亭看三十六鸳鸯馆
3. 由扇面亭看浮翠阁
4. 由扇面亭看倒影楼
5. 由别有洞天看扇面亭
6. 由曲廊看扇面亭

与谁同坐轩的空间位置与组景

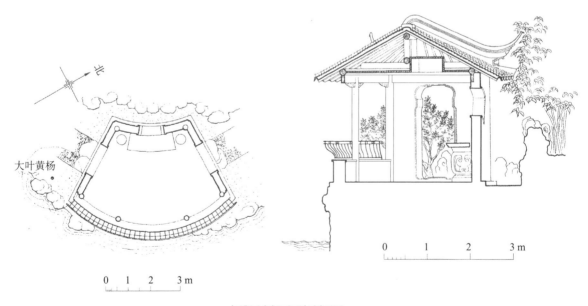

与谁同坐轩平面与剖面图

图3-3-41 拙政园扇面亭与谁同坐轩

运用对景、借景、框景等手段来创造各种形式的美好画面。其中,亭的位置的选择,就特别注意满足园林总的构图上的要求及本身观景的需要。例如,拙政园西部的扇面亭与谁同坐轩位于一个小岛的尽端转角处,三面临水,一面背山,前面正对别有洞天的圆洞门入口,彼此呼应。在扇面亭前方180°的视角范围内,水池对岸曲折的波形廊漂浮在水面上。扇面亭两侧实墙上开着两个模仿古代陶器形式的洞口,一个对着倒影楼,另一个对着三十六鸳鸯馆,这就在平面上确定了它们之间的对应关系及观赏的视界范围。可以看出,它在位置的经营和亭子形式的选择上是很精到的。(图3-3-41)

在平地园林环境中借助园中山石的地势建亭榭,对丰富园林空间构图起到突出的作用。如苏州留园中部假山上的可亭,拙政园中部假山上的北山亭,沧浪亭园林中部山石上的沧浪亭……它们与周围的建筑物之间都形成了相互呼应的观赏线,成为园内山池景物的重心。但它们的尺度一般都比皇家园林中的亭子小得多。私家园林中的假山一般在5m以下,因此山上建亭特别注意建筑的尺度。如怡园中部假山上的六角形螺髻亭,各边长仅1m,柱高2.3m;留园的六角形可亭,各边长1.3m,柱高2.5m。虽是咫尺园林,却也小中见大。

第四节 廊

廊本来是遮阳避雨,作为建筑物之间的联系而出现的。通过廊、墙等把单体建筑组织起来,形成了空间层次上丰富多变的建筑群体。无论在宫廷、庙宇、民居中都可以看到这种手法的应用,这也是中国传统建筑的特色之一。廊被运用到园林中以后,它的形式和设计手法就更为丰富多彩了。亭、榭、轩、馆等建筑物在园林中可视作"点",而廊、墙则是联系它们的"线"。通过这些线的联络,把各分散的"点"联系成为有机的整体。

一、功能

廊通常布置于两个建筑物或两个观赏点之间,成为划分空间的一种重要手段。它不仅具有避风避雨、交通联系上的实用功能,而且对园林中空间与景色的展开和序列的形成起着重要的组织作用。

我国一些较大的园林,为满足不同的功能要求和创造出丰富多彩的景观气氛,通常把全园的空间划分成大小、明暗、闭合或开敞、横长或纵深、高而深或低而浅等不同的景观层次,彼此相互衬托,形成各具特色的景区。在廊子的一边可透过柱子之间的空间观赏到廊子另一边的景色,廊像一层"帘子"一样,似隔非隔,若隐若现,把廊子两边的空间有机地联系起来,产生一般建筑物达不到的效果。

二、廊的造型与体量

如果从廊的横剖面上来看,廊大致可分成双面空廊、单面空廊、复廊、双层廊四种形式,其中最基本、运用得最多的是双面空廊。在双面空廊的一侧列柱间砌实墙或半空半实墙,就成为单面空廊。完全贴在围墙或建筑边沿上的廊子也属于这种类型,只是屋顶有时做成单坡形状,以利排水。

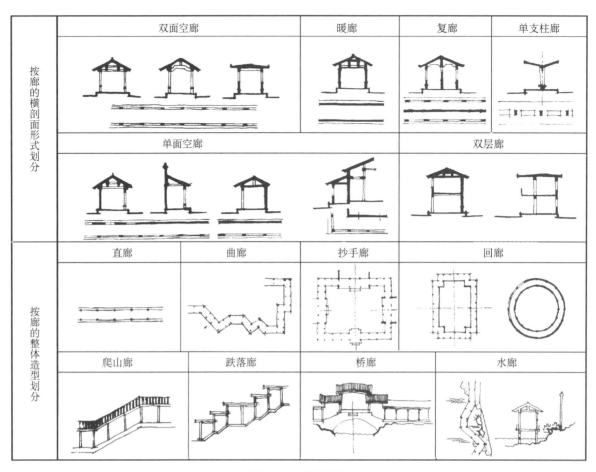

图 3-4-1 廊的形式

在双面空廊的中间夹一道墙,就形成了复廊,或称"内外廊",因为在廊内分成两条走道,所以廊的宽度较普通廊要宽一些。上下两层的廊子是双层廊,或称"楼廊"。除上述形式外,有时用钢筋混凝土结构把廊子做成只有中间一排列柱的形式,屋顶两端略向上反翘,落水管设在柱子中间,这种新的形式称为"单支柱廊"。

如果把廊子的总体造型与地形、环境结合起来考虑,又可把廊分成直廊、曲廊、回廊、爬山廊、跌落廊、水廊、桥廊等类型。(图3-4-1)

1.双面空廊 在建筑之间起联系作用的直廊、曲廊、回廊等多采用双面空廊的形式。不论在风景层次深远的大空间中,或在曲折灵巧的小空间中均可运用。廊子两边景色的主题可以不同,但当人们沿着廊子这条导游路线行进时,必须有景可观。

北京颐和园的长廊是双面空廊中

图 3-4-2 颐和园长廊

146 // 园林建筑设计 第二版

一个突出的实例（图3-4-2）。长廊东起邀月门，西至石丈亭，共273间，全长728m，是我国园林中最长的廊子。整个长廊北依万寿山，南临昆明湖，穿花透树，曲折蜿蜒，把万寿山前山的十几组建筑群在水平方向上联系起来，增加了景色的空间层次和整体感，成为交通的纽带。同时，它又是万寿山与昆明湖之间的过渡空间，在长廊上漫步，一侧是松柏山景和掩映在绿树丛中的一组组建筑群，另一侧是开阔坦荡的昆明湖，在由长廊伸向湖边的水榭及山林中的"山色湖光共一楼"等建筑中，可从不同角度和高度观赏变幻的自然景色。为避免单调，在长廊中间还建有四座八角重檐亭，丰富了总体形象。

2.单面空廊　一边为空廊，面向主要景色，另一边沿墙或附属于其他建筑物，形成半封闭的效果。其相邻空间需要完全隔离时，则这一边用实墙；若需要添加次要景色时，则隔中有透，做成空窗、漏窗、什锦灯窗、空花格及各式门洞等，有时几杆修篁、数叶芭蕉、二三石笋相衬也饶有风趣。如苏州网师园中部的月到风来亭一侧就采用了单面空廊的形式（图3-4-3）。从濯缨水阁至月到风来亭，墙面封实以界园内外；从月到风来亭向北，与殿春簃庭园相隔，墙上开少许漏花窗，并在亭中设长镜一面以丰富园景。廊因空间局促少曲折，变化放在了高低起伏上。虽然此段单面空廊不长，但也有颇具匠心的处理，与月到风来亭一起形成了中部景区西侧的丰富园景。

图3-4-3　网师园月到风来亭一侧的单面空廊

3.复廊　复廊是在双面空廊的中间隔一道墙,形成两侧单面空廊的形式。中间墙上多开各种样式的漏窗,从廊子的这一边可以透过漏窗隐约看到空廊那一边的景色。这种复廊,一般安排在廊的两边都有景物而景物的特征又各不相同的园林空间中,用复廊来划分和联系空间。此外,通过墙的划分和廊子的曲折变化来延长交通线的长度,增加游赏兴味,达到小中见大的目的。在江南园林中有不少优秀的实例,著名的有苏州沧浪亭中的复廊、苏州怡园中的复廊、上海豫园中的复廊等。

位于苏州沧浪亭东北面的复廊就是巧妙借景的一个佳例(图3-4-4)。沧浪亭本身无水,但北部园外有河有池,因此,在园林总体布局时一开始就把建筑物尽可能移向南部,而在北部则顺着弯曲的河岸修建起空透的复廊,西起园门、东至观鱼处,以假山砌筑河岸,使山、水、建筑结合得非常紧密。这样处理,游人还未进园即有身在园中之感。进园后在曲廊中漫游,行于临水一侧可观水景,好像河、池仍为园林的不可分割的一个部分。复廊使园外的水和园内的山互相借景。

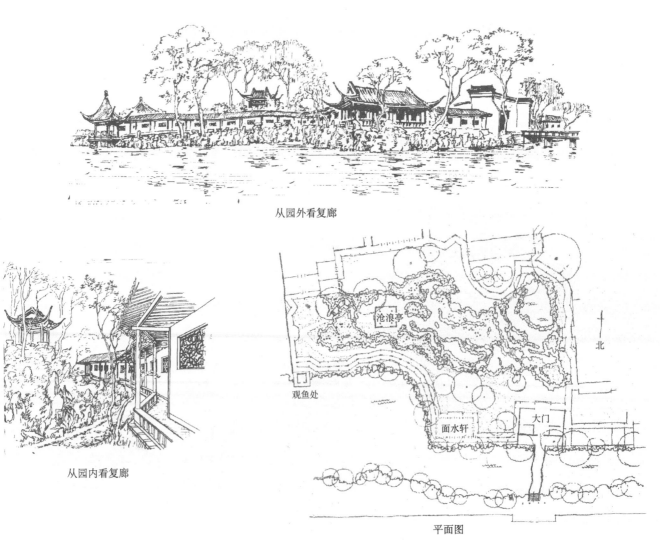

图3-4-4　苏州沧浪亭复廊

苏州怡园的复廊取意于沧浪亭复廊。沧浪亭是里外相隔，怡园是东西相隔。怡园东部、西部原来分属两家，以复廊为界。东部是以坡仙琴馆、拜石轩为主体的建筑庭园空间，西部则以水石山景为园林空间的主要内容。复廊的穿插划分了这两个大小、性质各不相同的空间环境，使其成为怡园的两个主要景区（图3-4-5）。复廊中设有精致的漏窗，也是有代表性的。

实景

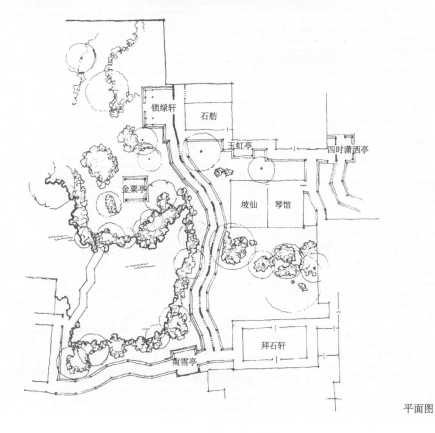

平面图

图3-4-5　苏州怡园复廊

上海豫园中也有一段复廊，长度仅12m左右，但在空间的划分与景物的空间组织上却起着重要的作用（图3-4-6）。它在平面上分别联系会心不远亭与万花楼、两宜轩三个建筑物，使之互相结合得很紧密、很自然。通过复廊及跨越山溪的白墙，把仙山堂前的大假山与点春堂之间的庭园划分成性质不同的三个空间。廊子平面三折，改变着视线的角度。复廊的中间实墙上开了一些形状各不相同的大空窗，透过空窗窥视对面园景，似有可望而不可即的效果。

4.双层廊（又称楼廊） 双层廊在园林中并不多见，可为人们提供在上、下两层不同高度的廊中观赏景色的条件，也便于联系不同高度的建筑物或景点以组织人流（图3-4-7）。同时，由于它富于层次上的变化，也有助于丰富园林建筑的体型轮廓，依山、傍水、平地上均可建造。北京北海琼岛北端的延楼是呈半圆形弧状的双层廊，东、西对称布置，东起倚晴楼，西至分凉阁，共60个开间（图3-4-8）。它面对北海的主要水面，怀抱琼岛。从湖的北岸看过来，这条两层长廊仿佛把琼岛北麓各组建筑群连成了一个整体，很像是白塔及山上建筑的一个巨大的基座，将整个琼岛簇拥起来。廊外沿着湖岸有长约300m的汉白玉栏杆，蜿蜒如玉带。从廊上望五龙亭一带，水天空阔，金碧照影，又是另一番景色。

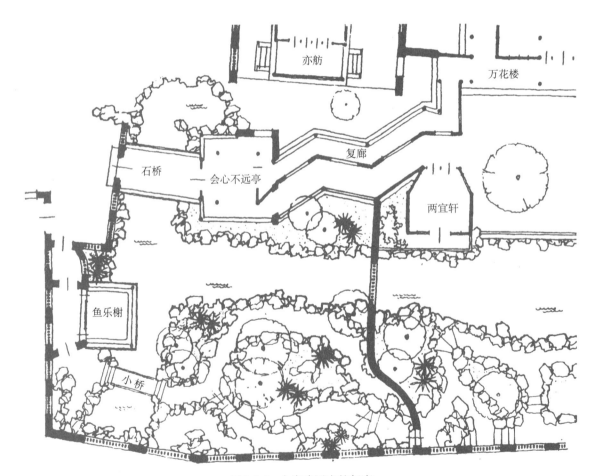

图3-4-6　上海豫园中的复廊

图 3-4-7　扬州寄啸山庄的双层折廊

图 3-4-8　北京北海公园的延楼

休憩建筑　第三章　// 151

三、廊的设计

在平地、水边、山坡等不同的地段建廊，由于地形与环境条件不同，其作用与要求也各不相同。（图3-4-9，图3-4-10）

1. 平地建廊　在园林中的小空间或小型园林中建廊，常沿界墙及附属建筑物以"占边"的形式布置。形制上有在庭园的一面、二面、三面和四面建廊的，在廊、墙、房等围绕起来的庭园中部组景，形成兴趣中心，易形成四面环绕的向心式布置格局，以争取中心庭园的较大空间。例如，苏州王洗马巷万宅的客厅与书斋后院的一个花园，庭园很小，处境僻静，书房东面正对庭园。园内东部沿外墙叠砌假山，假山上东北角置六角小亭。南部建方亭，高度不同，彼此呼应。园子西北角绕以回廊，以廊穿过客厅与书房，紧贴南墙成斜道，与方亭相接，廊成环抱状与东部的假山一起围合了庭园空间。西侧设小院，内点缀湖石，植以丹桂，使书房四向均有景可观，格外幽静。（图3-4-11）

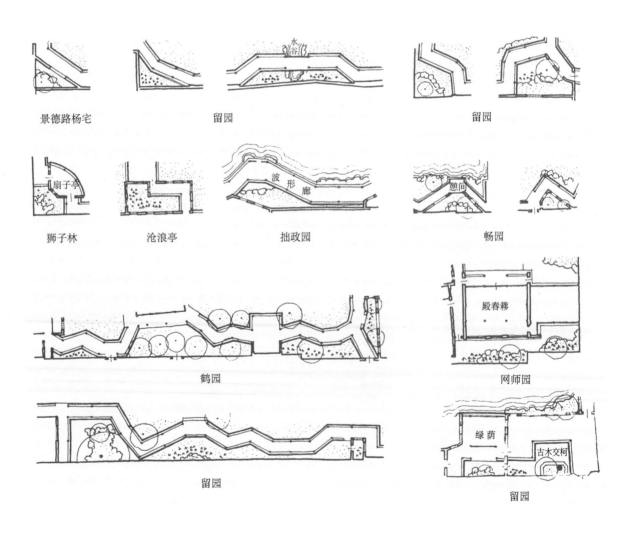

图3-4-9　廊的平面实测图

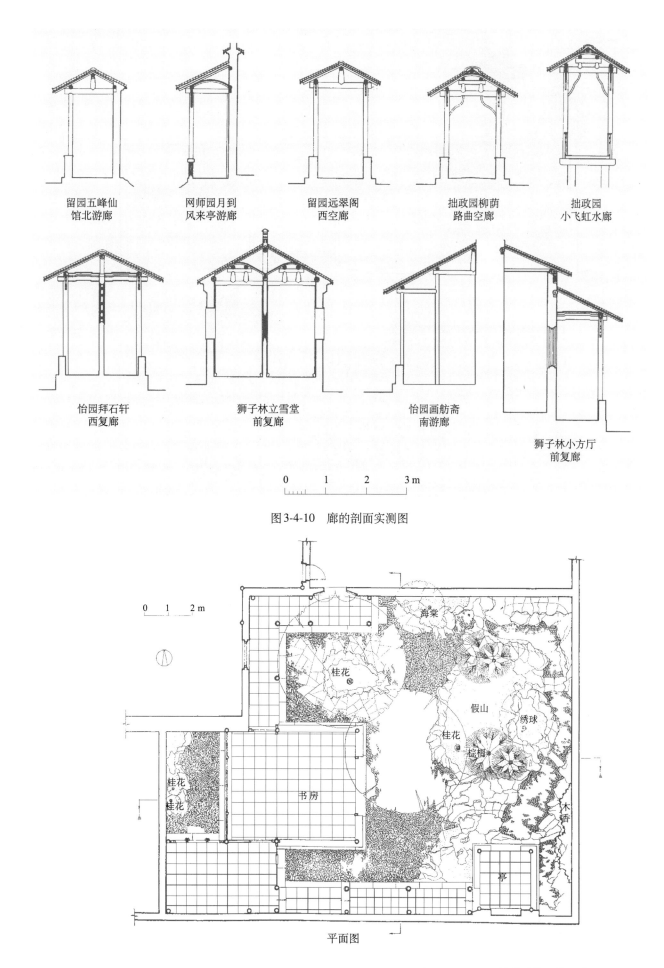

图3-4-10 廊的剖面实测图

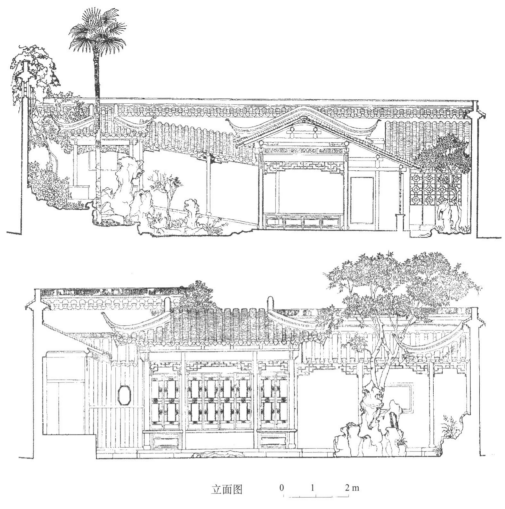

立面图　　0　　1　　2m

图3-4-11　苏州王洗马巷万宅书斋后院

2.水边或水上建廊　在水边或水上所建的廊，一般称为水廊，供欣赏水景及联系水上建筑，形成以水景为主的空间。水廊有位于岸边和完全凌驾于水上两种形式。

位于岸边的水廊，廊基一段紧接水面，廊的平面也大体贴紧岸边，尽量与水接近。如南京瞻园沿界墙的一段水廊（图3-4-12）。廊的北段为直线形，廊基即是池岸，廊子一面倚墙，一面临水。在廊的端部入口处突出一个水榭作为起点处理，在南面转折处则跨越水头成跨水游廊。廊的布置不但打破了界墙的平直单调，丰富了水岸的构图效果，也使水池与界墙之间的通道得以充分利用。廊的穿插联络使假山、绿地、建筑、水体结合为一个有机整体。

贴水蜿蜒廊

溪涧从廊下穿过

廊的尽端与水榭相接

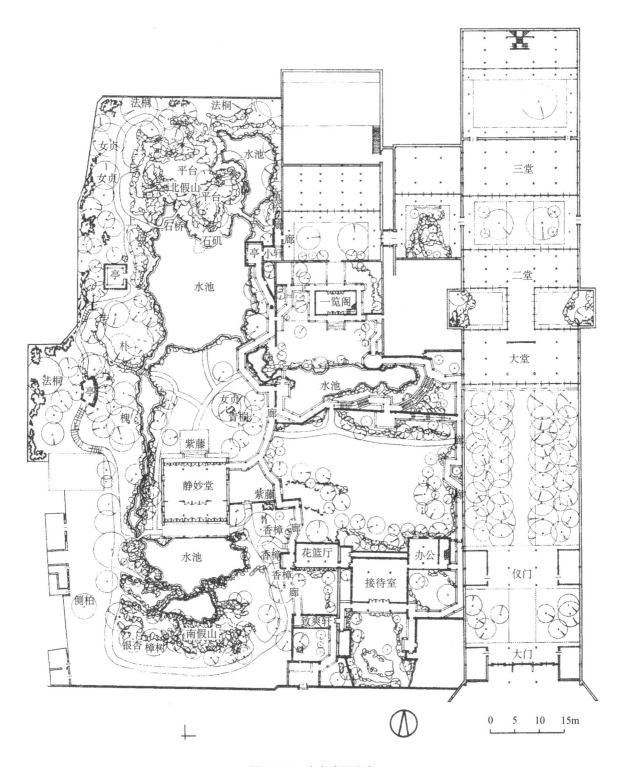

图 3-4-12 南京瞻园水廊

凌驾于水面之上的水廊一般应紧贴水面，不宜高架。廊两侧的水面应互相贯通，人们漫步水廊之中时有一种置身水面上的感受。如苏州拙政园西部的水廊（图3-4-13），连接了西部入口别有洞天半亭与倒影楼，为使廊子显得自然生动，采用了平面曲折与高低起伏的处理方法，廊子顺水蜿蜒而行，水流廊下，令人产生水深远、廊浮动的感受。

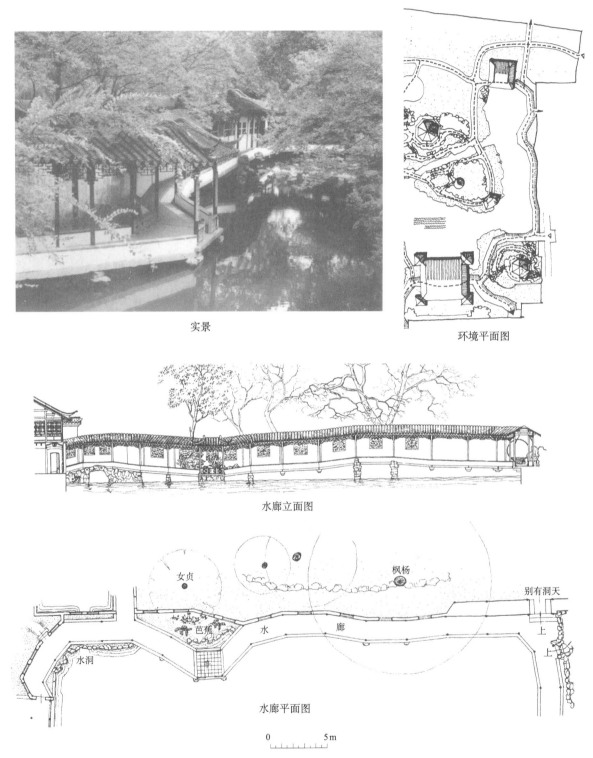

实景

环境平面图

水廊立面图

水廊平面图

图3-4-13 拙政园西部水廊

3.桥廊　桥廊与桥亭一样，除供休息、观赏外，对丰富园林景观也起着突出的作用（图3-4-14，图3-4-15）。桥的造型在园林中比较特殊，它横跨水面，在水中形成倒影而别具风韵，桥上设亭廊则更加引人注目。例如，苏州拙政园松风亭北面一带的游廊，曲折多变，其中小飞虹一段是跨越水面上的桥廊，形态纤巧优美，其北部是香洲，北面临水，南对小沧浪，前后都与折廊相连通，可达远香堂和玉兰堂等主体建筑，廊在划分空间层次、组织观赏路线上起着重要的作用（图3-4-16）。桂林的花桥是一座已有七百多年历史的古桥，为桂林的著名风景点之一。桥身的主体是四跨半圆形的大石拱券，券洞之间"实"的支承点特别细小，使整个桥身显得轻快、跳跃，远远望去花桥倒映于小东江里，四个半圆形桥洞虚实相映成四个满月形圆环，一个紧挨一个，生动有趣。桥廊呈"一"字形延伸，扁扁地覆盖着桥身。廊顶为木构两坡绿琉璃瓦顶，造型简洁明快。

图3-4-14　峨眉山伏虎寺前桥廊

图3-4-15　无锡锡惠公园杜鹃园桥廊

实景

空间剖视图

图3-4-16　苏州拙政园小飞虹

休憩建筑　第三章 // 157

4. 山地建廊　山地建廊可供游人登山观景和联系山坡上下不同高度的建筑物，也可借以丰富山地建筑的空间构图。爬山廊有的位于山之斜坡，有的依山势蜿蜒转折而上（图3-4-17，图3-4-18，图3-4-19）。廊子的屋顶和基座有斜坡式和层层跌落的阶梯式两种类型。

北京颐和园排云殿两侧的爬山廊及画中游的爬山廊，山势坡度都很大，是为强调建筑群的宏伟感，而建廊以联系不同标高上的建筑物。运用了较大的土方，砌起巨大的石壁，造成斜廊的坡度和梯级，沿排云殿两侧的爬山廊登高至德辉殿，人工的雄伟气势令人赞叹。

图3-4-17　北京北海公园濠濮间爬山廊

图3-4-18　桂林七星岩桂海碑林围廊

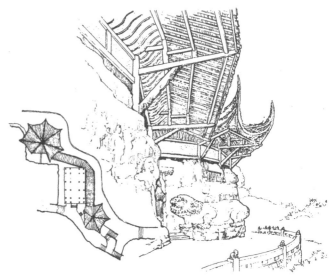

图3-4-19　重庆大足摩崖石刻的檐廊

第五节 楼 阁

楼阁在休憩建筑中体量最大，而且造型丰富、变化多样，往往会结合一定的使用功能，是园林内重要的点景、观景建筑。

《说文解字》云："楼，重屋也。"《尔雅》说："狭而修曲曰'楼'。"因此，楼是长条形的，平面上可以有曲折的变化。园林中的楼通常为两层，偶见两层以上，在平面上一般呈狭长形，面阔三、五间不等，也可形体很长，曲折延伸。由于体量较大、形象突出，因此，在建筑群中既可以丰富立体轮廓，也能扩大观赏视野。阁与楼相似，也是一种多层建筑。《园冶》说："阁者，四阿开四牖。"平面上常呈方形或正多边形。一般的形式是攒尖屋顶，四周开窗，每层设周围廊，有挑出的平座等。阁在造型上高耸凌空，较楼更为完整、丰富、轻盈，集中向上。位置上"阁皆四敞也，宜于山侧，坦而可上，便以登眺，何必梯之"，一般选择显要的地势建造。楼与阁在形制上不易明确区分，而且后来人们也时常将"楼阁"二字连用。一般四面开窗者称为阁，前后开窗者称为楼，但这种分类也不为所有造园者接受。甚至在文人笔下，有些单层建筑也可以名之为阁，例如南京煦园（总统府西花园）的漪澜阁、苏州拙政园的留听阁等其实都是斋轩一类的单层建筑。

楼阁的作用是登高望远，"欲穷千里目，更上一层楼"，说出了楼的作用。江南三大名楼黄鹤楼、滕王阁、岳阳楼都是或据高地，或依城台增高为楼，可以远眺江湖开阔壮丽的景色（图3-5-1，图3-5-2，图3-5-3）。在这些楼上所展开的大好河山曾让多少诗人、文学家写出传咏千古的诗文。如范仲淹在岳阳楼的"先天下之忧而忧，后天下之乐而乐"，王勃在滕王阁的"落霞与孤鹜齐飞，秋水共长天一色"等名句，始终为后人百诵不厌。由于处境开阔，这种楼的尺度也比较大，从宋

整体环境鸟瞰图

实景

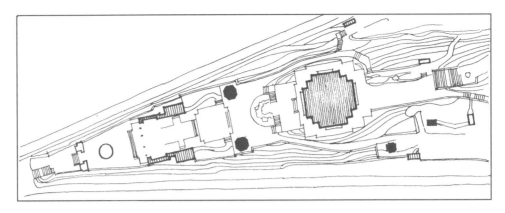

总平面图

图 3-5-1　黄鹤楼

实景

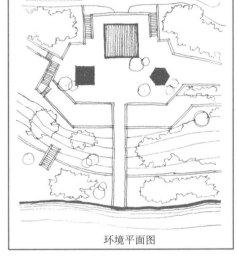

环境平面图

鸟瞰图

图 3-5-2　岳阳楼

图3-5-3　滕王阁

画中的黄鹤楼可知，那是一座大体量的、组合复杂的建筑物。现存的古代名楼如嘉兴烟雨楼、采石矶太白楼，也相当高大。园林中的楼阁形式多样，大多数轻巧精致。（图3-5-4，图3-5-5，图3-5-6）

江南私家园林规模较小，楼多为二层，层高低、开间少，以适应园林的环境尺度。苏州留园明瑟楼、曲溪楼，拙政园见山楼，南京煦园夕佳楼等均小巧玲珑。在江南的一些规模较小的古典园林及北方皇家园林中，楼阁的位置多在园的边侧部位或后部，既丰富园林景观，又保证中间部分园林空间的完整，同时也便于因借外景和俯览全园景色。园林中楼阁的尺度处理考虑与园林整体空间的协调统一，如苏州留园中的远翠阁、沧浪亭的看山楼、广东东莞可园的可楼、北京北海静心斋中的叠翠楼、香山见心斋中的畅风楼等，都是运用这种布局手法的实例。成都望江楼公园的吟诗楼（图3-5-7），位于崇丽阁东侧锦江之畔，楼高二层，不仅平面为不对称布置，楼层上也高低起伏，以求变化。建筑形象空透、轻巧，富有四川建筑地方性格。楼西假山依傍，竹林丛丛，可循石阶上下。假山下是流杯池，水渠蜿蜒，向南流经清婉室。

园林中临水的楼阁，一般造型比较丰富，体量与水面大小相称，避免呆滞死板的处理。如苏州留园的明瑟楼位于池南（图3-5-8），西部与涵碧山房相接，因水面不大，楼的面阔仅一个半开间，主要为了取得造型上高低错落的变化，底层是一个敞庭，北、东两面以临水的平台凸向水面，南部隔出小庭，选湖石堆叠假山，有石级盘旋而上，方便游人从室外登临楼上，名曰"一梯云"，别有情趣。拙政园的倒影楼（图3-5-9），位于西园狭长形水面的尽端，东部与起伏飘动的波形廊相连接，西部有山林花木为之映衬，为避免体量过大而极力压缩面阔，使楼的平面成方形，并降低二楼的层高，正立面以全部木装修形成"虚"的效果，使楼显得轻盈欲动，取得了很好的艺术效果。

图 3-5-4　沧浪亭看山楼

图 3-5-5　北京陶然亭公园中的云绘楼与清音阁

图 3-5-6　成都望江楼公园崇丽阁

图 3-5-7　成都望江楼公园吟诗楼

实景

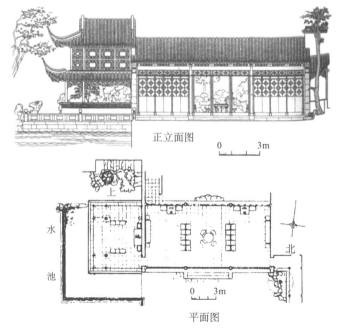

正立面图

平面图

图 3-5-8　留园明瑟楼

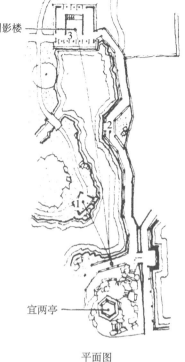

倒影楼

宜两亭

平面图

1　　　　　3　　　　2

水庭空间层次处理

实景

图3-5-9　拙政园倒影楼

在山地上建楼，常就山势的起伏变化和地形上的高差，组织错落变化的体型，因而能取得生动的艺术形象（图3-5-10）。如风景区中的一些楼阁及一些寺观建筑，均因山就势，运用多种设计手法取得与环境的协调。南通狼山紫琅茶社建于山腰部位，建筑布局仍以庭院的形式来组织，但不拘泥于规则方整，而是顺应地势特点进行布置。其中西部的一处小院，完全建于倾斜的岩坡上，衔石小楼高二层，体量很小，方位随山势而斜，楼建于一块从地面冒出的岩石上，石头一半在室内，一半

图3-5-10　桂林伏波山听涛阁

休憩建筑 第三章 // 163

吐于室外，由山势高处的石阶可登至楼上，借景山巅的支云塔，室外庭院也小巧别致。杭州西泠印社的四照阁建于山顶庭园的南部，临崖修建，底层为凉堂，上建四方小阁，凭栏可俯瞰西湖，境界开阔。

新中国成立后，楼阁的形式被广泛地运用于新园林建筑创作之中。由于新材料与新结构技术的应用，建筑的造型与空间组合方式都更加丰富而有变化。在建筑功能上，楼阁广泛适应于茶

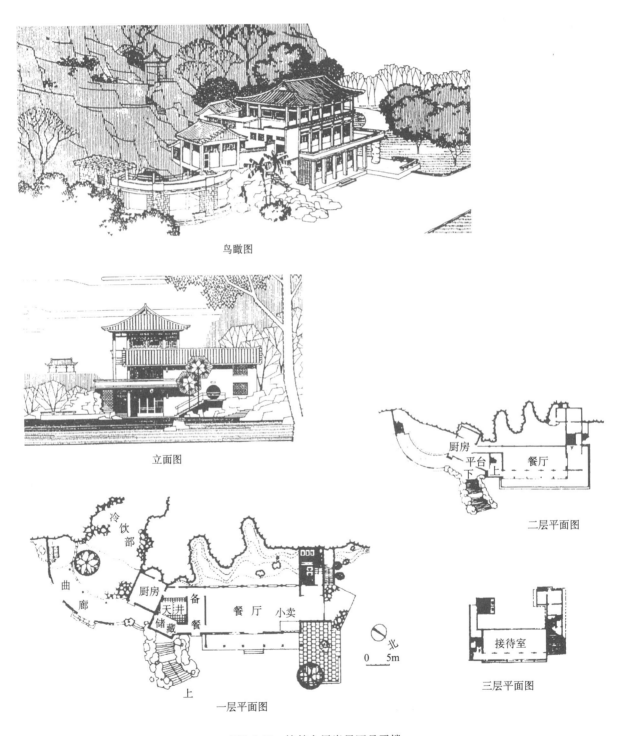

图 3-5-11　桂林七星岩景区月牙楼

室、餐馆、游赏、接待、展览等多种用途。有许多较为成功的实例，如桂林七星岩景区月牙楼的设计（图3-5-11），它背依月牙山，面对由花桥入口进入后的广场，正面开阔，为满足餐厅、冷饮、小卖、接待等多种功能，以楼、亭、廊等不同形式互相穿插组合，使不同大小、高矮的建筑有机搭配，造成立面造型虚实对比，屋顶错落变化，给人以生动、别致的感受。以山石叠成通达二层的室外石阶，形似自然山石的延伸。首层廊柱选用毛石砌筑，利用天然岩洞作为冷饮散座。这些都使人感到亲切、自然，建筑与环境融为一体。自月牙楼东行可达"小广寒"（图3-5-12），这是一个由两幢楼阁组成的、颇富诗情画意的建筑群体。建筑依山而筑，大胆构思，创造意境。紧贴岩洞建"小广寒"二层小楼，屋角飞檐，粉墙断壁，与天然岩石紧密嵌合。岩洞外临江的悬崖峭壁处，建六角形的襟江阁，因山就势以飞虹式的楼梯把两者从横向联系成为一个整体，形成一横一竖、一低一高、一后一前的生动的构图效果。

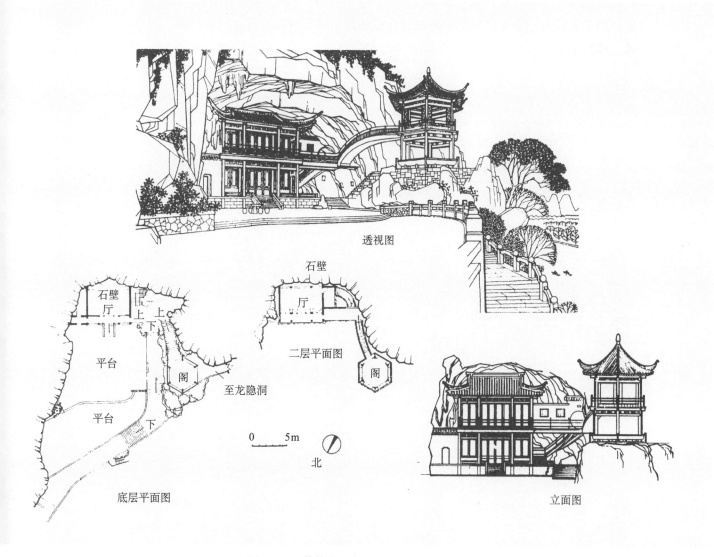

图3-5-12 桂林七星岩景区"小广寒"

第六节 实 例

·传统园林建筑的延续·

一、南京珍珠泉鱼乐轩

珍珠泉风景区位于南京市浦口区定山西南麓镜山湖的最西端，水面不大，水平如镜，泉清水冽，环境清幽。鱼乐轩紧贴池北岸，是赏泉观鱼的最佳位置。鱼乐轩虽名"轩"，实为水榭。建筑平面近方形，三开间均分面阔，属明清建筑风格，两坡硬山顶。建筑分前、后两进空间，南面迎湖部分开敞以便观景，外设披檐（雨塔）；北间两侧用实墙。鱼乐轩虽然建筑形体方正，但是设计的一些变化与细部处理很有园林建筑灵巧精雅的特点，如挂落、雨塔、栏杆、景窗等。（图3-6-1）

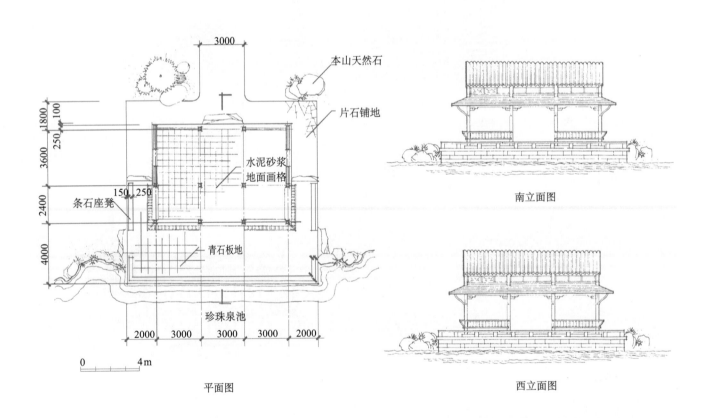

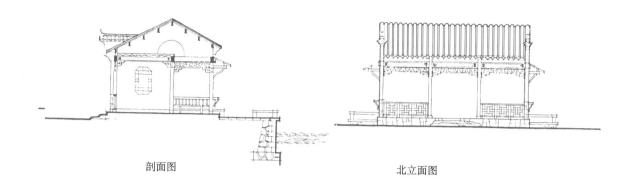

剖面图　　　　　　　　　　　　北立面图

实景

图3-6-1　南京珍珠泉鱼乐轩
1.远景　2、3.外观　4、5、6.细部

二、苏州沧浪亭看山楼

沧浪亭看山楼位于园子深处，此楼地处全园的最南端，建于印心石屋之上。看山楼的名称取自虞集诗句"有客归谋酒，无言卧看山"。该楼建于清同治十二年（1873年），当时因建明道堂及五百名贤祠，挡去沧浪亭西南视野，故筑看山楼以补救，可见古人造园之匠心。看山楼楼本身二层，木结构，筑于黄石大假山叠砌而成的印心石屋之上，故高达三层。飞檐翘角，结构精巧，外形美观。砖砌坐槛上嵌有梅花形花墙洞，高旷清畅，是苏州古典园林中一座造型别致、形态轻盈的楼台。拾级登楼，原可近俯南园，平畴村舍；远眺城外，西南楞伽、七子、灵岩、天平诸峰，隐现槛前。园前借水，园外借山，二者兼之。若从窗洞望沧浪亭，恍如置身于深山丛林之中。而今，周围高楼重围，视野近乎咫尺，旧景已不复见。（图3-6-2）

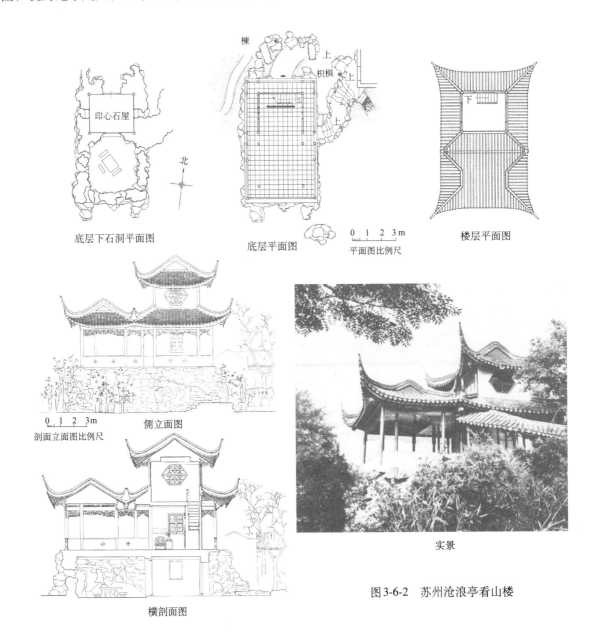

图3-6-2 苏州沧浪亭看山楼

三、苏州网师园月到风来亭

"月到风来亭"取自韩愈诗句"晚色将秋至,长风送月来"。该亭建于水涯高处,踞势优胜,突出池中。有何绍基书对联一副:"园林到日酒初醒,庭户开时月正圆。"池中疏植睡莲,明波若镜,天光、山色、屋廊、树影,反映池中。渔矶高下,画桥迤逦,俱呈于一池之中。高下虚实,云水变幻,骋怀游目,咫尺千里,风花雪月,境界自出。亭西粉墙若屏,正撷此景精华,有"月到天心,风来水面"的情趣。驻足亭中,凭栏静观,对景是池东半亭射鸭廊,池南濯缨水阁与池北看松读画轩呼应。俯视池岸,高低起伏,低处出水留矶,高处可供坐憩。溪口、湾头、曲桥与步石都环池而筑,并有踏步下达水面,更添游人浮水之感,是中秋赏月的最佳处。亭壁置大镜一面,镜中园景花木,映衬水亭,风姿绰约,优美宜人。(图3-6-3)

局部鸟瞰图

冷泉亭　殿春簃　　　月到风来亭　看松读画轩　　集虚斋
　　　　　　　　　　　　　　　　　　　　　　　　竹外一枝轩

网师园剖面图

图3-6-3　苏州网师园月到风来亭

四、南京煦园夕佳楼

夕佳楼坐落于南京煦园水池（太平湖）西岸，因利于隔岸观赏夕照下的园景而得名。楼作三间，二层，歇山顶。底层环以檐廊，二层于楼后跨园路设楼梯，由室外登楼。木构做法较简洁，檐口用象首形梁头挑出承挑檐檩，做法与苏南常见风格相异。一些细部处理也与苏南的做法不同，如檐柱上雕饰华丽的斜撑，挂落也不同于苏州一带常用的葵式、万字式与金线如意，而是采用轮廓整齐的横批式格架，说明此楼及园中一些建筑物属同治年间重建之物，其时间与胜棋楼约略相当。（图3-6-4）

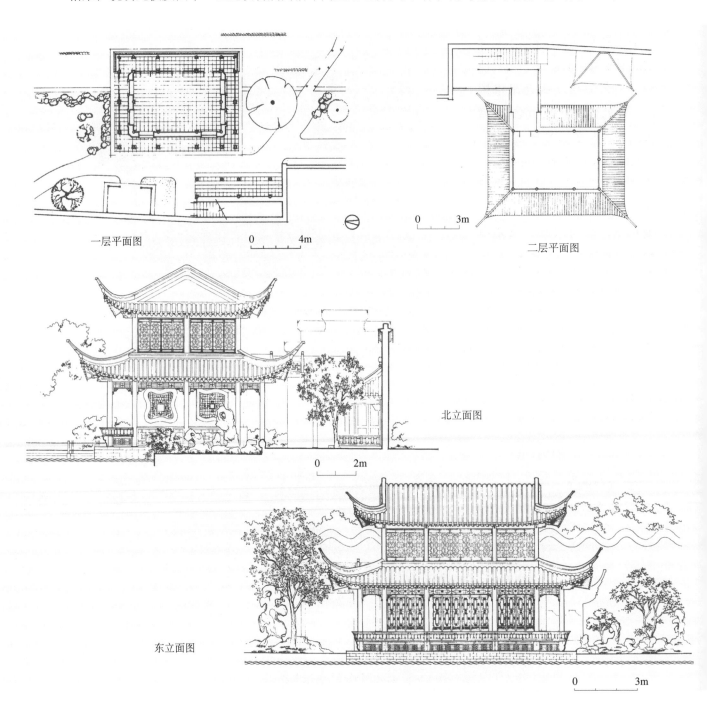

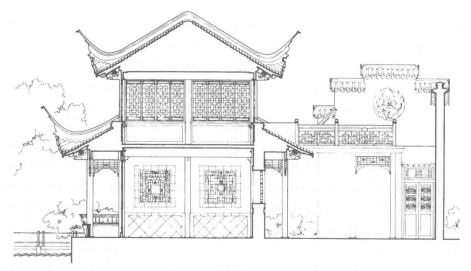

剖面图

实景

图3-6-4　南京煦园夕佳楼

休憩建筑　第三章 // 171

五、苏州拙政园香洲

拙政园香洲位于园中部大水面的西南部，位置较重要，其东面为倚玉轩与远香堂，南面为小沧浪水院，北面与荷风四面亭相望。"香洲"又名"芳洲"，取自屈原《楚辞·九歌》："采芳洲兮杜若，将以遗兮下女"，又取自南朝梁任昉《述异记》："洲中出诸异香，往往不知名焉。"芳洲是地名，近水；杜若是香草，古代青年男女借此表达情意。香洲，临水而建，把荷花比作香草，是借喻手法。前舱悬文徵明书额，额下落地罩与倚玉轩横直相对，池面狭窄，故于中舱置大镜，尽收对岸倚玉轩一带景物，增加景深，宛如画中。镜上悬"烟波画船"额。尾舱两层，上层署"澄观"，即澄怀观道，额悬楼内。旧为休养之所，登楼可饱览园中景色，正符澄观之意。从整个形体、轮廓到门墙、栏槛、吴王靠，都以水平为主，取得与水面的调和。（图3-6-5）

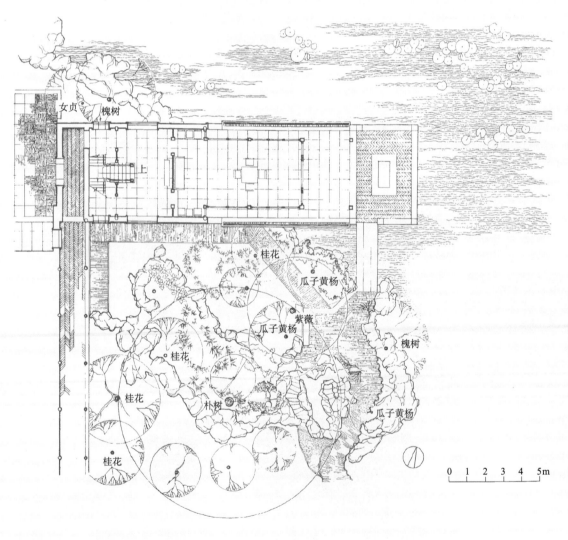

平面图

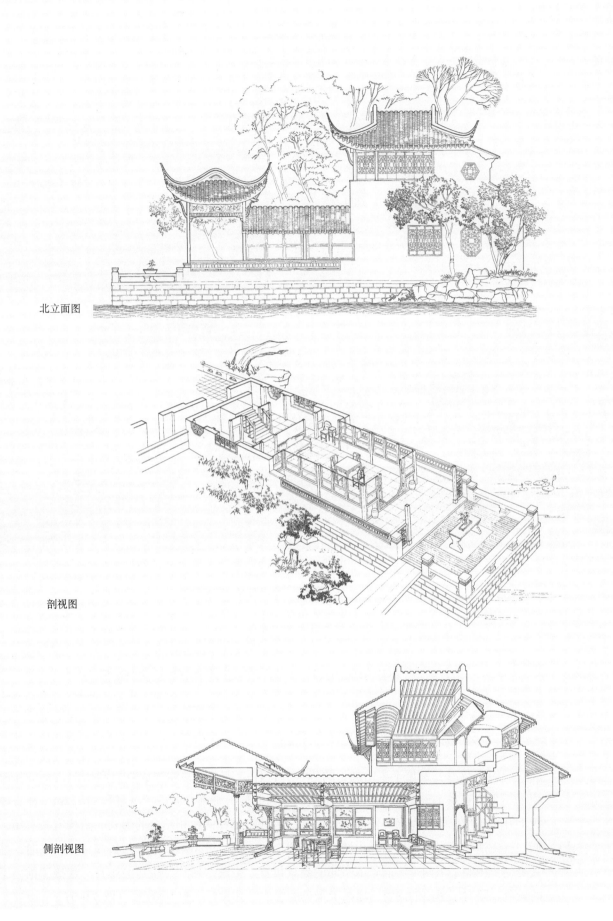

北立面图

剖视图

侧剖视图

透视及实景图

图3-6-5 苏州拙政园香洲

·1949年至20世纪90年代的传承与创新·

六、无锡锡惠公园垂虹爬山游廊

无锡市锡惠公园位于惠山脚下的愚公谷,在中华人民共和国成立后利用旧宗祠辟作园林,改建了不少富有乡土气息的园林建筑。其中有一条爬山游廊,名曰"垂虹",长32m。廊身随地形逐级上升,廊顶也随廊身渐陡而处理成层层迭起的阶梯和曲线相结合的形式,阶梯有长有短,有高有低,自由活泼而有节奏感。爬山游廊在交通上联系了"天下第二泉"与锡麓书堂,同时,在组景上又是处于山麓上下两个不同景区空间的界景位置,空透、迤长、精巧的廊身,连接了前后不同空间的景色,陪衬了惠山的雄姿,增添了景色的层次,在设计上很有特色。(图3-6-6)

平面图

正立面图

透视图

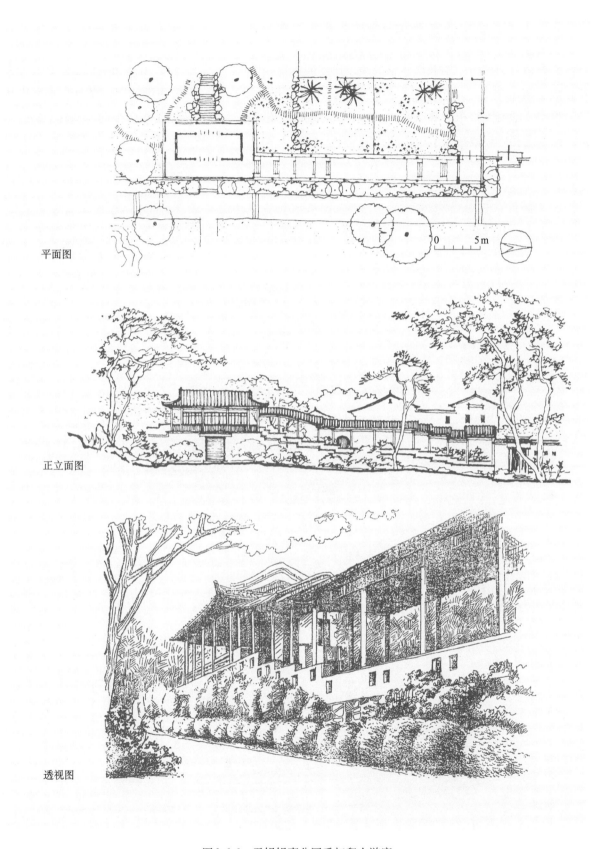

图3-6-6 无锡锡惠公园垂虹爬山游廊

七、上海南丹公园伞亭水榭

上海南丹公园为小型城市休息公园，占地面积仅1.4hm^2。位于公园西南部的伞亭水榭是园中主要景点。该水榭由一组正六边形伞亭组成，伞亭为平顶现代亭，不仅高低错落，而且在平面上用墙、景门、混凝土格栅分隔空间。水榭建筑与前面荷花池、后面花架庭院组合生动，别具一格。水榭北面与之相呼应地布设了较小的一组伞亭。（图3-6-7）

总平面图

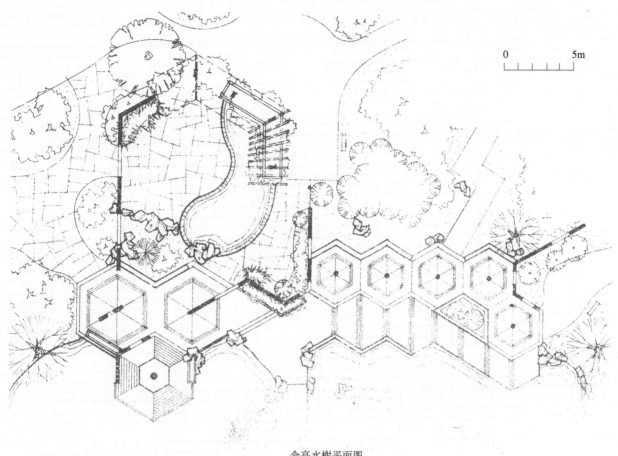

伞亭水榭平面图

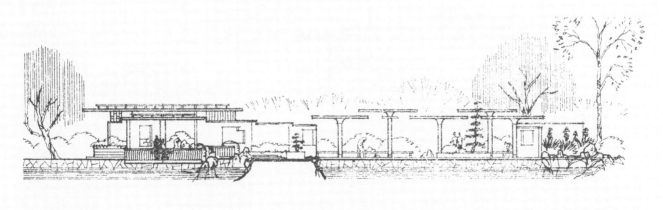

伞亭水榭立面图

图3-6-7 上海南丹公园伞亭水榭

八、马鞍山雨山湖公园水榭

该水榭位于马鞍山雨山湖公园北部,距离公园北大门较近。水榭坐北朝南,面向一小水塘,北面设置了一片铺装地面。建筑平面近长方形,由相互交错的墙面划分出的空间自由活泼、虚实相生。建筑风格现代,色彩素雅,线条简洁,在树丛和水面的衬托下构成优美的公园景点。(图3-6-8)

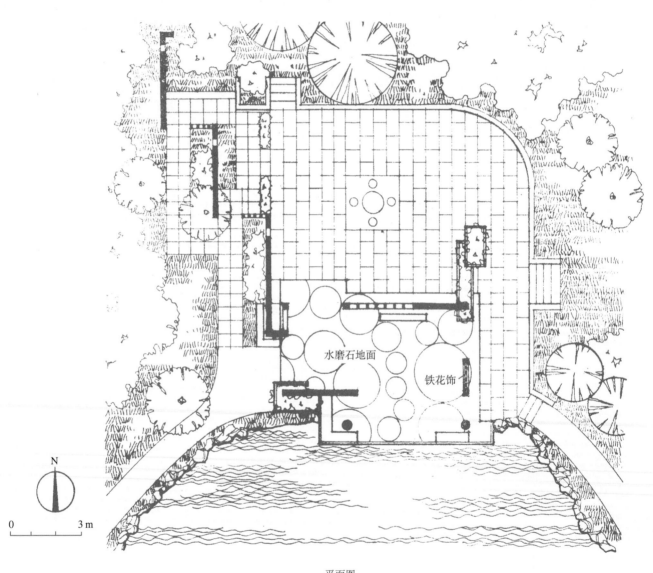

平面图

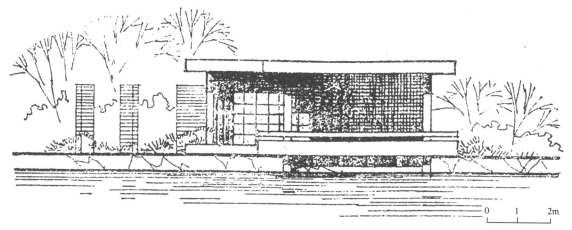
立面图

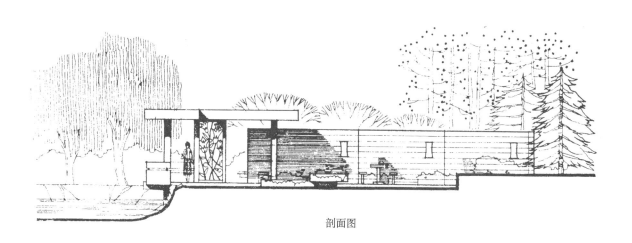
剖面图

透视图

实景

图3-6-8 马鞍山雨山湖公园水榭

九、桂林芦笛岩水榭

该水榭位于芦笛岩风景区芳莲池西岸，与山坡上的贵宾接待室呈错落状互相呼应。从水上莲叶形汀步可进入水榭，也可通过连廊与芳莲岭登山步道相连。水榭参照广西民居，是舫与榭两者的结合。建筑采用长短两坡屋顶，造型横向舒展。建筑底层架空，略高于芳莲池水面，平台伸入水中，仅中间交通部分设墙体，其他部分围以栏杆、隔断，轻灵通透，利用水榭夹层的引入，形成三个不同高差的空间，且空间形状、围合形式、景观朝向各不相同。行进过程或上或下，空间与景观不断变化，建筑空间与路线处理灵活巧妙，和环境结合得十分紧密。（图3-6-9）

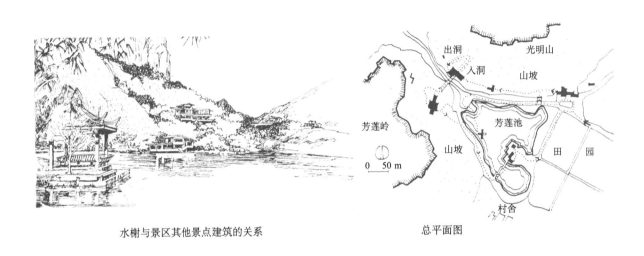

水榭与景区其他景点建筑的关系　　　　总平面图

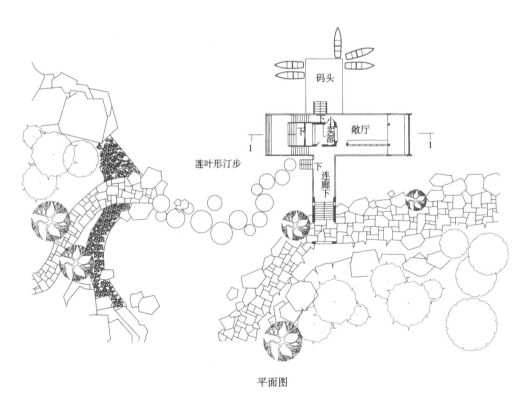

平面图

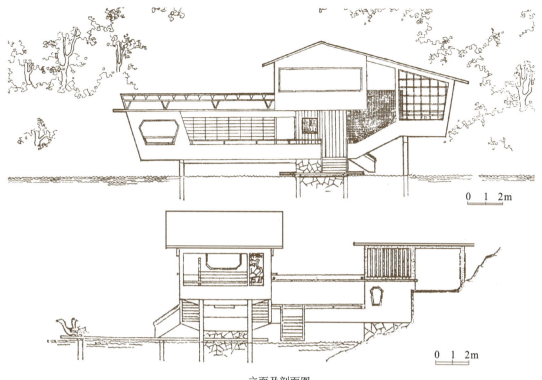

立面及剖面图

水榭透视图

实景

图3-6-9 桂林芦笛岩水榭

十、桂林杉湖湖心亭、榭

杉湖岛平面原为一梅花形，为了将规整式的平面改造成自由式的平面，在岛东侧挖一水沟，而将水榭独立在水中，通过单柱架空的走道与岛中心的亭子相连。

杉湖水榭及蘑菇亭位于杉湖的中心小岛上，榭与亭分列岛的东、西两侧。湖心榭、亭均采用造型现代的蘑菇亭式。水榭体量大些，由三个圆形亭和双层廊组成，外形富有高低、虚实变化，造型别具一格。水榭内设茶座和小卖部，可供游人坐憩、观景、品茗。水榭有圆形旋转楼梯通至屋顶平台及空中走道。水榭旁圆形平台内设水池，可以就近观赏金鱼及喷泉，使水中见水，增添景趣。蘑菇亭实为亭组，由四个圆形蘑菇亭自由错落组合而成，或挑浮于水面，或临水倚岸，成为杉湖灵巧活泼的湖心景点。（图3-6-10）

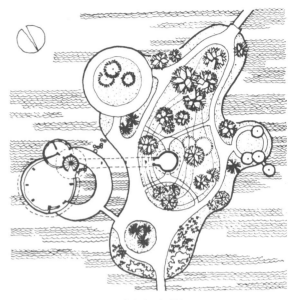

湖心岛平面图

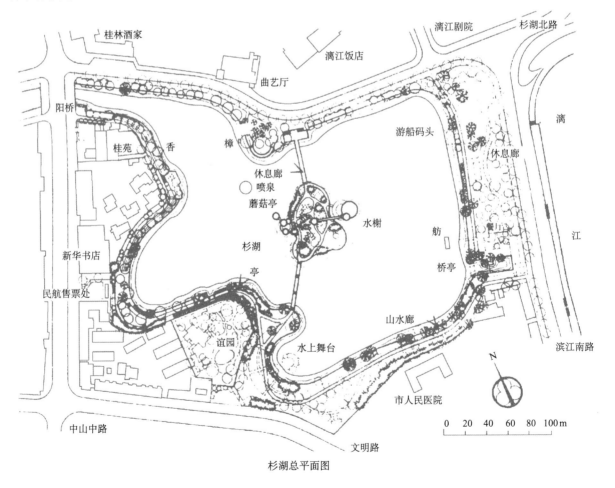

杉湖总平面图

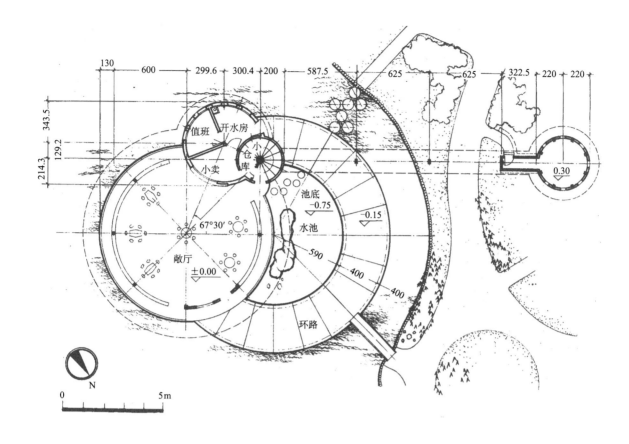

水榭平、立面图

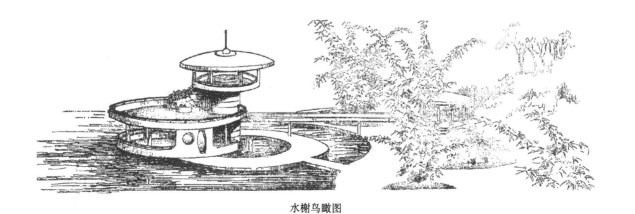

水榭鸟瞰图

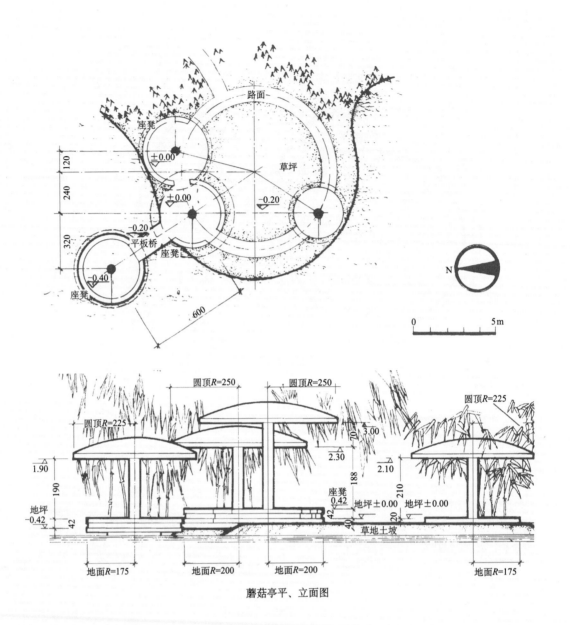

蘑菇亭平、立面图

水榭　　　　　湖心岛鸟瞰图　　　　　蘑菇亭

图 3-6-10　桂林杉湖湖心亭、榭

·20世纪90年代至当代的更新·

十一、南京航空航天大学校园休息廊

该休息廊位于南京航空航天大学校园内的一片草坪之中。廊的设计旨在为学生提供一处室外交谈、学习、休憩的场所，因此廊内设有三组石桌凳。廊为现代风格的园林建筑，平面呈曲折状，空间大小随廊的曲折而变化。廊内设有部分实体景墙以划分空间、增加建筑立面及空间的丰富性。建筑采用平顶，但是梁头上做了伸挑处理，既合理又美观。廊的设计还考虑到了建筑与室外环境的统一性。虽然休息廊体量不大，设计上却精细独特，是不可多得的园林休憩建筑佳作。（图3-6-11）

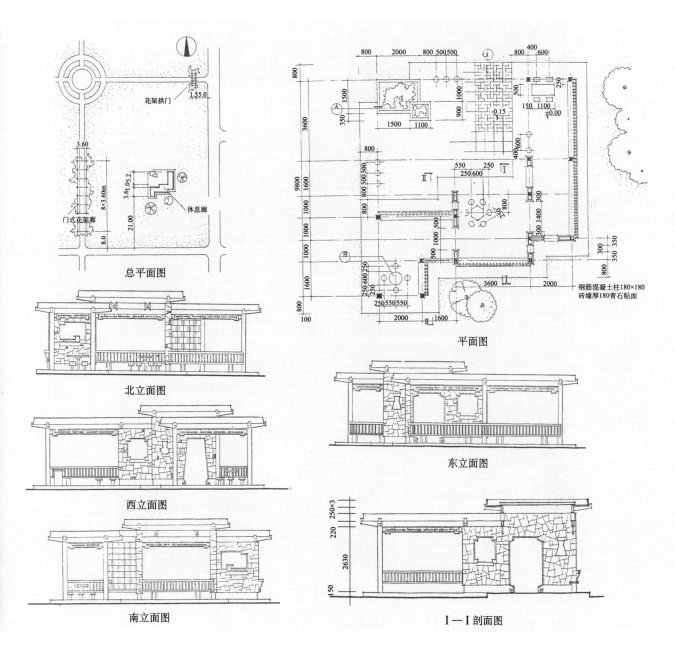

实景——外观

实景——景窗、梁头、挂落等细部

图3-6-11 南京航空航天大学校园休息廊

十二、南京古林公园晴云亭

古林公园晴云亭建于公园东部山顶上（海拔42.2m）。作为古林公园规划景点之一，该亭为眺望金陵四十八景之一"钟阜晴云"的观赏点，故名"晴云亭"。该亭所在位置较高，又临干道，它不仅是赏景佳处，也是公园重要的点景建筑。

亭所在山顶面积不大，亭子体量也不大（屋面投影面积约50m²），比较适合点景。造型上要求与全园建筑风格统一。由于亭子外形变化多，因此采用钢筋混凝土现浇，但在构造上有所变化和创新，立柱用六边形断面，柱身略有收分，出檐部分基本上采用我国古典建筑中木结构形式（椽板结构），六边形坐斗是一种尝试，老角梁做成水平式，充分发挥其结构作用，斗栱、替木等都按六边形的几何关系来布置，与屋顶的外轮廓一致，以满足支承要求，亦有装饰效果。柱间设置双面靠椅，便于休息。亭顶试用铝板成型，直接套在柱端，以螺栓固定，既轻巧，又易于制作。块石铺地与全亭风格协调。晴云亭在继承传统、古为今用的创作上是一种有益的尝试。（图3-6-12）

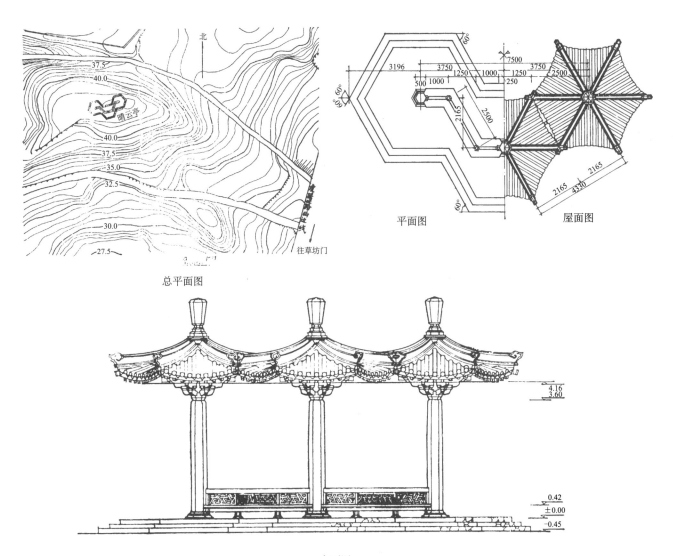

实景

图3-6-12　南京古林公园晴云亭

1、2、3.亭的不同角度实景　4.内部结构　5.座椅及台基

服务小建筑

第一节 服务小建筑概述

一、服务小建筑的内涵

（一）服务小建筑的概念

服务小建筑是指分布在公园中的小品类小型服务性建筑。这些服务小建筑大多欢快活泼、精巧多彩，以其灵活多变的特点适用于任何园林空间。常见的有书报亭、快餐点、售货亭、游船码头、索道站、观光车站、园厕等。

服务小建筑就像文学中的小品文（指随笔、杂谈）之类的短篇文章一样，虽篇幅短小，但阐释的道理照样高深，常给人以极深的印象，甚至成为园林意境的点睛之笔。在园林环境中，服务小建筑以其巧致的造型、单一的功能，担负着其他建筑设施无法承担的使命。例如，通过游船码头人们可以往返于水上景点，感受水上游乐项目给人带来的乐趣；通过游览索道站人们可以轻松到达梦想的山巅，体会"一览众山小"的境界；售货亭、园厕等建筑，可为游人排解后顾之忧。因此，无论是杭州西湖"三潭印月"的三个石灯，还是苏州拙政园中的云墙和"晚翠"门洞，无不巧妙至极，诗意盎然，正如计成在《园冶》中所说"江干湖畔，深柳疏芦之际，略成小筑，足征大观也"。

（二）服务小建筑的艺术品质

现代园林服务小建筑是以信息技术为基础，以为人服务为中心，充分使用最先进的建造手段，创造与人类生活相协调的设计。服务小建筑是园林景观设计的重要组成部分，它将这种"非语言表达方式"的艺术引入园林空间中，并与其他造园要素相辅相成，从而扩展了其建筑的内涵。

1. 材料的选择　这是园林服务小建筑和小品摆脱传统建筑概念的重要标志之一。当设计者选择了诸如沙漠、森林、农场或工业废墟作为设计基址时，他们同时也选择了与之对应的创作材料，如沙、石、木、草等。这里的园林服务小建筑以基地作为载体和背景，通过类似生长性的设计，使人们感受到设计来源于环境，并通过基地环境强调了服务小建筑的固有特性。（图4-1-1）

2. 创作手法　现代的园林服务小建筑多采用简洁的构成元素，通过艺术形式加法或减法的组合，来展现设计者深奥的思想。例如，设计中常用点、圆、直线、四角锥等最简洁的建筑形式符号

图4-1-1　上海市滨江公园缆车上下站

表达某种象征含义；或运用具有浪漫主义色彩的设计，融现代、古典与本土元素为一体；或将古典的轴线体系通过现代设计方式，如运用偏移、扭转等手法重新组合，以不加任何修饰的简洁形式，充分体现出现代主义空间的叠加、流动与整合。

（三）服务小建筑的基本特征

服务小建筑具有体积小、数量多、分布广、功能单一的基本特征。它们多造型小巧、色彩活泼、立意新颖、性格鲜明；融使用功能与艺术造景于一体，与游人的活动密切相关；是城市公园中重要的装饰性建筑；凭其自身的艺术感染力为现代园林环境注入了生机与活力，成为现代园林建筑设计中不可缺少的内容。

服务小建筑之所以在现代园林中得到长足的发展和普及，主要是因为它在继承前人造园经验的基础上，结合现代人的审美意识，运用现代的造型法则和建造工艺，打破了传统的建筑模式，给人以耳目一新的感受。

二、服务小建筑的选址

（一）服务小建筑与基址的关系

1.服务小建筑注重与周围环境的搭配关系　服务小建筑的选址注重与园区环境的过渡和协调，设计通过对园区绿化、地形地貌、气候条件、自然能源的利用，道路、围墙、大门、平台、山石水池、照明等各种建筑小品的配置，以及人流、车流的合理组织等，丰富建筑的情趣。重要的是从人类生存环境的角度出发，结合绿地环境的具体要求，思考建筑设计中的各种问题。

2.在整体环境范围内更好地"得景"　服务小建筑在园区环境中，主要发挥着点景与观景两个作用。服务小建筑的布局要更多地考虑整体环境，考虑建筑周边涉及的地形地貌、山石水景等。《园冶》提出了"故凡造作，必先相地立基，然后定其间进，量其广狭，随曲合方""能妙于得体合宜""深奥曲折，通前达后""按基形式，临机应变而立"的尽错综之美、穷技巧之变的构图原理，这种注重环境的建筑观对后来的造园影响深远。因此，有景可眺就设亭台楼阁，相互借景应有亭廊的适当安置。所谓"宜亭斯亭""精在体宜"，欲安顿处或隐藏、或显露，或突出水际、或依山麓、或置山巅……总而言之，根据地形巧于因借，达到因景而生，借景而成。只有这样才能见景生情，富有意境。

图4-1-2 上海杨浦公园平面分布图

服务小建筑 第四章 // 191

（二）服务小建筑的选址要点

1. 依据游人活动选址　服务小建筑大多分散布置，选址在各风景点或游览区内。常结合人流活动路线布置于主要游览道路边或游人活动场地的一侧。建筑本身既要便于人们识别、寻找，更要成为公园的亮点和点缀，还要融于公园景观环境，不过于突出，隐藏于绿树浓荫之中，这是需要设计师反复斟酌推敲的。（图4-1-2）

2. 结合地形地貌选址　服务小建筑设计要与所在环境的地形地貌有机结合，取得建筑人工美与自然美的统一。各种服务小建筑应成为园林绿地中重要的赏景与点景建筑，无论从体量、造型、色彩、材料等方面都要与环境恰当地对比与协调，维护公园或风景区的整体景观效果，成为其有机的组成部分。既富有时代感，又能直观地反映服务内容。

（1）建筑基址的利用。首先要做到巧于构思，既要考虑造什么样的景，还要思考利用基址的什么特点造景。应精心观察地形、朝向、高差等场地要素，对建筑原址的地形地貌进行有效利用，在满足建筑功能要求的前提下创造建筑景观。同时建筑的室内外互相渗透，与自然环境有机结合，不但可使空间富于变化，活泼自然，而且可以就地取材，减少土石方工程量，节约投资。因为不同的基址有不同的环境，必然产生不同的景观。将建筑高架在山顶，可供凌空眺望，有豪放平远之感；布置在水边，有漂浮于水面上的趣味（图4-1-3）；隐藏在山间，有峰回路转、豁然开朗的意境；点缀在曲折起伏的山路上，可形成忽隐忽现的多边效果；布置在道路转折处，可形成对景，引导游人行进。

（2）建筑小环境选址的细部处理。对于服务小建筑的选址除了要注意环境条件的大的方面之外，还要多注意捕捉细微的环境因素。要珍视一切饶有趣味的自然景物，一树一石、清泉溪涧，以至古迹传闻，对于造园都十分有用。

构成园林建筑组景立意的另一重要因素是环境条件，如植被、水源、山石、地形、气候等。从某种意义上说，园林中服务小建筑的设计成败往往取决于设计者利用和改造环境条件的得失。在一些城市公园中，往往由于没有现成的风景可资利用，或虽有山林水体等造园条件，但景色平淡，需要凭借设计师的想象力进行改造，以提高园区的景观品质。

平面布置图

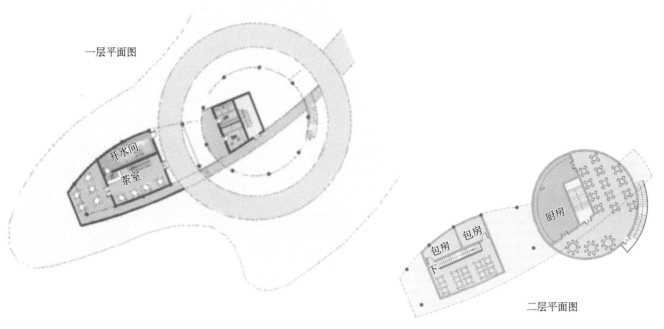

一层平面图

二层平面图

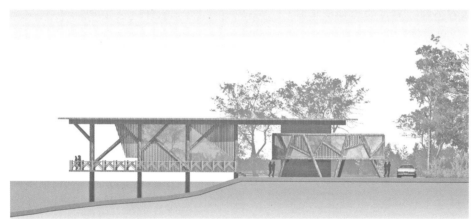

立面图

效果图

图4-1-3 上海海湾国家森林公园水上咖啡屋

服务小建筑 第四章

(三)服务小建筑的环境设计

人们常说园林服务小建筑与环境的关系,应该如同树木生根于土壤之中一样,浑然天成、自然统一。因此,在经过前期的精心选址后,就要仔细地考虑园区内服务小建筑与自然环境的相得益彰,与游人的使用方便等问题。在设计的过程中,园区内自然因素如山、水、植物、动物、气候、光、色、声、大气等总是占着突出、重要的地位。

1.与山势的结合　服务小建筑与山势的结合,常采用一些很巧妙的设计手法,可以借鉴园林建筑与地形结合的几种主要做法如"台""跌""吊""挑"等。(图4-1-4)

2.与水体的结合　中国古典园林常用灵活多变的水体来丰富景观。如服务小建筑与水接近,可将其点缀于水中的孤立小岛上,成为水面一景;还可临岸布置,以三面临水效果最佳;也可跨越河道、湖泊、溪涧等,一般兼有交通和观赏的功能;有些直接建于水面之上,与水面紧密结合,使游人与水有亲密的接触。南京白鹭洲公园滨水景观体现出建筑轮廓线丰富的起伏变化。(图4-1-5)

图4-1-4　与山势结合的做法

3.与植物的结合　服务小建筑可建于大片丛植的林木之中,若隐若现,令人有深郁之感。正如欧阳修在《吴学士石屏歌》中所言:"空林无人鸟声乐,古木参天枝屈蟠。下有怪石横树间,烟埋草没苔藓斑。"恰如苏州留园中的舒啸亭、沧浪亭中的沧浪亭、拙政园塔影亭等,皆四周林木葱郁,枝叶繁茂,一派天然野趣。夏日林间浓荫遍地,微风袭人,日隐层林,鸟啼叶中,沉幽若深山,旨在为服务小建筑创造出一种清新闲逸的环境气氛和质朴天然的幽雅情趣。

服务小建筑要注意与植物的季相变化相适宜,也要注意建筑造型与植物形态的搭配关系。关于植物配置对园林建筑的作用,《杭州园林植物配置》(朱钧珍等编著,1981年)曾总结为五个方面:突出建筑主题、协调周围环境、丰富艺术构图、赋予景观季候感、完善建筑功能。

三、影响服务小建筑设计的因素

服务小建筑的设计主要通过安全性、美观性、舒适性、通俗性、材质感、识别性、和谐性、地域性和文化性等很多方面,来诠释服务的人性化原则。由于地理文化、民族与历史、传统与宗教信仰、使用环境和使用者的不同,人性化特征的表现因素也不同,应当分析和利用这些因素,来推动与促进服务小建筑的人性化设计。因此,可从自然环境、人文环境、地域文化、使用人群等因素来分析服务小建筑设计。

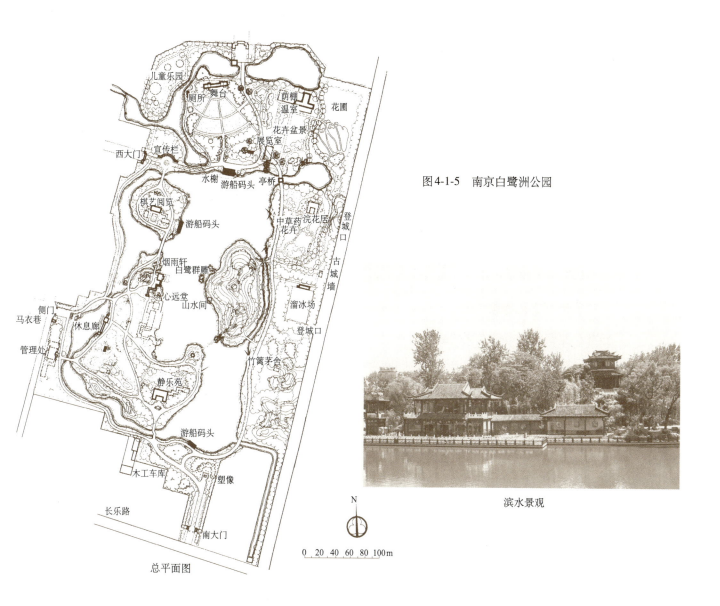

图4-1-5 南京白鹭洲公园

(一)自然环境因素

服务小建筑的设计应考虑到周围的自然环境,注意服务小建筑与自然环境的和谐统一。既要顺应自然环境,又要有节制地利用和改造自然环境,通过人性化设计这一平台,达到"天人合一"(自然环境与人生活的和谐统一)的结果。济南黑虎泉边的电话亭、书报亭等服务小建筑,建筑风格古色古香,体现着泉城的深厚历史文化,标志醒目,色彩与环境和谐统一。这些设计既巧妙地利用了自然环境,又方便了游客的日常使用。

服务小建筑的设计还要考虑到地域气候的影响。如北方气候干燥寒冷,因而北方的服务小建筑材料应多采用具有温暖质感的木材,色彩要鲜艳醒目,以调剂漫长冬季中单调的色彩,使人们在寒冬中感受到心理上的温暖和视觉上的春天;南方温热多雨,选材要注意防潮防锈,多为塑料制品或不锈钢材料,色彩上也以亮色调为主,使人们在温热的季节中体会到清新之风。

(二)人文环境因素

在进行服务小建筑功能及造型设计之初,重要的是对其服务范围内的文化意蕴和民族风情进行解读。人文环境主要从建筑和景观两个方面考虑。

一方面，中国地域辽阔，各个不同地区在历史发展中形成了自己独特的建筑风格。如北京的四合院、黄土高原的窑洞、江南水乡的粉墙黛瓦、福建的客家土楼等。在这些不同建筑风格的园区环境中，为了不破坏原有的建筑风貌，设计服务小建筑时就必须在服从整体的前提下，从环境中抽取出诸如形态、色彩、文化等隐含的符号因素，组合到服务小建筑的设计中去。

另一方面，服务小建筑与城市景观是相辅相成的关系。服务小建筑参与城市景观构成，是景观规划中灵动的元素。服务小建筑应当与城市景观和谐一致，它既要丰富城市景观文化的内涵，又要创造优美的环境。因此，从某种意义上说，服务小建筑就是城市景观，它体现着城市的文化内涵，反映出居民的人文精神，在城市空间环境中发挥着极其重要的作用。

（三）地域文化因素

服务小建筑作为一种文化的载体，它记录了历史的发展，传承了文化的命脉。东方与西方、国家与国家、城市与城市、城市与农村之间的生活方式存在着差异。不同的生活方式体现着不同地域的文化，并表现为人们不同的生活习惯，而作为为人们社会生活服务的服务小建筑自然就会受这些不同生活方式、不同地域文化的影响。

对于经济型大都市与文化型城市，服务小建筑的设计要在满足功能的同时，体现出不同的城市风貌和地域文化内涵，让人们时常受到文化的熏陶。当服务小建筑在造型和色彩设计过程中充分考虑到这些地域文化差异因素时，才能设计出符合各地自身的、具传统特色的、人性化的服务小建筑，才能使其和环境融为一体，才能体现出人性化并受到人们的喜爱。地域文化是历史的传承，蕴含在历史的发展中，融会在人们的思想里，地域文化的发展推动了历史的发展。

（四）服务对象因素

园区中的服务小建筑设计应该从研究游人的需求开始，以满足游人休闲欣赏和生理需要功能为主，充分发挥方便游人和美化园区的重要作用。

首先，游人是园区服务小建筑的使用主体，因而应根据游人群体中老人、儿童、青年、残疾人等不同的行为方式、活动特性与心理状况的需求进行设计。如在园区的人行道上开辟盲道，在入口楼梯两侧开辟轮椅通道，这些都是考虑到残疾人需求的设计。但是，如何在园区服务小建筑中兼顾不同使用人群的需求，如何使他们在使用设施时感到方便、安全、舒适、快捷，是设计师进行人性化设计时应该考虑的问题。服务小建筑设计首先要求设计师能够自觉关注社会弱势群体的需要。

其次，要求严格按照人机工程学等理论知识进行设计，体现出服务小建筑功能的科学与合理性。如售货亭的窗口高度的选择，太高和太低都不便于人们购物，同时还要考虑防雨措施以及便于清洁等。

再次，要求设计师具有一定的美学知识和艺术形式的大众诠释能力。服务小建筑是城市景观中重要的组成部分，除了发挥其本身的服务功能外，还要体现其装饰性和意象性。因此，设计师常通过造型、色彩、材料、工艺、装饰、图案等设计元素，进行构思创意、优化方案、构造营建，创造出满足游人使用及审美需求的服务小建筑。当然，服务小建筑的创意与视觉意象，还直接影响着城市整体空间的规划品质，这些建筑虽然体量都不算大，却与公众的生活质量息息相关，与城市的景观密不可分，并忠实地反映了一个城市的经济发展水平、文化水准及社会的审美趋势。

随着社会的发展，人们生活方式、思维方式、交往方式等也在不断地变化，人们在渴望现代物质文明的同时，也渴望着精神文明的滋润，服务小建筑不仅给人们带来生活的便捷，而且也满足了人们的社会尊重需求，更让人们在使用中感受到舒适自在，并从体味生活的愉悦转化为对美的永恒追求。

第二节　游船码头设计

在一些具有大面积水域的风景区或城市公园内，常设有水上景点或水上活动设施，需要通过水上交通工具才能进行赏景和游憩。用以满足水上游览船只停靠、上下游客的建筑就是游船码头，它既是服务建筑，又是点景建筑，还是位于水边的游览休息换乘点和活动中心。

一、游船码头的选址

（一）影响游船码头选址的因素

游船码头的选址应考虑的问题相对比较多，从以下几个方面进行分析：

1. **自然条件**　游船码头的选地应注意风向、日照等气象因素，避免将其置于风口处而造成船只停靠不便和夏季高温，还应避免夕阳以低入射角光线照射水面时产生的水面反光对游人眼睛的强烈刺激，造成游船使用十分不便。更应注意将游船码头置于空间位置突出、视觉识别性好且交通路网发达的位置，最好靠近一个园区的出入口，便于游人的大量集散。

2. **水体条件**　游船码头属临水建筑，其功能及作用都要通过水体来展现。简单地说，就是要在选址之初考虑园区内部水体的大小、水流、水位等情况，若在水域面积较大的水体空间中，游船码头应设在避免风浪冲击的湖湾中，以便于船只停靠，若水体小，应选择较开阔处设置游船码头。

3. **景观条件**　游船码头是公园或风景区中引人注目的小型服务建筑之一，位于水陆交接地带。从游船码头选址开始，设计师就应注重利用空间景观的借景、对景和考虑建筑本体的景观性，使游船码头既可观景又可成景。例如，在宽广的水面中应有景可对，在狭小精致的水体中，水面应争取较长的景深与多重的视景层次，以取得小中见大、空间深邃的效果。

在一些规模较大的公园绿地中，常对水上活动和码头进行统一的管理。而一些中小型的水上游览和游乐设施，多设在滨水景点处，往往位于滨水主要游览路线的转折点，或位于开阔水面的一侧。其布局要处理好动、静分区，处理好流线与视线的关系，不能冲淡园林的静谧气氛。选址考虑用地要平坦或为缓坡地，并注意避风，以免风浪对船只产生袭击、给游人上下船带来危险。（图4-2-1）

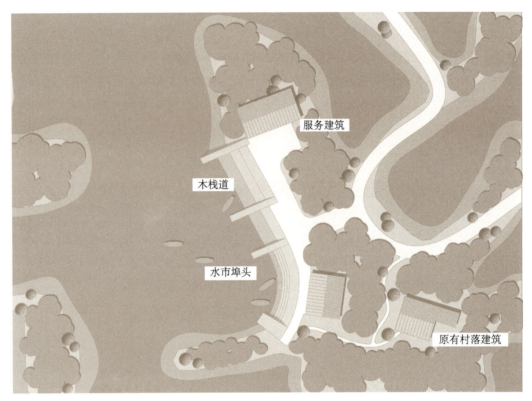

图4-2-1　某游船码头的位置图

（二）游船码头的选址要点

1. 对于水域面积较大的风景名胜区　水路也成为主要交通观景线，一般规划3～4个游船码头（数量可根据风景区的大小和类型灵活确定）。选址一般在主要风景点附近，便于游人通过水路到达景点，码头布局和水上路线应便于展示水中和两岸的景观。同时，码头各点之间应有一定的间距，一般控制在1km左右为宜；还要与园内其他景点有便捷的联系，选择风浪较平静处，不能迎向主要风向，以减少风浪对码头的冲刷和方便船只靠岸等。

南京莫愁湖公园的游船码头紧靠入口，面临宽阔的水面，云影、波光亭是其对景（图4-2-2）。上海长风公园的码头紧邻公园主要游览道路，背山面水，视野开阔（图4-2-3）。

2. 对于水域面积较小的城市公园　一般依水面的大小设计1～2个游船码头，注意选择水面较宽阔处。为防止游人流动线的逆向行走，游船码头多靠近一个入口。并且要通过水体形状的调整，形成较深远的视景线，达到视野开阔、有景可观的效果。还要注意该点的选择在便于观景的同时，其自身也应该是一个好的景点。

例如，北京陶然亭公园码头南侧是宽阔的水面，附近有双亭廊等景点，西北向做地形处理，面水背山，形成良好的小气候，视景线深远，中央岛、云绘楼、花架、陶然亭、接待室等均可作为借、对景，并且与东大门及北大门均有便捷的联系（图4-2-4）。合肥逍遥津公园水域宽阔，湖中的逍

图 4-2-2 南京莫愁湖公园总平面图

服务小建筑 第四章 // 199

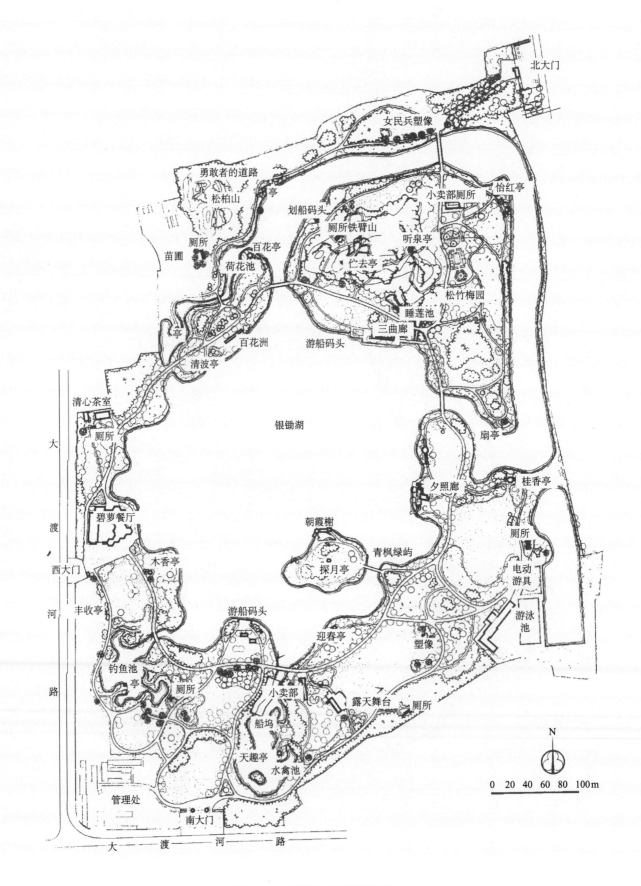

图 4-2-3 上海长风公园总平面图

遥墅、湖中三岛可作为码头的对景，附近有茶室、展览馆等景点，视景线也较长（图4-2-5）。上海杨浦公园将码头定位在避风的港湾处，且有较宽阔的水面，西部的月洞桥可以作为对景（图4-2-6）。天津水上公园码头选址在正入口的一侧，起到水上观光游览、组织交通的作用，面临宽阔的水面，朝南，湖心岛成其对景（图4-2-7）。西安兴庆宫公园码头选址在正入口的中心轴线上，面临宽阔的水面，附近有缚龙堂、茶室等景点，远处的西山岛、兴庆楼是其对景（图4-2-8）。上海虹口公园码头选址在公园中央位置，主要游览道路的一侧，方便游人使用（图4-2-9）。

图4-2-4　北京陶然亭公园码头

图4-2-5　合肥逍遥津公园码头

图4-2-6　上海杨浦公园码头

图4-2-7　天津水上公园码头

图4-2-8　西安兴庆宫公园码头

图 4-2-9 上海虹口公园总平面图

二、游船码头的功能及组成

游船码头是游人陆上游览与水上游览的上下船换乘点，同时兼有游人休息、等待、眺望以及游船设施维护管理的功能。

游船码头设计可繁可简，位于公园中的游船码头一般比较简单。但设在风景区的水路入口或景区游览线上的码头，类似于较大型的游船停靠的轮渡码头，该类码头较一般轮渡码头规模更大，功能更为复杂，布置需考虑的因素更多，同时也应将其视为风景建筑来对待，侧重考虑造型设计。

一般风景区和城市公园中的小型游船码头，基本是由售票室、管理室、储藏室、休息等候廊等组成。小型游船码头实际上只有售票室兼值班室、厕所、维修储藏室、等候露台等主要空间即可满足使用要求。但有些规模较大的游船码头，接待任务较重，根据功能需要可增加职工休息室、卫生间等。如果功能再复杂一些，就要增设接待室、茶室、小卖部等。当然有些游船码头的设计也可简化，有时一个临水花架、水榭、平台均可以作为一个简化的游船码头使用。

典型的、功能全面的游船码头按平面功能可以分成三个部分：管理区（售票室、办公室、休息室、厕所、维修储藏室）、游人活动区（休息亭廊、小卖、储藏室、茶室）、码头区（登船平台、维修场地）。办公室、休息室、管理室可合为一体布置。

（一）管理区的功能及组成

1.**售票室、检票室** 多数采用大高窗形式，在设计时应注意：一是窗体的朝向，应尽量避免西向，如果朝西向最好在窗体前设置遮阳棚，而且售票、检票室要和办公室联系紧密；二是室内通风，最好有穿堂风；三是售票室大多兼顾售票、回船计时退押金、回收船桨等功能，设置面积一般控制在 $10 \sim 12m^2$；四是检票室在人流较多时，突出其维护公共秩序的必要功能，设置面积一般控制在 $6 \sim 8m^2$，有时也可以采用检票箱或活动检票室的形式，方便、灵活且节省造价。

2.**办公室** 其位置应选择在和其他各功能节点有便捷联系的地方，是管理区的主要房间，设置面积一般控制在 $15 \sim 18m^2$。设计时要注意室内空间应宽敞，通风采光应较好，并要设有办公接待用的家具，如沙发、办公桌椅等。

3.**休息室** 为职工休息专用，应选择在较僻静处，也要有较好的朝向，通风采光较好，设置面积一般控制在 $10 \sim 12m^2$，并且和其他管理用房有便捷的联系。

4.**管理室** 主要用于播音、存放船桨和对外联系用，设置面积一般控制在 $15m^2$。

5.**厕所** 为职工内部使用，选择较隐蔽处，设置面积一般控制在 $5 \sim 7m^2$，并且应和其他管理用房联系紧密。

6.**维修储藏室** 主要用于对各类游船设备的检修维护，同时还兼顾存放船桨或存储与游船相关的设备设施等功能，其位置应尽可能靠近水边的码头，上下水较容易。

（二）游人活动区的功能及组成

游人活动区主要包括休息亭廊、小卖、储藏室、茶室等建筑，可结合亭、廊、榭等园林游憩建筑，根据园区环境、建筑规模和水域特色，决定其组合形式。主要是创造一个供游人休息停留的空间，有时可以设一个内庭空间。建筑可结合水池、假山石、汀步进行布置，既作游人候船用，也供一般游人观景休息用，同时常与亭、花架、廊、榭等游赏型建筑组合成景。

（三）码头区的功能及组成

候船的露台供上下船用。码头区的面积应根据停船的大小、多少而定，一般高出常水位30～50cm，并且应尽可能紧贴水面以有亲水感。集船柱桩或简易船坞也是设计内容之一，主要为方便游船停靠，并且具有遮风避雨的保护功能。

有时码头区规模较大、较复杂，可结合茶室、小卖布置，一方面丰富游客活动的内容，另一方面也可提高经济效益，是"以园养园"的良好形式。

三、游船码头的设计

（一）平面布局设计

1. 功能与平面空间关系　通常较复杂的码头平面按功能进行分区，大的方面可以分成三个大区：管理区、游人活动区、码头区（图4-2-10）。管理区包括售票室、办公室、休息室、厕所、维修储藏室，游人活动区包括休息亭廊、小卖、储藏室、茶室，码头区主要是等候露台。

2. 平面布局要点　平面布局时应注意将整个码头视为一个建筑整体，统一布局。管理区用房之间联系要紧密；售票、小卖区应和游人休息区直接联系，游人购票后可方便候船并能直接到达登船平台。平面组合时，在满足面积要求的前提下，运用平面构成的有关知识进行组合和划分空间，但应有一定的设计母体，做到既统一又有变化，并尽可能达到一个合适的比例，如黄金矩形、方根矩形、勒·柯布西耶模数体系等比例关系。各种形体组合时应首先满足功能使用，形体之间应有一定

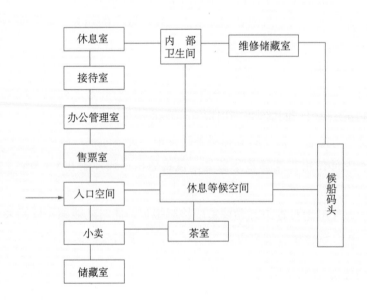

图4-2-10　码头各功能空间关系

的几何关系，如方和圆、大与小、纵与横的组合，做到平面设计富有理性和秩序性，并应注意平面的开合收放变化，形成一定的对比关系。

3.流线组织　　流线组织中应将游人的活动路线作为主线，工作人员的活动路线要避开游人的活动路线和活动空间，以免互相干扰，特殊情况下管理区可单独设置入口。

规模较小的游船码头适于采用开放型的管理方法：上下船人流不进行分流，游人凭票上下船，这样能减少管理人员的数量，但游人较多时易造成管理混乱。规模较大的游船码头适于采用集约型的管理方式：设检票处，将上下船人流分开，管理较有序，这种方式需增加管理人员的数量。

登船平台上人流应避免拥挤，最好能将上下船人流分开，以便尽快疏散。平台要有适宜的朝向和遮阴措施。平台的长度不小于两只船的长度，并留出上下人流和工作人员的活动空间。

（二）立面造型设计

1.立面造型方法　　游船码头立面造型多借用中国传统园林中的水榭或常见的民间码头。选址与水相接，设计时应注意尺度的大小和空间的组合，特别是要协调好与岸线的关系。造型要求错落活泼、轻盈漂浮、色彩淡雅，充分考虑水上观赏效果。

立面造型应线条丰富，对于码头来讲本身要成景，应具有一定的风景建筑的特点；造型充满变化，有虚实对比关系，并注意运用立体构成的有关知识进行形体的加减、组合，使形体丰富。另外各空间的室内外地坪应有变化，如水面和池岸的高差较大，可做上下层的处理（从池岸观是一层，从水面观是二层）或设置台阶式，建筑低临水面，有一定的亲水感。屋顶变化也应丰富，平、坡屋顶均可，二者组合有立面上的对比关系，使立面高低错落，平屋顶的水平线条和水面的波浪线条构成协调。设计时，还应了解水位的高程（常水位、最高水位、最低水位），以确定码头平台及相关建筑的标高。（图4-2-11）

图4-2-11　嘉兴游船码头

(引自禾下建筑社)

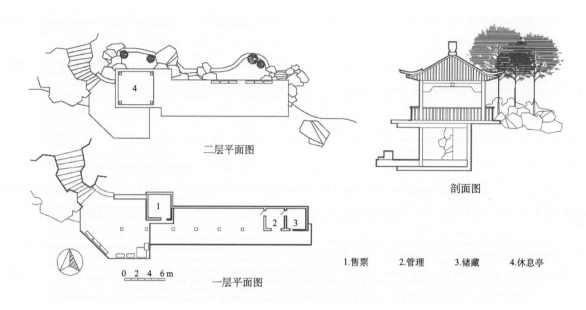

图4-2-12 北京紫竹院公园码头

图4-2-13 广州起义烈士陵园公园码头

2. 立面设计实例

（1）北京紫竹院公园码头。此处水陆高差较大，码头面水做二层，面陆做一层，上层供游人休息停留，下层为售票、管理、储存、靠船平台空间，功能布局合理，竖向设计有特色，造型也有园林特色。（图4-2-12）

（2）广州起义烈士陵园公园码头。该码头采用简化了的传统建筑语汇，以登船平台和游廊组合，与陆地分开，将码头与候船休憩功能有机结合，是游船码头设计的常用方法。（图4-2-13）

（3）北京玉渊潭公园游船码头。竖向设计有特色，休息等候和登船平台分层，立面造型新颖丰富，平面布局简单，屋顶风格统一。（图4-2-14）

以上码头都是功能齐全完备、造型有新意、风格现代统一的佳作。

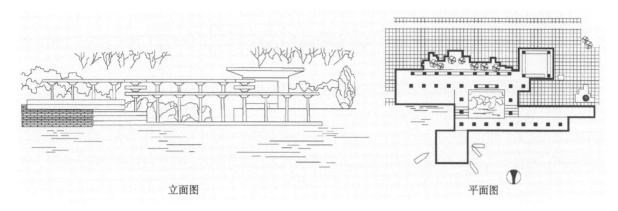

立面图　　　　　　　　　　　　　　　　　平面图

图4-2-14　北京玉渊潭公园码头

图4-2-15　驳岸式码头

（三）其他要素设计

1.泊船形式设计　游船码头泊船形式决定了游人上下船的行动方式，一般视环境、游人规模和水陆条件而定。

（1）驳岸式。如果园区内水体不大，常结合池壁修建，将石砌驳岸凸出水面，垂直岸边布置；如果园区内水域面积较大，可以平行池壁进行布置；如果水面和池岸的高差较大，可以结合台阶和平台进行布置，游人可利用岸边台阶上下游船。这种方式易于施工、码头坚固，但游人上下船不方便，建筑本体的景观效果不佳。（图4-2-15）

（2）跳板式。岸上向水面探出跳板，主要用于水面较大的风景区。跳板式可以不修驳岸，直接将码头挑伸到水中，拉大池岸和船只停靠的距离，增加水深。其特点是：造型轻巧活泼，施工简便，是节约建造费用的较好形式，但不适合水面高差变化大的水体。（图4-2-16）

（3）浮船式。对于水库等水位变化较大的风景区特别适用，一般多为金属浮船，随水面上下起伏，游船码头可以适应不同的水位，总能和水面保持合适的高度。其特点是：易于游人上下船，管理较方便。

2.建筑风格塑造　游船码头的建筑风格既要和整体环境的建筑风格相协调，又要有码头建筑的独特个性，展示出飘逸而富有动感的特色（图4-2-17，图4-2-18）。同时，建筑形式可以是现代的，也可以是仿古的；可以是中式的，也可以是欧式的，或者采用当地民居建筑的风格。如屋顶造型常借用船帆、桅杆、飞禽翅膀、波浪等形状，加以装饰提炼，做成帆形、折板顶或圆穹顶等造型。例如，沈阳南湖公园游船码头"不系舟"的设计，造型犹如一个即将起航的华丽游艇停泊在碧绿的湖面上，迎接广大游客的到来。

3.建筑组群与植物配置设计

（1）建筑组群设计。空间联系完善的细部设计是游船码头整体效果的有效组成部分，将其作为一个建筑组群来对待，在从整体上进行空间关系把握的同时，可以结合游人等候活动设置内庭空间，在其中布置一些宜人的雕塑、壁画、汀步、置石、隔断等园林建筑小品。

（2）植物配置设计。游船码头应结合水景，选择耐水湿树种，如垂柳、大叶柳、旱柳、悬铃木、枫香、柿、蔷薇、桧柏、紫藤、迎春、连翘、棣棠、夹竹桃、丝棉木、白蜡、水松等植物进行配景美化，池边水中可点缀菖蒲、花叶菖蒲、荷莲、泽泻等水际植物，更富有自然水景气氛。但应注意植物配置不能影响码头的作业。

图4-2-16　跳板式码头

图4-2-17　码头建筑设计与环境相融合　　　图4-2-18　码头建筑设计与地域风格相统一

4.安全性设计　码头建筑是临水设施,因此必须注意建筑设施的安全性。另外,游人客流量大,儿童使用的机会较多,还要设置必要的告示栏、栏杆、护栏等安全宣传及保护措施。

四、游船码头实例

(一)澳大利亚弗里曼特尔渔船港

弗里曼特尔渔船港是一个商业码头,建于1919年,建造有300m的防波堤,可为渔船提供锚地。这是一个非常受欢迎、充满活力的空间,它为弗里曼特尔渔业提供了大型遮蔽系泊区、长达60m的船只码头空间、加油设施和支持服务及渔船港独特的游乐体验。这个繁忙的渔民工作港口与各种类型的餐馆和著名的啤酒厂Little Creatures完美融合,具购票、候船、办公、餐饮娱乐等功能,游人可在渔船港的独特景点悠闲漫步,欣赏各个方向的壮丽景色。(图4-2-19)

图4-2-19　澳大利亚弗里曼特尔渔船港

（二）国外某游艇码头

该码头采用栈桥与休息亭相结合的手法，由岸边、沙滩伸入水面，一方面可以避免游艇搁浅，另一方面增加登艇趣味，并起到丰富岸线景观的作用。此游艇码头坚固、实用、泊位多，可满足游艇的日常停泊功能及游人休闲体验需求。（图4-2-20）

图 4-2-20　国外某游艇码头

第三节　游览索道站设计

游览索道是大型公园和风景区中为解决游览路线高差过大、路途过长、游人体力不足而专门建设，服务游人的一种交通工具，也是观光和空中游览的重要方式，尤其是在大型山岳风景区、海岛风景区、滑雪场等地索道更为常见。游览索道设计以保护风景、方便旅游为原则，其线路和站址的选择，应与公园、风景区总体规划相结合。

由于游览索道设计专业性很强，其技术设计可以参照《架空索道工程技术标准》（GB 50127—2020）。这里只探讨与园林规划设计有关的索道选线与站房设计内容。

一、游览索道选线

游览索道线路一般选址在大型公园或风景区游览路线的中段，也就是地形高差变化较大、景色相对单调且位于两个主要游人活动区域的中间地段，这样的索道才能发挥缓解游人疲劳、节省游览时间、方便游人使用的作用。

索道选线时应注意：索道要远离公园出入口和大型人流集散场地，避开主要景区和主要景点，避开主要游人徒步游览路线，以减少游览索道及其设施对园区景观的破坏；一个传动区段的索道线路应为直线，不宜设置转角站；索道的线路要求，纵向坡度不得大于50%，线路变坡处应平缓过渡且不应有反向坡度；索道线路不得与冬季使用的公路或滑雪道交叉，更不宜多次跨越铁路、公路、航道或架空电力线路。

二、游览索道站房设计

游览索道站房是为方便游人上下索道、便于索道设备维护、检修及管理而专门设置的服务小建筑，一般分为下站和上站。

下站位于索道线路的下端，一般选择地形相对平坦、靠近主要游览道路的位置，使游人容易到达且运输条件较好。下站常设置索道的主要动力设备、维修管理设施以及售票、办公、值班用房等建筑，一般索道下站建筑面积不小于300m²。

上站较下站更为简单，一般设置售票和回转用房，建筑面积有100m²即可。上站和下站建筑室内净高不低于5.5m。

索道上、下站房都应单独设置游人的进口和出口，以免游人流动线路互相干扰。同时，索道上、下站房朝向相对一侧需做成开敞式，主要是为了方便索道吊舱的进出。由于乘用索道经常要排队等候，站房在游人进入前要留有宽阔的等候场地，并设置相应的等候设施。

索道站房建筑造型不应过于突出，以隐蔽和协调为主，尽量采用沉稳的色彩、尺度小巧，且通过片石、仿木、仿竹、仿石、喷涂等建筑外墙材料的使用，达到融入园区环境的景观效果。在索道站房周围应多栽植高大乔木、多用复层密植的绿化手法将建筑掩映其中。

三、索道站房设计实例

（一）某海岛风景名胜区大型客运索道站站房设计

该站房设计为长48m，高18m，总建筑面积1 100m²，地上两层建筑。首层为进站大厅及设备用房，二层为站台层。四个出入口分别设于大厅两侧局部突出部分的两端，使人流沿站房纵向进出，以此适应栈桥的狭长空间条件。建筑造型为了与景区的风格相协调，在体形上采取了较小的尺度。在立面颜色及分割上也力图传达出一些传统建筑的神韵。结合海边地形的特点，站房主体建筑剖面为下宽上窄的A字形，即由A字形钢架等间距排列，形成站房轮廓。（图4-3-1）

此造型使站房体量由下至上逐渐消减，力图弱化整个站房的体量；A字形钢架外饰仿木色及木纹理的装饰漆，顶部及底部皆为镂空形式，由海上远眺时，站房酷似海边渔民晒网的木架或者简易木屋，整体风格朴素、自然，与海滨气氛相协调，让整个建筑群体完全融入了景区的自然环境。同时，为了体现交通建筑的现代感，在材料运用和立面构图上又体现了一些现代建筑简洁的风格。

（二）某山岳风景区游览索道站站房设计

为使索道上、下站建筑风格结合山岳风景区景观特点，达到简洁朴实、通透灵活、趋于自然的效果。建筑设计要求与周围环境相融，从视觉上将建筑形体对自然景观的冲击减少至最低。首先，在满足使用要求的前提下，减小建筑面积，上站站房建筑面积为82m²，下站站房建筑面积为130m²。建筑设计采用木石质民居建筑材料，其造型特点是：平顶、木披檐、毛石墙基。建筑风格自然、简洁、厚重，屋顶为木板构筑成的平屋顶斜檐式，下半部分墙体选用当地毛石垒砌，建筑质感体现木石本色，酷似林区小屋。

绿化方面尽可能利用站台周围的坡地、护坡等进行立体种植，栽植常绿和落叶花灌木、攀缘植物。古朴自然的建筑风格点缀了浓绿覆盖的景区，自然山石与毛石墙基融为一体，实现了自然风景与人为建筑的融合，无论远观还是近赏，都能产生建筑与周围山体浑然一体之感。（图4-3-2）

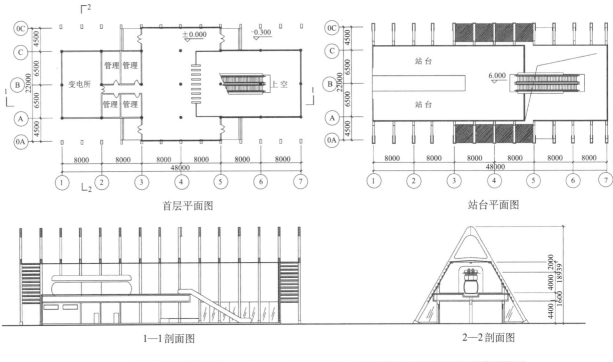

首层平面图　　站台平面图

1—1 剖面图　　2—2 剖面图

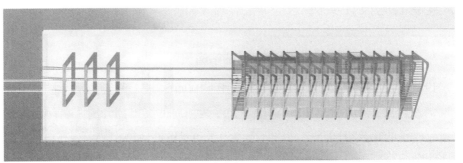

平面图

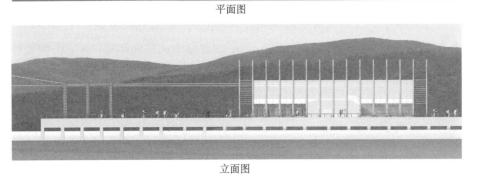

立面图

效果图

图 4-3-1　某海岛风景名胜区大型客运索道站站房

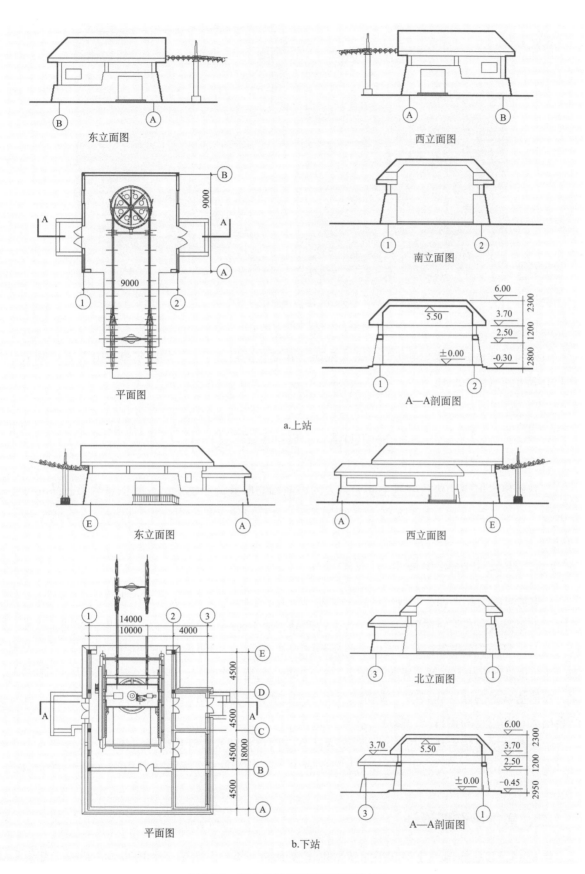

图 4-3-2 某山岳风景区游览索道站站房

图 4-3-3 瑞士铁力士山索道站

国外的一些风景区索道站设计一般采取简洁和简化的设计手法,如阿尔卑斯山索道站和瑞士铁力士山索道站(图 4-3-3)。

第四节 售货亭设计

公园或风景区中的售货亭是主要为游人的零散购物服务的小建筑,有时也兼营工艺品、纪念品和土特产品等。常分散布置于园区主要景点附近,自身也作点景处理,成为点缀环境的重要手段。

一、售货亭选址布局和功能要求

1. 售货亭的功能 在公园或风景区中常设一个或多个售货亭,其数量可依据公园面积和游人数量而定。主要提供游客临时购用的物品,如土特产品、手工艺品、旅游纪念品、糖果、香烟、水果、饮料、电池、报纸、杂志等,有的还供应照相器材、租赁相机、展售风光图片和导游图,以及为游客摄影,同时也具备宣传、讲解、导游等作用,也可为游人创造一个休息、停留、赏景的场所。(图 4-4-1)

2. 售货亭的选址 售货亭一般规模不大,常坐落在主要游览路线的交叉口或广场一隅,有时可结合出入口和附近的接待室、餐厅、茶室布置。

3. 售货亭的售货方式 售货亭按售货方式有室内售货和窗口售货两种,往往一人或二人独立经营,面积 5～10m²。较大的售货亭可设置独立的售货厅和储藏室,面积可达 20～30m²。(图 4-4-2)

二、售货亭造型设计

售货亭因其功能单一使得其平面造型也比较简单。其平面常是一个几何形状或数个几何形状的组合,自点状伞亭起,三角形、正方形、长方形、六角形、八角形以至圆形、海棠形、扇形,由

图4-4-1　公园一隅的售货亭

图4-4-2　某特色售货亭

图4-4-3　博鳌亚洲论坛国际会议中心高尔夫球会小卖部

图4-4-4　瑞士某公园服务部

简单而复杂，基本上都是规则几何形体，或再加以组合变形，形成造型较为活跃的服务小建筑。（图4-4-3，图4-4-4）

利用特色的屋顶材料突出建筑本身是售货亭造型常用的手法，可采用仿茅草的屋面材料（纤维仿茅草、塑料茅草、PVC茅草等），在体现现代建筑环保理念的同时，也能让游客真正体会到接近自然的感受，享受异国的风情。（图4-4-5）

图4-4-5　盐城草房子某售货亭

造型活泼、不拘俗套、个性奇特的售货亭是公园景观的重要组成部分，对整体的点景作用非常明显。（图4-4-6）

同样形状的一个平面，装修的风格、大小、繁简也有很大不同，需要仔细斟酌。或是传统，或是现代，或是中式，或是西洋，或是自然野趣，或是奢华富贵。同是自然野趣，水际竹筏戏鱼和树上寻窝观鸟也有很大差异。（图4-4-7）

所有的形式、功能、建筑材料是处在演变进步之中的，其发展轨迹常常是相互交叉的，必须着重于创造性设计。（图4-4-8，图4-4-9）

图4-4-6　屋顶造型变化的售货亭

图4-4-7　不同风格的售货亭

图4-4-8 售货亭与环境融合，反映出质朴的设计气息　　图4-4-9 售货亭的建筑材料以茅草为主，达到与自然的融合

售货亭也可与亭、廊、花架、花坛连体创造幽静雅致的休闲小空间，以满足游人的多重需要。外观上常以独特的造型和充满个性的色彩吸引游客。独立设置时，本身就是一个点缀环境的小建筑，以引起游人注意，但要求融于公园整体环境中，避免过于商业化和喧闹。

传统售货亭一般用石和木两种材料，可用真材或混凝土仿制。现代建筑外墙常采用片石、仿木、仿竹、充气膜、钢架、玻璃、喷涂颜料以至茅草等饰面材料，达到醒目而不张扬、融入环境的效果。在较大的公园或风景区中，售货亭经常做成标准设计，成为引导游人的标志性建筑，继而成为整体景观的一部分。

三、售货亭设计实例

售货亭设计实例如图4-4-10，图4-4-11所示。

图4-4-10 瑞士苏黎世湖边售货亭　　图4-4-11 深圳观澜高尔夫大道售货亭

服务小建筑 第四章 // 217

第五节　园厕设计

园厕是园林厕所的简称,属于园林景观中的服务小建筑,主要是供公园或风景区内游人使用的厕所,其功能不言而喻。

一、园厕选址

园厕选址离不开对园区功能系统的布点分析,分析图包括总平面的功能分区分析图、车行交通分析图、人行交通分析图、景区游人分布密度分析图、综合布点分析图。在综合分析的基础上,使园厕选址做到合理、方便、易通达、隐蔽且有利于园区环境。

在公园或风景区内常独立设置园厕,也可结合接待室或其他服务性建筑设置。一般面积大于2hm²的公园绿地就应设置园厕。园厕独立布置时,常设在游人集中的景区附近,选择视线可

图4-5-1　园厕与环境

及、环境隐蔽的地方,周围一般有树丛遮掩,距园路不宜太近,以20~30m距离为宜。运用绿化与园厕建筑相互掩映,形成隐约、含蓄、亲近自然之感。(图4-5-1)

二、园厕造型设计

园厕建筑造型应构图简洁明快、灵活多样,常采用圆形、三角形、梯形、长方形等造型,以达到形象与功能的统一。(图4-5-2,图4-5-3,图4-5-4)

图4-5-2　某公园园厕以朴素的建筑与绿化相掩映

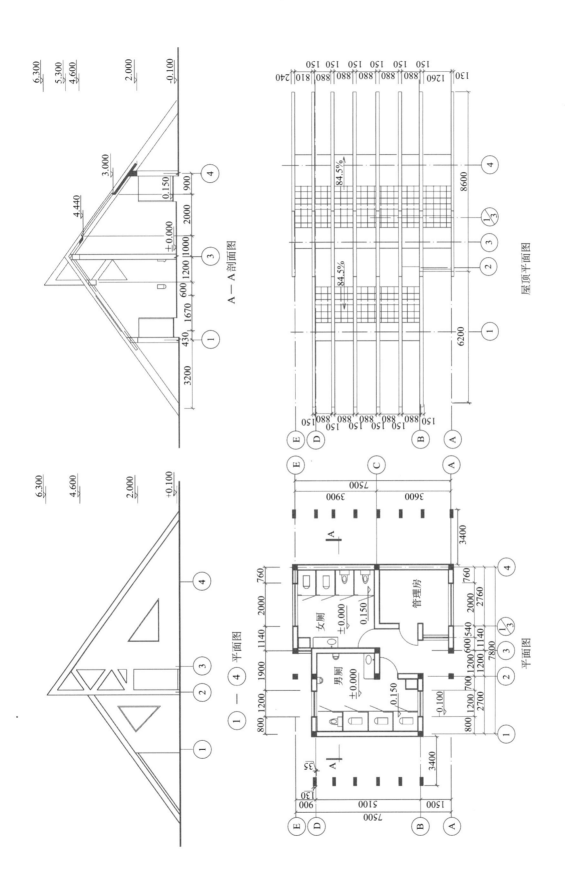

图 4-5-3 某几何造型公园厕所平、立面图

带有雕塑感的几何造型建筑,只要占地面积允许,放在公园草坪边或广场一隅都会产生不错的效果

服务小建筑 第四章 // 219

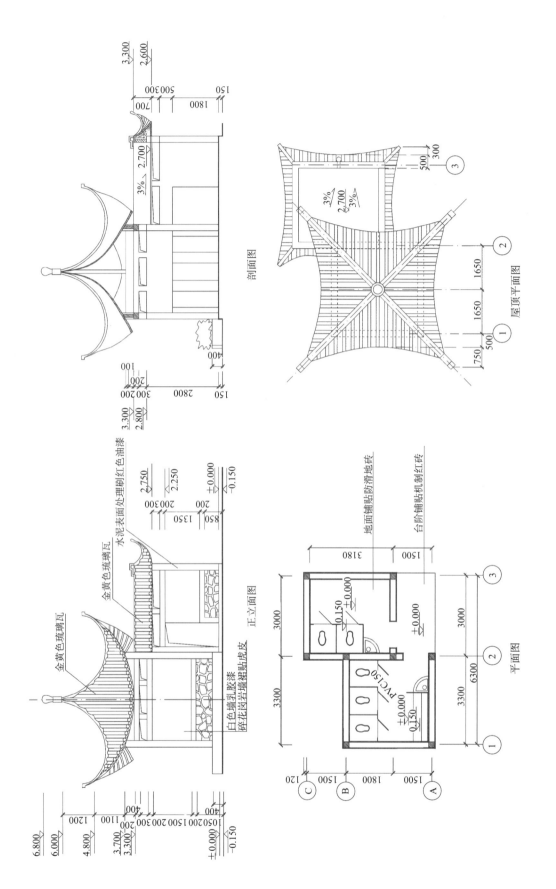

图 4-5-4 某亭廊造型的公园厕所平、立、剖面图
位于江南私家园林内的园厕，应用亭廊造型稍有牵强

园厕建筑也可通过材料质感的对比、色彩的变化及光影效果的处理，丰富其造型，尤其应注意的是园厕外墙材料要相对沉稳灰暗，创造隐约可见的效果。过于鲜亮和突出的园厕会破坏整个公园的景观和游览气氛。如何平衡简洁明快、灵活多样与相对沉稳、隐约可见之间的关系是园厕设计成败的关键。

园厕建筑造型要打破传统公厕统一的"火柴盒"式外形和古板单一的颜色，将古典艺术、园林风景和现代建筑风格巧妙地融进公共卫生间的建设中，让公厕成为一道亮丽的园林建筑景观，建设符合现代社会和谐发展要求的"时尚公厕"。

三、园厕平面设计

园厕虽小，设计上并不简单，要考虑诸多因素。园厕一般是由男、女厕所和管理房组成的。根据《公园设计规范》（GB 51192—2016）的要求，公园面积大于10hm^{2}时，应按游人量的2%设置男、女厕所蹲位（包括小便斗位数）；小于10hm^{2}时，按游人量的1.5%设置；男女厕所蹲位比例为1:1~1.5；服务半径不宜超过250m；各厕所内的蹲位数应与园林中的游人分布密度相适应。

在儿童游戏场附近，应该设置方便儿童使用的厕所（台阶高度不宜超过8cm）。为了方便残疾人使用厕所，最好达到无障碍建筑设计要求，即门扇净宽度大于1.2m，坡道宽度大于0.8m，坡度1/12~1/8，蹲位也应设计有残疾人专用蹲位，符合现行国家标准《无障碍设计规范》（GB 50763—2012）。

小园厕也可以做成组合式建筑，立面造型也颇具现代感。（图4-5-5）

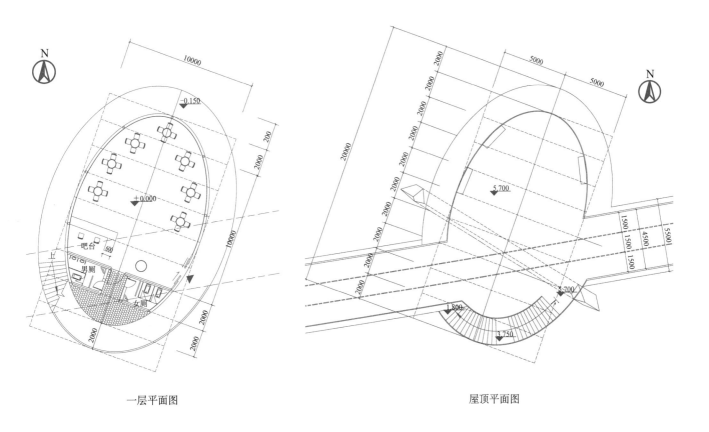

一层平面图　　　　　　　　　　　　屋顶平面图

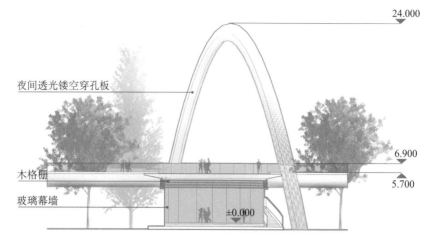

图4-5-4　雨花线性公园组合式园厕

四、园厕设计要求

（一）统一性与个性化

随着建园风格多样性的发展、园区个性的凸显，游人在诸多景观环境中更多地体味和感受时代变迁而带来的生活趣味。当然，园区的多样性风格也导致园区内服务小建筑的风格及功能的多样化。设计师需要运用设计的灵感手段，解决园厕设计的统一性与个性化的问题。

1. 与景观设计的风格统一　园厕不同于单纯的产品设计，要通过与自然环境、人文建筑、园区景观等要素相结合，最终呈献给人的是它和特定环境相互渗透的印象，以此展现园厕设计的精神。如果园厕与这些元素相协调，设计语言短小简练、造型活泼，则会促使园厕设计事半功倍；如果园厕设计过分突出单独载体，就会破坏景观的全局效果。（图4-5-6）

2. 不同景观环境中的个性化

园厕设计在满足实用功能需求的同时，应着力体现人文特色，通过细微的差异性设计提升园林环境的独特性。因此，要考虑所在地区的风格特征，从中找出那些诸如形态、色彩、文化等隐含着的因素，运用到园厕建筑的设计中去，塑造出个性鲜明的现代园厕。

在材质的运用上，应尽量运用当地较为常用的材料，体现当地的自然特色，如非标成品材料的

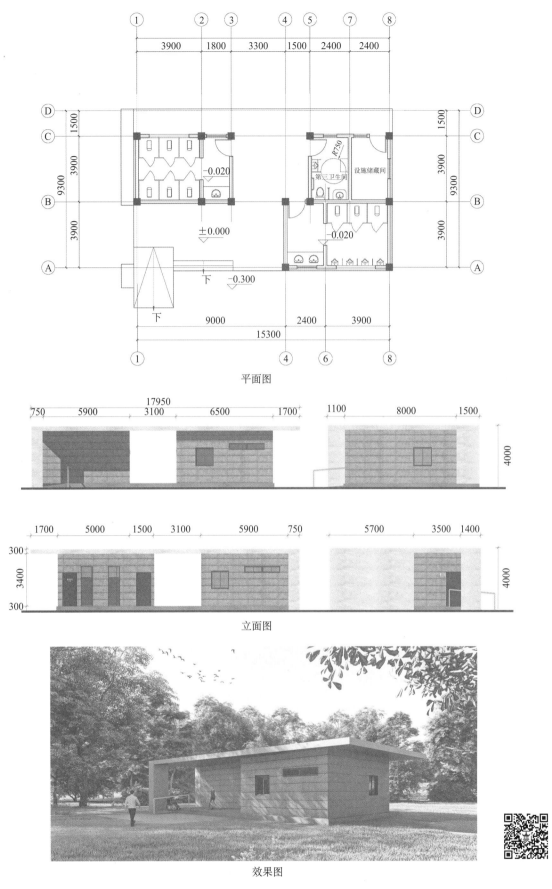

图 4-5-6　东南大学九龙湖校园的厕所

使用，复合材料的使用，玻璃、荧光漆、PVC等特殊材料的使用，实木、竹、藤等的使用。由于材料选用的多元化，易形成具有地方特色、民族风格的艺术空间，将造型创作与文化特征巧妙地融合为一体的园厕设计，可使身居其中的人们获得重返大自然的美好享受。

时尚、现代的园厕不仅要求外形美观，室内配置也要别出心裁。例如，在巴黎咖啡馆"天花板上的椅子"咖啡室的洗手间，厕间的墙上有六个偷窥孔。假如你忍不住好奇去窥探隔壁的动静时，只会见到几头牛在吃草的图画。在"哲学家"咖啡室的洗手间，镜子上写有智力测验题目，甚至在通向隔壁厕间的一扇窗上有一个小图书馆，可是当你伸手想去取书时，才发现图书原来是假的，窗户也是假的。最奇妙的是在一家名为"特莱索咖啡室"的洗手间，透明的马桶内竟有活的金鱼在游来游去，马桶通过奇妙的设计令金鱼藏身在一个安全的内室，不会被冲走。这些厕所通过各种奇妙的小创意，为游客带来了无限快乐与无穷惊喜。这些都值得我们借鉴与思考。除了现代厕所的独立间外，轻音乐、壁画、盥洗台上的一支鲜花可使每个进入公厕的人都获得轻松愉快的感受；衣带挂钩、手纸、洗手液给如厕者以方便；便民箱里配置的针线、药油、指甲钳、婴儿床、休息角等也充分体现出人文关怀的色彩。

（二）实用性与可操作性

园厕设计首先是满足使用功能，在此前提下应视其特点增强审美功能。其次，园厕设计和施工是实在的具体操作，必须能付诸实施，而不应是空洞的、抽象的哲理，园厕设计的可操作性具体表现为园厕安装的可操作性、力学结构的合理性、材料工艺的可实现性和成本核算的实际性等。实用性、可操作性与创造性有时是相互抵触的，但可操作性又是园厕建筑设计最终完成的必要条件，所以园厕设计中要注重实践的可操作性。

有的园厕设计最大特点在于民居建筑的外形，适合建于风景区、林场等地，易于协调自然环境。（图4-5-7）

（三）对气候与人文环境的分析

不同地域之间气候的差异性也会影响园厕建筑的设计。我国南方地区气候炎热、多雨，园厕建筑要注意照明系统的防雨要求，在造型上不宜采用不锈钢等金属材料，可以多用木材以增加亲切感；东北地区冬季漫长，考虑到一年中很长时间都是灰白色背景，园厕不宜采用浅色，而应多采用色彩较鲜艳的玻璃钢材质；西北地区气候干燥少雨，但阳光充足，这为园厕建筑充分利用太阳能创造了条件。

如南京牛首山风景区的游客中心及公厕，屋顶设计为两片菩提叶的造型，结构为钢结构，有明确的意义，在公园一角既醒目，又融入环境之中。（图4-5-8）

此外，不同的地形地貌和气候条件使不同地区具有不同的自然资源。在经济快速发展、人们生活水平日益提高的今天，完全可以利用地方资源，如将竹子一类的传统材料运用到现代园厕建筑中，而不是一味追求材料的科技含量。又如江南、岭南、西南地区有充足的水资源，各地不同的风能、地热等自然资源都可以为设计师合理利用，成为园厕建筑与众不同的个性化特征。人文方面要考虑使用人群的文化修养和人群特征，要考虑到文化水平、职业、年龄、经济等因素对园厕建筑的影响。同时，随着社会文明程度的提高，在园厕设计中体现对弱势群体的关爱，形成设计的无障碍性，为残疾人提供一个平等、和谐的园区服务环境，也是设计中应考虑的问题。图4-5-9是一个比较复杂的园厕设计方案，其中考虑残疾人使用的部分，值得学习和探讨。

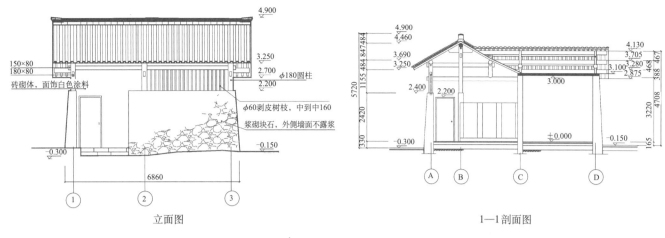

图 4-5-7　民居建筑外形的园厕

图 4-5-8　南京牛首山风景区的游客中心及公厕

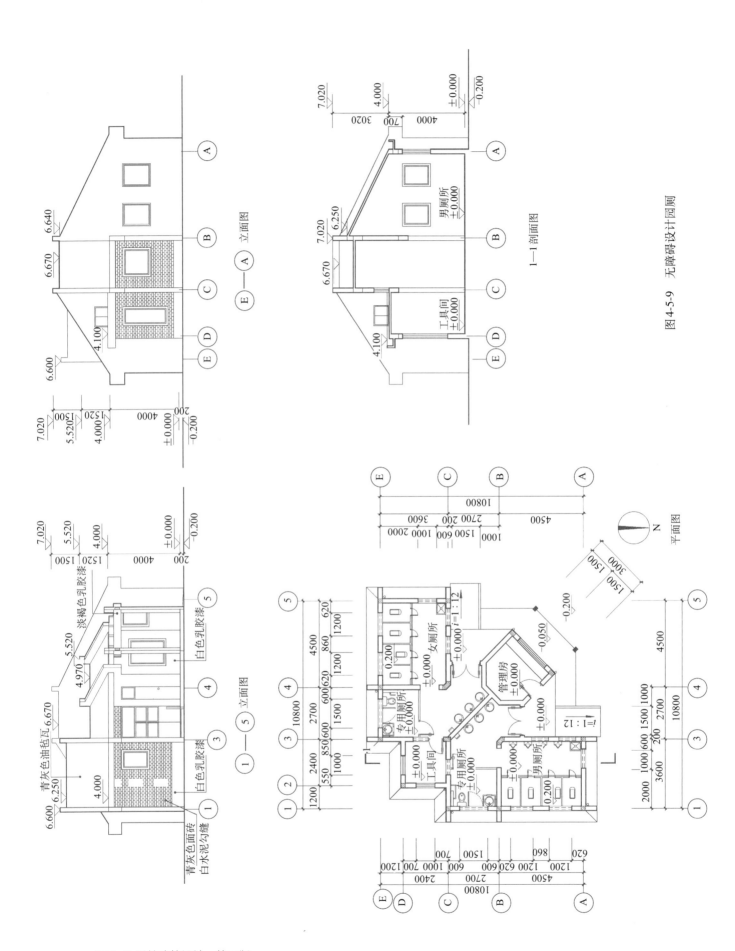

图 4-5-9 无障碍设计园厕

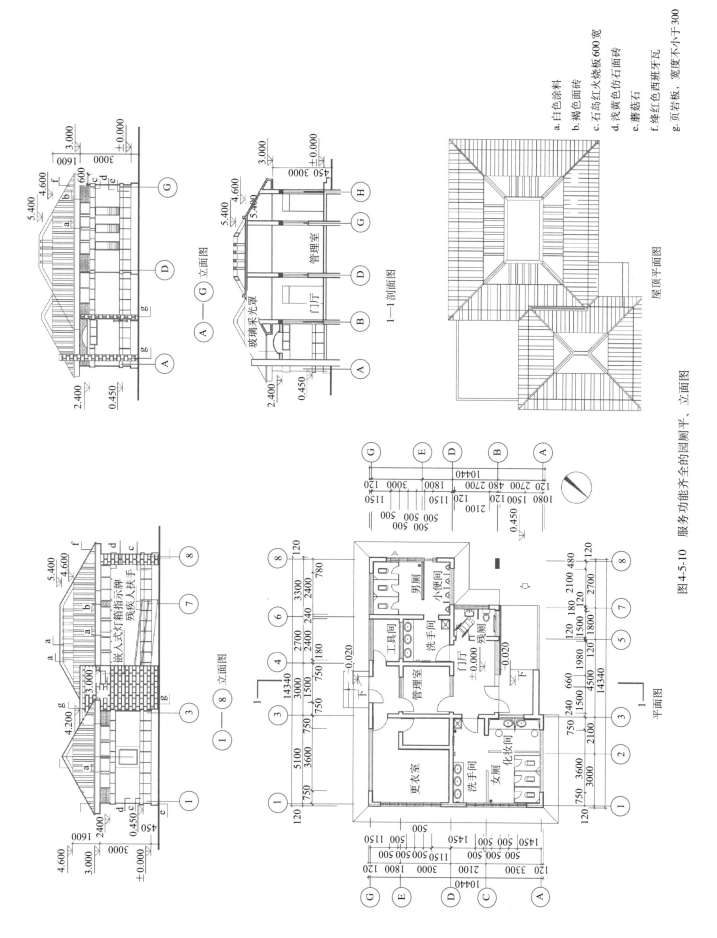

图 4-5-10 服务功能齐全的园厕平、立面图

(四)符合人机工程

园厕的设计是与游人接触使用相关的设计,其具体的尺寸应满足园区内行人查找的方便及使用、观看的舒适性。有的园厕设计面积非常小、功能最简单,但因充分地考虑了人机尺度,特别适合于狭小的环境基址。

有的设计方案是建立在符合人机工程学的基础上,形成一个功能齐全、设施完备、造型简约、具现代风格的园厕建筑,主要用于车站、码头等交通集散场所,是一幢名副其实的服务小建筑。(图4-5-10)

(五)视觉识别性

园厕作为园林中的小型服务建筑也需要借助园林中的指示系统,其在表现形式上应具有广泛的统一性,要统一于视觉识别系统中,应符合国际通行的标准。图案样式采用国际通行的标志,使用符合国家标准的汉语和拼写规范、符合英语习惯书写规范的中英双语文字标志。

图4-5-11所示园厕运用曲线进行构成式的空间围合,形成独立的功能空间,通过统一的色彩及图形标志,为游人提供准确的信息。同时,此厕所的设计在选址的过程中,较好地嵌合于岸边的绿化凹陷区域内,既便于视觉识别,又相对隐蔽,且与交通路线形成有效的衔接。

图4-5-11 几何曲线构成的园厕

五、园厕设计实例

适用于公园的小型厕所还广泛应用于街道、广场、停车场等人流量大的地方,基本要求与园厕大同小异。运用传统建筑的造型与园厕功能相结合,既融于整体环境,又能强调自身的服务性功能(图4-5-12)。古典与现代风格综合、运用自然材料的园厕,将其应用于森林公园能取得不错的效果(图4-5-13)。具有管理和储藏间的园厕方案,墙面颜色可以随基址环境而选择,施工简便(图4-5-14)。

图4-5-12 传统建筑造型的园厕

图4-5-15是一个位于河滨公园中的园厕设计实例,设计考虑到园外行人与园内游客的使用要求,采用贯穿式交通布局,方便两个方向的人流使用。该公厕布局灵活、功能齐全、造型有变化,制图规范。

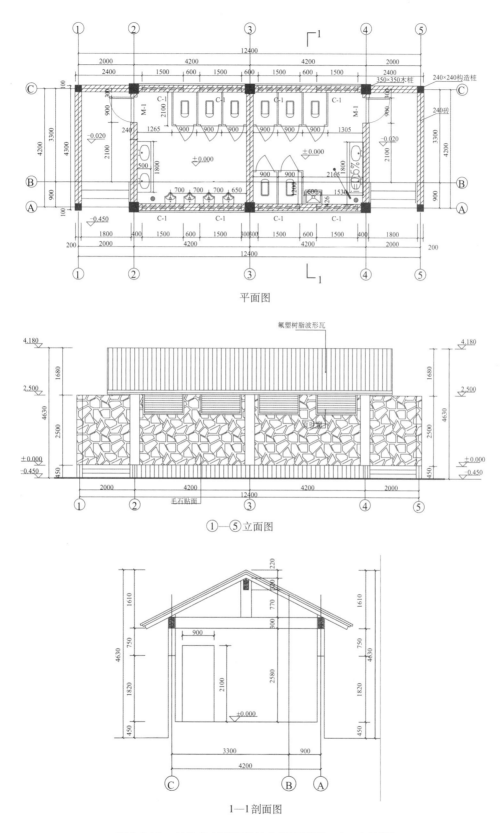

图 4-5-13 南京老山国家森林公园园厕平、立、剖面图

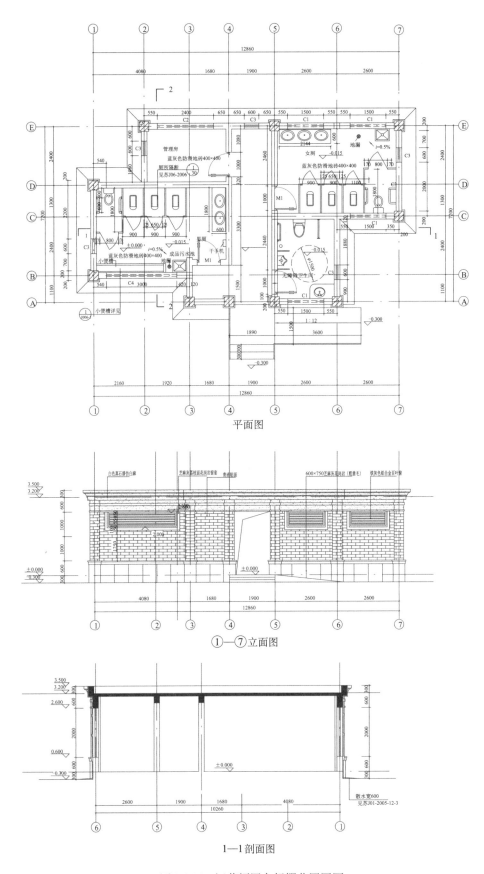

图4-5-14 江苏福冈友好樱花园园厕

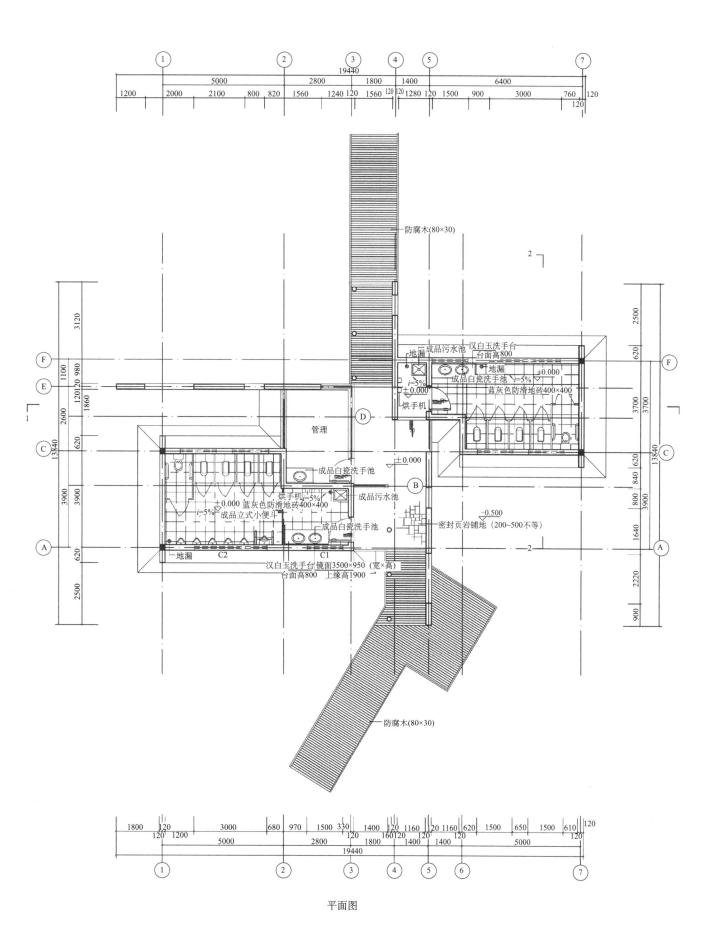

平面图

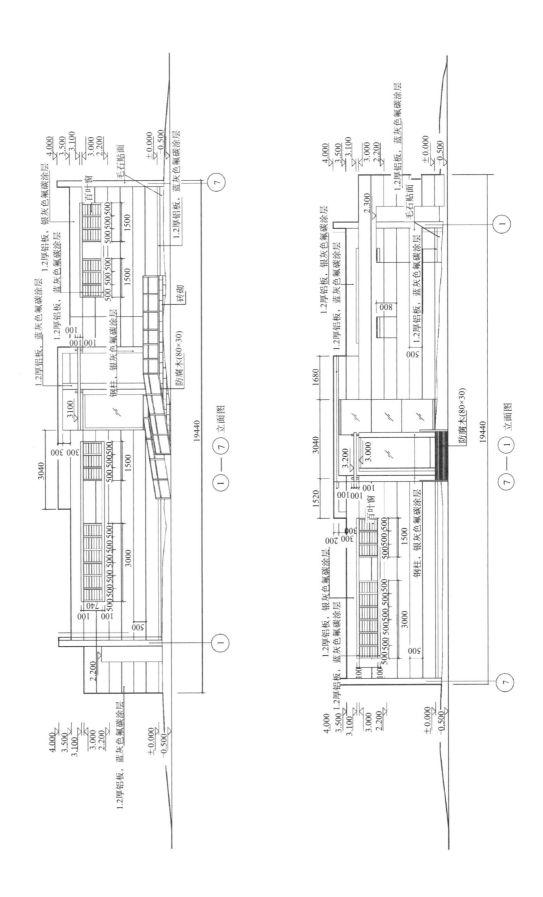

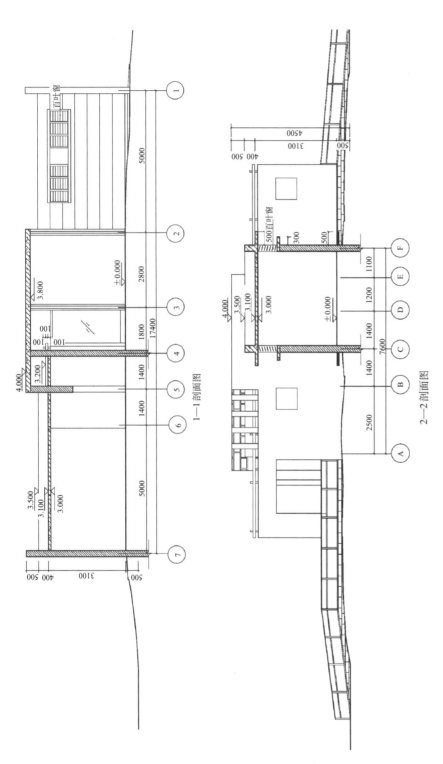

图 4-5-15　某公园园厕设计实例

服务小建筑　第四章 // 233

第五章

餐饮建筑

第一节　餐饮建筑与景观环境

一、餐饮建筑的选址

餐饮建筑作为园林建筑的一种类型，可供游人较长时间停留品茗用膳，现代餐饮建筑往往还设有棋牌、歌舞、洗浴等配套娱乐设施。餐饮建筑的选址与一般园林建筑有类似之处，环境优美且有特色，山地、水体、平地均可，具有良好的景观环境是其共同特征。另外，餐饮建筑选址还应具有相对便捷的交通及货物运输条件，人流相对集中、合理便捷的排污条件等均为餐饮建筑选址必须考虑的内容。景观环境中的餐厅、茶座、咖啡厅等商业服务设施应当统一规划，控制规模，并应结合风景园林规划要求而设计。

景观环境中的餐饮建筑选址极其重要，一方面，建筑选址因势随形，与景观环境充分融合，为环境增色；另一方面，必须切实保护景观环境，避免对景观环境构成负面影响。个性化设计、特色化景观环境及文化内涵是园林餐饮建筑吸引游客的重要因素。此外，还应结合景观环境解决好餐饮建筑出入口、停车、道路、绿化、消防等设计。

南京老山国家森林公园木屋度假区餐厅选址于林木葱茏的坡地上，建筑采用坡顶木屋架，墙面采用块石，风格古朴自然，与周边山地环境相呼应。（图5-1-1）

餐饮是游览观光"食、住、行、游、购、娱"六要素中一个十分重要的环节，就旅游而言，饭店好比是晴雨表，旅游旺，饭店兴。为此2015年国家旅游局制定了《绿色旅游饭店标准》（LB/T 007—2015），绿色旅游饭店（green hotel）以可持续发展为理念，坚持清洁生产、倡导绿色消费，保护生态环境和合理使用资源。其中绿色设计（green design）是指在设计阶

图5-1-1　南京老山国家森林公园木屋度假区餐厅

段就将环境因素和预防污染的措施纳入产品设计之中,将环境性能作为产品的设计目标和出发点,力求使产品对环境的影响最小。在饭店设计中表现为饭店在建筑设计、室内设计和设施配置等方面充分考虑能源节约和生态环境保护,采用先进的技术和材料,使饭店符合绿色旅游饭店的相应标准。其中"绿色设计"包含:

5.1 环境设计

5.1.1 饭店建设应有环境影响评价。

5.1.2 饭店选址和设施应保留和利用地形、地貌、植被和水系,保护生态系统和文化景观。

5.1.3 饭店内外应有良好的绿化设计。

5.2 绿色建筑设计

5.2.1 饭店应对建筑材料和结构体系进行选择和评估,有对建筑的体量、体形、平面布局、外围护结构进行节能设计,减少建筑能耗。

5.2.2 饭店应积极采用太阳能、风能、生物质能和地热等再生能源。

5.2.3 饭店应积极利用周边企业余热、废热;采用冷热电联供、集中供热等能源利用方式。

5.2.4 饭店应充分考虑建筑的热、声、光环境以及室内空气质量,综合设计、配置设备,创造舒适、健康的室内环境。饭店室内温度、照度水平符合GB/T 12455,噪声水平符合GB 50118。

5.2.5 饭店应有节水系统设计,降低水资源消耗,坐便器符合GB 25502。

6 能源管理要求

6.1 基础管理

6.1.1 饭店应建立耗能设备分类与计量仪表台账。

6.1.2 饭店应建立能源统计、分析工作制度,定期编制能源使用的分析、改进报告。

6.1.3 饭店应建立能源管理制度和设备操作规范。

茶室作为茶文化的载体,具有脱俗的特征,所谓茶禅一味。景观环境中的茶室有多种类型,依据饮品种类的不同,有茶室、咖啡厅、冰室等,有的茶室还可供应简餐,即具备简单的就餐功能。由于建筑体量相对于餐厅通常要小,因而茶室建造常便于选取山水佳境,依山傍水而筑,茶室建筑往往多与庭院相结合。我国的《茶疏》中提倡茶室应"高燥明爽"、避免"闭塞",这是传统的茶室设计应当考虑的基本景观特征。

位于日本京都市北区上贺茂中山町的小川流三清庵是当代的具有煎茶茶风的茶室。它建成于1993年,是由当代家元亲自设计的。三清庵占地面积1 000m^2,建筑面积560m^2。二层建筑中包括和式建筑和中国式茶室。庭院的最北端是三清庵茶室,茶室设计突出文人情趣。它不追求豪华奢侈,要求清贫、简朴,又要文雅而不落俗套。为了追求茶味之美,还必须倾心于火、水、风的调和。小川流正是将这三者称为"三清",让人们重视这三者的关系,因而把茶室命名为"三清庵"。真正的茶人并不应该拘泥于茶室的形式。正由于此,三清庵本着随处随意的精神,加之"煎茶"是从中国传入,自然其空间的设计也融入了许多中国的文化意识。三清庵正是遵循这一理念,尽量创造一种自然美。力求站在游人的角度,选择了可以眺望到最好景色的位置,向人们展示了唐代诗人卢仝所渴望的"两腋清风""超脱的境界""蓬莱仙境"等理想的意境。(图5-1-2)

| 入口 | 室内 |

图5-1-2 三清庵

| 外观 | 内景 |

5-1-3 梅鹤茶室

茶室的三叠木板空间内，不设门槛，小书桌上摆放着挥毫泼墨的文具。房顶挂轴及柱子用材讲究，反映了平成年间文人的雅趣，既古朴又新颖。打开两侧的窗户，内外融为一体，给人一种置身于深山幽谷的感觉。

杭州风荷茶馆位于西子湖畔西侧，与西湖十景之一的"曲院风荷"咫尺之遥，四周多树木，茂密成荫，茶馆崇尚"追求自然，返璞归真"的意境。馆舍布局古朴，厅内名家书画相映成趣，名壶名茶皆置桌上，包厢小巧精致，别有情趣，经营采取自助式。梅鹤茶室位于西湖风景区孤山路，单层歇山临湖出抱厦，建筑造型朴素。露天茶室，依湖而筑，周围青山绿水，视野开阔，令人心旷神怡。西湖秀色尽收眼底，盈盈的茶香与宽广的湖面、秀丽的风景隔绝了市井的喧哗，使人超然物外。（图5-1-3）

餐饮建筑设计应结合景观环境及地域餐饮文化特色，使传统餐饮文化与现代建筑技术相结合，园林中的餐饮建筑更应突出景观环境的特点，强调餐厅室内与外部环境的沟通。建筑室内外应当多考虑采用地方材料，体现乡土风情的地方主义设计手法。瑞士阿尔卑斯山游客餐厅地处高山草甸，周边空旷，视野开阔，餐厅以一组进深较大的两坡顶建筑为主，局部随地形而跌落，近旁的小水面与之相配，十分闲适而静谧（图5-1-4）。餐饮建筑的不同空间应各具特色，如宴会厅要庄严、气派、堂皇，以显示宴会主人的身份和地位；普通大型餐馆要热烈有序；风味餐厅和小型餐馆要明快有趣；零散的小型餐饮空间和茶座、火车座则宜幽静、淡雅，尊重就餐者的私密性，适于谈心。就餐环境可引导游人的消费行为，对餐饮建筑来说，好的就餐环境使游人感到愉快，可刺激食欲，相应地也可使餐厅增加营业收益。

图5-1-4　瑞士阿尔卑斯山游客餐厅

不同餐饮建筑氛围的形成主要靠不同室内外环境因素的有机结合。在餐饮建筑的环境设计中必须做到：①房间的总体布置要顺应餐饮活动的特点，导向明确，避免交叉。②在空间组合上灵活多变，将室内引导至室外（如将餐桌布置延伸到室外平台或草坪上）或把室外变成室内（如将室外通道或院落加盖玻璃顶成为室内餐饮空间）。③声环境的巧妙运用，利用传统餐厅乐器钢琴和现代化电子乐器制作各种背景音乐和模拟流水声、鸟叫声等。④色彩与光环境的不同组合，使人产生不同的心理效应，在餐饮空间内一般要求色彩淡雅，光线柔和而不灰暗，配合餐饮空间的多功能使用，创造赏心悦目的就餐环境。⑤餐巾、餐具的材质、色彩、图案、造型等都要与室内装饰主调相和谐，餐桌布置要有适合各种不同要求、不同人数的组合系列，灵活布置，切忌单一化，避免让不相识的就餐者并桌合座。⑥室内的绿化、水景要一如室外，点、线、面结合，如有条件可与室外水景相结合。⑦借景与选景，餐厅内开设观景窗、什锦窗，借助室外自然及人工景观，加强室内气氛或巧造假窗以隐喻当地历史文化等环境。各类餐饮建筑营业时间的早晚、长短各不相同，大饭店、大餐馆各有其专长的菜肴、筵席，但也有应时安排，设早茶、快餐、自助餐又是另外一种气氛。所以说，餐饮建筑空间的四维特点，必须在环境设计中得到反映。餐饮建筑因所处地区不同而采取不同的设计方式，处于热带海岛上的餐厅，木屋架草顶，四周开敞，与周边环境高度融合。（图5-1-5）

外景　　　　　　　　　　　　　内景

图5-1-5　泰国普吉岛观光餐厅

餐饮建筑　第五章 // 237

图 5-1-6　广州荔湾湖公园唐荔苑酒家　　　　　　图 5-1-7　泰国普吉岛沿海水上餐厅

景观环境中的餐饮建筑环境优越，建筑形式多样，与常规市井餐厅不同，可谓环境造就建筑，如广州的唐荔苑酒家坐落在荔湾湖公园的树林中，绿树掩映着一系列湖中庭院，主体建筑采用歇山式琉璃屋面，结合水中小舟设置餐厅，使就餐者荡漾在一湖碧水之中，此处将西关风情和荔湾美食结合在一起，颇有一番质朴的渔家情趣（图5-1-6）。泰国普吉岛沿海水上餐厅，建筑在一系列木桩平台之上，由一系列两坡顶建筑组合而成，单体建筑上部采用泰式坡屋面，由于地处热带，餐厅周围开敞，与周边环境景观充分融合（图5-1-7）。

二、建筑布局

建筑布局是餐饮建筑设计的重点之一，优良的景观环境必须有恰到好处的布局与之相适应，因而从大的景观环境并结合餐饮建筑的功能去思考单体建筑的布局。结合外部环境和餐饮特色打造建筑内环境是餐厅设计的基本方法。如可以周边环境作为建筑设计的重要因素，如林间的木屋、水边的河坊、坡地的退台等均是因景制宜的常用的建筑设计方法。

餐饮建筑设计旨在训练如何在景观环境中组织功能较为复杂的小型公共建筑，培养方案构思与创意的能力。室内功能设计训练学生对空间的感知和空间设计的能力，在空间设计的基础上进行界面设计、家具与陈设布置、光与色的设计，创造富于个性与特色的餐饮环境与氛围。同时了解家具与人体尺度的关系。

景观餐厅和茶室造型与环境融为一体，同时个性鲜明而独具特色。不同餐饮建筑气氛的形成主要靠不同环境因素的有机组成。在餐饮建筑的环境设计中必须做到室内外空间组合的灵活多变。

自然环境创造赏心悦目的氛围。将室内外的空间、绿化、水景统筹考虑、联合设计，通过开设观景窗、敞廊等方式，经由借景与框景，将室外景色融入室内。

关于餐饮建筑与场地的关系，《饮食建筑设计标准》（JGJ 64—2017）"第三章　基地和总平面"做了如下规定：

第3.0.1条　饮食建筑的设计必须符合当地城市规划以及食品安全、环境保护和消防等管理部门的要求。

第3.0.2条　饮食建筑的选址应严格执行当地环境保护和食品药品安全管理部门对粉尘、有害气体、有害液体、放射性物质和其他扩散性污染源距离要求的相关规定。与其他有碍公共卫生的开敞式污染源的距离不应小于25m。

第3.0.3条 饮食建筑基地的人流出入口和货流出入口应分开设置。顾客出入口和内部后勤人员出入口宜分开设置。

第3.0.4条 饮食建筑应采取有效措施防止油烟、气味、噪声及废弃物对邻近建筑物或环境造成污染，并应符合现行行业标准《饮食业环境保护技术规范》HJ554的相关规定。

（一）庭院式

庭院式布局以单体建筑为主体，以交通性廊道等加以结合或分隔，构成可变性强的空间单元。由于其本身的空间特征，庭院式布局在餐饮建筑中具有广泛的适应性。餐饮建筑由于功能因素、景观环境因素，往往采取庭院式布局以解决不同功能空间的分隔与组合。营业部分的入口、营业厅应面临主要景观面、观景面及道路，而加工部分、辅助部分（库房、管理用房等）则应相对隐蔽。景观环境中往往因景观朝向、景物细部的保护利用等因素，建筑物需要多朝向、离散布置，而庭院式布局可以很好地满足上述布局要求。庭院是传统的中国建筑群体构成的基本单元，小型建筑由单一的庭院组成，大型建筑往往由若干庭院组成，一条或若干条轴线串、并联成多路、多进庭院。现代庭院轴线布局与环境充分结合，轴线的转折、结合更加自然。这种布局不仅突出了庭院内向空间的表现力，而且由于院落与院落的分隔、联结，可以创造变化丰富的建筑群体轮廓及内空间。内向庭院的整体空间景象成为建筑表现的主体，主体建筑和辅助部分共同构成内庭院空间。反之，内庭院的开放空间不仅仅作为各功能空间之间的交通联系空间，更成为组织周边建筑的内核。（图5-1-8，图5-1-9）

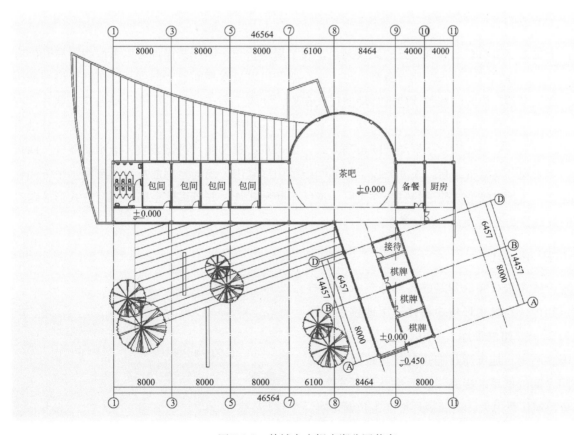

图5-1-8 盐城大丰银杏湖公园茶室

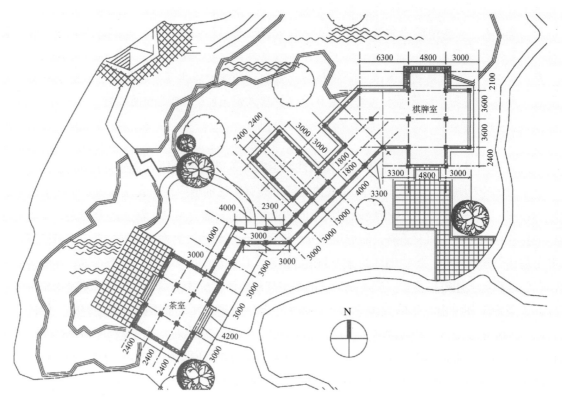

图 5-1-9　丰乐亭茶室

（二）展开式

由于餐饮建筑功能上具有明显的流线关系，经常用地狭长，因而其设计可以采取线形展开的方式加以组织，往往因山就水，架岩跨涧，与山水交融，可以呈水平向或竖向展开。布局上讲究曲折有致、高低错落，传统园林餐饮建筑常用曲尺式布局，建筑空间布局随地形变化呈曲尺式展开，在转折点往往设对景，以求景观变化。尤其是茶室，由于其功能简单，加之追求与景观环境充分结合等因素，通常采取亭廊厅堂线形结合的布局方式，如南京古林公园牡丹园茶室，沿水涧展开，曲折高下，与景观环境紧密结合。茶室分设于相邻两座歇山厅堂内，南向亭廊曲折，建筑沿水平方向往纵深延伸，这种布局形式使建筑呈线性关联，连续不断地毗连，并以庭院空间的围合方式形成略有间隔的景观作为空间节点（详见本章实例）。

（三）集中式

集中式布置将餐饮建筑的各部分集中于单一的建筑物内，在景观环境中往往因用地狭小，或功能较单一（如快餐厅），采取集中式布局可以最大限度利用土地资源，加强餐饮建筑内部各功能空间之间的联系，提高工作效率。集中式布局应避免建筑体量过大，对景观环境产生负面影响。（图5-1-10，图5-1-11）

图 5-1-10　大连野生动物园快餐厅

图 5-1-11　德国科隆高速公路服务区餐厅

三、餐饮建筑的设计规范

我们国家制定的相关设计规范是餐饮建筑设计的基本依据及指导性原则。现行参考的是由中国建筑东北设计研究院等单位编写的《饮食建筑设计标准》（JGJ 64—2017）。

除了规范以外，餐饮建筑设计还需参照相关行业标准，如卫生标准；位于或临近风景名胜区的餐饮建筑还应符合风景名胜区管理规定的要求（依据《风景名胜区管理暂行条例》第七条、第八条）。关于卫生标准，以北京市为例：

（1）饮食建筑用地符合食品生产经营企业的新建、扩建、改建工程的选址和设计的卫生要求（依据《中华人民共和国食品卫生法》第十九条）。

（2）饮食建筑建地应考虑周围无污染源和远离有毒有害场所（依据《北京市餐饮业、商业服务业以及文化娱乐行业环境保护管理规定》第七条）。

（3）饮食建筑在平面布局上，应防止厨房的油烟、气味、噪声及废弃物等对邻近建筑物造成影响（依据《北京市餐饮业、商业服务业以及文化娱乐行业环境保护管理规定》第七条）。

（4）餐饮业生产经营场所应具备与生产经营相匹配的功能用房（餐厅、库房、粗加工间、细加工间、冷荤间、面点间、消毒间、更衣室等）和设施，设备布局和工艺流程应当合理，防止待加工食品与直接入口食品、原料与成品交叉污染，食品不得接触有毒物、不洁物（依据《中华人民共和国食品卫生法》第八条）。

（5）饮食建筑的基地出入口应按人流、货流分别设置（依据《饮食建筑设计标准》）。

（6）饮食建筑室内应当有良好的采光、照明、通风等设施（依据《饮食建筑设计标准》、《中华人民共和国食品卫生法》第八条）。

（7）餐饮生产经营企业应具有与生产经营规模相适应的库房，库房应有防鼠、防虫、防潮等设施，库房内储藏的食品要隔墙离地、分类分架、生熟分开、易腐食品要冷藏[依据《饮食行业（含集体食堂）食品卫生管理标准和要求》]。

（8）餐饮生产经营企业应具有与生产经营规模相适应的消毒区域和设施，包括消毒清洗池、消毒柜、密闭碗柜、密闭垃圾柜等设施［依据《饮食行业（含集体食堂）食品卫生管理标准和要求》］。

（9）制售冷荤凉菜和制作含乳类冷食品，应具有冷荤间，做到专人、专室、专用工具、专用消毒设备、专用冷藏设备（依据北京市人民代表大会常务委员会公告第51号《北京市实施〈中华人民共和国食品卫生法〉办法》第十一条、第十二条，京卫防字〔1998〕133号《北京市小型餐饮业生产经营场所及设施卫生标准》）。

（10）饮食建筑室内墙壁结构材料应考虑耐高温、高湿等生产特点（依据北京市人民代表大会常务委员会第51号《北京市实施〈中华人民共和国食品卫生法〉办法》第十一条、第十二条，京卫防字〔1998〕133号《北京市小型餐饮业生产经营场所及设施卫生标准》）。

（11）餐饮生产经营企业应有企业卫生管理制度（依据京卫疾控字〔2002〕71号《北京市食品卫生许可证发放管理办法》）。

（12）位于或临近风景名胜区的应符合风景名胜区管理规定的要求（依据《风景名胜区管理暂行条例》第七条、第八条）。

（13）位于或临近居民住宅楼的应符合北京市工商行政管理局规定（依据京工商发〔2002〕109号《关于在居民住宅楼内设立企业有关问题的通知》）。

景观环境中的餐饮建筑由于所处环境的特殊性，建筑与所处环境之间存在着伴生及依存关系，"共生原则"使建筑及环境拥有更多的可持续发展机会。为游客创造舒适的餐饮环境不能以过量的能源物质消耗及对景观环境造成负面影响为代价，因此需要尊重自然、顺应环境。充分考虑建筑场地包括餐饮建筑的坡向、定位、布局，与地形、植被、坡度以及景观环境的融合，同时应对场地小气候条件等因素加以研究。建筑体量、结构选型、形式风格等均应结合环境地域加以统筹考虑。此外，还应尽可能利用自然可再生资源，如利用太阳能集热系统供热，充分利用风能、水能、沼气等天然、清洁能源，采用生态方法处理污水等，以净化环境，保证环境景观品质。

第二节　餐饮建筑的功能构成

一、餐厅建筑

（一）餐厅建筑的功能及构成

满足功能及景观环境条件是餐饮建筑设计的基本要求，在此基础上展开的一系列设计如平面布局、空间组织、造型设计及室内装饰设计、外部景观环境设计都必须以满足功能为基本前提。通常餐厅的设备、设施、内装饰可加以改造，而土建可改性要小得多。因此建筑设计必须具有一定的前瞻性，主要表现为在对景观环境有充分的研究的基础上，分析环境的适宜容量、潜在的客流量等，综合考虑餐饮建筑的规模、合理调节不同部分的面积配比。新加坡圣陶沙公园餐厅为二层西式建筑，具白色的墙体及立柱，砖红色屋面，四周为半开敞式围合，与热带气候相适应，红色与白色的建筑主色调与周边绿树对比鲜明，整组建筑更显明快。（图5-2-1）

餐饮建筑由于规模及餐饮种类的不同，其功能构成与城市中一般的建筑不尽相同。通常营业部分包括接待区、餐厅、包间、宴会厅、咖啡厅、酒吧、茶艺馆、表演厅、棋牌室、小卖部、卫生间、洗浴等，后场部分包括厨房、加工间、更衣室、卫生间、库房、办公管理室、值班室、杂物院等，具体设置视单项工程规模而定。

图5-2-1　新加坡圣陶沙公园餐厅

1.各组成部分功能关系　餐饮建筑各部分之间的相互关系十分密切，解决好单体方案的平面布局是设计的基本前提。如主入口位置、客人流与货流（工作人员流）的组织、客用部分与后勤部分的衔接等；后勤各组成部分之间的相互衔接，如食品库房与加工间、加工间与备餐间等之间的联系等；设计重点为客用部分的室内空间设计，提倡以工作模型来推敲和构思方案，并初步确定要营造的室内环境气氛与建筑风格；探索多种方案布局，通过分析其优劣，进行综合择优，以确定本阶段的最佳方案，营造有个性的休闲餐饮环境。

根据餐厅的接待规模，决定门厅、酒吧、餐厅、厨房、库房等部位的面积和比例。高档餐厅每个客人的平均活动占有面积比中、低档餐厅大，这就决定了客人的等候区域、进餐区域，甚至洗手间都要大得多。

流线设计是餐饮建筑功能设计的重要组成部分，要合理安排几大流线及流线之间的交叉。客人从停车、进门、等候、落座、就餐、结账、出门到离去，形成餐饮建筑营业部分的主要流线。而内部的流线以物流为主，物资从购入、储存、提货、加工、供应到废弃物处理等。这两大流线分别在相应的场所中展开，需要相应的空间、设施的支持，房间的总体布置要顺应餐饮活动的特点，导向明确，通常应避免交叉，而两大流线中的不同环节则难免交叉，餐饮建筑的平面设计的重点也就在于统筹协调不同功能空间之间的衔接与隔离。（图5-2-2）

2.建筑平面设计　餐饮建筑平面设计表达了建筑师对人、生活、生产、空间及景观环境的理

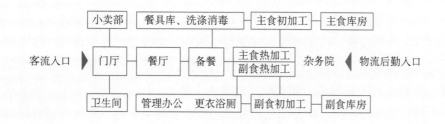

图5-2-2　餐饮建筑功能关系图

解，平面将人和人的活动紧密联系起来，从而建筑便拥有了一个功能适用的空间。餐饮建筑平面设计是餐饮建筑设计的一个重要环节，它包括每一功能空间单元平面和建筑群体总平面设计，建筑平面设计的作用是真实地反映人在其中的感受，满足多方面功能需求。除此之外，更重要的是实现建筑内部与外部特征及空间的交流。正如勒·柯布西耶所说："设计不应该是自外而内，而应是自内而外，不是自立面而平面，而是自平面而立面。"这说明了平面研究的重要性。

在明确餐饮建筑各部分功能关系的基础上，合理地组织好建筑平面，除充分考虑景观环境与建筑形式条件外，还必须满足《饮食建筑设计标准》（JGJ 64—2017）的要求。

首先，依据景观环境条件及接待规模预测并确定餐饮建筑各组成部分的合理面积，其中餐馆、饮食店、食堂的餐厅与饮食厅每座最小使用面积应依据餐饮建筑级别（分为1、2、3级）的不同而有区别，餐馆、餐厅每座面积 $1\sim1.3m^2$ 不等。在此基础上合理安排营业与厨房部分面积比例，如100座及100座以上餐馆、食堂中的餐厅与厨房（包括辅助部分）的面积比（简称餐厨比）应符合下列规定：餐馆的餐厨比宜为1:1.1；食堂的餐厨比宜为1:1；餐馆、饮食店、食堂由餐厅或饮食厅、公用部分、厨房或饮食制作间和辅助部分组成。餐厨比可根据饮食建筑的级别、规模、经营品种、原料贮存、加工方式、燃料及各地区特点等不同情况适当调整。在满足卫生及相关规范的前提下，适当节约厨房面积以扩大营业厅面积，可以提高餐饮建筑的经济效益。实践中现代快餐店厨房与餐厅的比例一般都保持在 $1:3\sim4$，而星级酒店的比例多为 $1:1\sim2$，适当节约厨房等后勤面积可以提高单位建筑面积的营业效率。

其次，依据交通与生产操作流程合理安排建筑平面，由于人流与物流的不同要求，需要分别设置不同的出入口，就餐者公用部分包括门厅、过厅、休息室、洗手间、收款处、票单打印处、小卖及外卖窗口等。营业厅部分位于三层及三层以上的一级餐馆与饮食店和四层及四层以上的其他各级餐馆与饮食店均宜设置乘客电梯。客用厕所位置既要方便也要适当隐蔽，其前室入口不应接近餐厅或与餐厅相对；厨房与饮食制作间应按主副食库、原料处理、主食加工、副食加工、备餐、食具洗存等工艺流程合理布置，严格做到原料与成品分开，生食与熟食分隔加工和存放，垂直运输的食梯应生、熟分设，并应符合相关规定。后勤部分的布局应避开景观较好的朝向，同时需要交通便捷并适度隐蔽，以满足功能及景观要求。

（二）各部分设计要点

1. 营业部分

（1）设计要点。餐饮建筑营业部分因餐厅规模的大小、经营内容的不同，往往又分中餐厅、西餐厅、风味餐厅、咖啡厅、小餐厅、酒吧、多功能厅，高档餐厅往往还设有陪同餐厅、相应的前室、过道、卫生间、儿童活动场地等。营业部分设计是餐饮建筑设计的主要环节，其布局主要取决于室内餐饮空间与家具等设置，常见的餐厅可分为小包间、半开敞式厢座及大厅等形式，根据餐食种类的不同，又可分为中餐与西餐。由于进餐方式的不同，餐厅布局各异。中餐厅常用大圆桌、小方桌、长方桌，西餐厅常用长方桌、厢式座（俗称火车座）。小包间通常又分为单桌或双桌间，高级包间可带卫生间、棋牌娱乐间或候餐休息室等。心理学家德克·德·琼治在对餐厅与咖啡厅进行专题研究时发现，靠墙、靠窗的座位深受顾客欢迎，因为这些位置让人感受更为安全或能观赏室外空间，因此餐厅空间组织应充分利用墙、隔断、花池、地台、栏杆等营造有依托的就餐环境，尽量减少四不靠的餐位数量。

餐厅室内空间的虚实、封闭或敞开到何种程度，以使用需要、气候条件、外部环境为依据。有些空间，如大堂、餐厅、茶室等，可以把人们的视线引向室外景观，让游人有可能在饮宴、休息的过程中，欣赏建筑周边景观，使有限的室内空间具有不尽之意。引入自然素材，将花草、山石、树木、水体等引入餐饮建筑空间，赋予餐饮建筑室内空间以勃勃生机与情趣。

景观餐饮建筑应以自然通风和自然采光设计为主。充分利用自然通风，增加舒适度，有益于人体健康以及调节室温，减少过多采用空调和被动强制通风带给人的不舒适感。在考虑景观朝向的同时，主要建筑开窗应与自然通风道相适应，解决好采光与通风问题，同时可以减少能耗、降低污染。如采取风车形平面、庭院空间等解决建筑的自然采光和通风问题，还可净化室内空气、调节室温并加强建筑与景观环境的结合。

另外，餐饮建筑室内色彩设计应以明朗轻快的色调为主，其中以橙色和黄色等暖色调最适用，暖色有刺激食欲的功效，色彩与光环境的不同组合，使人产生不同的心理效应。在餐饮空间内一般要求色彩淡雅，利用光影效果装饰，餐厅的装饰物包括窗帘、桌布、观赏植物、地板等，要选择恰当的窗帘和桌布，质地以化纤材料制品较好，因为棉织布料易吸收食物气味，又不易洗涤，尽可能不用。观赏植物可调节环境气氛，美化进餐环境，地面装饰选用易洗、耐磨、耐腐蚀、抗污等材料，如陶瓷地板砖、复合地板、石材等。（图5-2-3）

图5-2-3　南京老山国家森林公园餐饮中心

（2）平面布局。在餐馆中，迎宾员、出纳员的位置通常安排在入口，也可与厨房餐具间为邻，而配置在出入口的对面，或者侧面，背对厨房配置的情况也很多。这样布局可以使迎接客人、引导客人入席、接受订单、提供菜单等一连串动作更加顺畅，而且效率高。

餐厅平面布局与就餐形式紧密关联，餐饮建筑室内外布局应顺应就餐活动的特点，避免流线交叉，在建筑空间组合上灵活多变。餐桌布置要有适合各种不同要求、不同人数的组合系列，灵活布置，避免单一化。

大餐厅布局因就餐方式的不同而各异，如排档式就餐人流量较大，座位数多，通常座位居中布置，或置于室内一侧，周边或一侧布置明厨或食品柜台。座位与食品柜台之间应留有足够宽的交通空间，以满足购取食物及就餐要求。

大跨度建筑中可设岛式就餐区，以最大限度利用室内空间。岛式就餐区交通方便，适宜多人就餐，因而常设大桌，6~10人不等，靠墙设2~4人不等的小桌，以利用边角空间。零散的小型餐饮空间和茶座、火车座则宜幽静、淡雅，尊重就餐者的私密性，适于谈心。一般营业区通道宽900~1 200mm，副通道宽600~900mm。

餐席布置依就餐人数而定，四人席是1 200mm×(1 800~2 100) mm，两人席是(500~

650）mm×（1 800～2 100）mm，不同类型的餐位布置的构成要根据来客情况预测而确定。

小餐厅布局主要依据餐桌及就餐人数而设计，通常圆桌分为：4人桌，直径0.9m；6人桌，直径1m；8人桌，直径1.2m；10人桌，直径1.5m；12人桌，直径1.8m；15人桌，直径2.1m。餐厅的大小依据就餐人数而异。（表5-2-1，表5-2-2，图5-2-4）

表5-2-1 餐饮空间单位用餐面积（m²/座）

标准	咖啡厅	快餐厅	主餐厅	风味餐厅	门厅酒吧	鸡尾酒吧	辅助酒台	夜总会
中低档	1.4	1.3	1.5	1.5	1.4	1.4	1.3	1.5
豪华型	1.7	1.5	1.9	1.9	1.7	1.7	1.5	1.9

表5-2-2 不同餐位形式的单位餐座面积指标

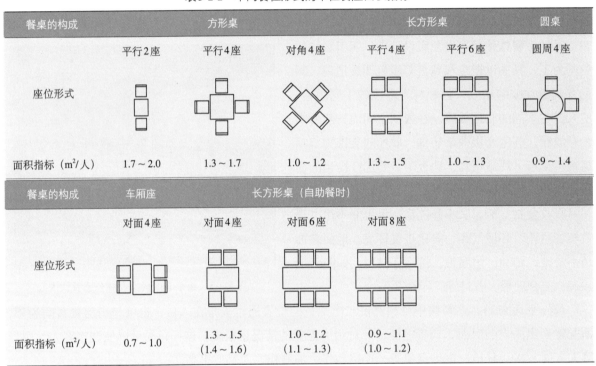

注：括号内为用服务餐车时指标。

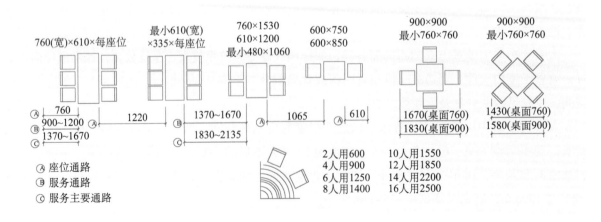

图5-2-4 餐桌尺寸设计

2.厨房及加工用房（备餐间、厨具间、洗涤间）

（1）厨房。

①设计要点。厨房功能较复杂，流线特殊。主副食品洗、切、配成半成品的生料，再行煎炒、熘炸、蒸煮、烧烤等热加工成为食品。根据加工方式的不同，厨房分别设有副食加工间、烹调间。良好的厨房工作环境是厨房员工悉心工作的前提。创造空气清新、安全舒适和操作方便的工作环境，关键在于从节约劳动、减轻员工劳动强度、关心员工身心健康和方便生产的角度出发，充分计算和考虑各种参数、因素，进行设备选型和配备，将厨房设计成先进合理、整齐舒适的工作场所。（表5-2-3）

表5-2-3 厨房常用热加工设备数量表

餐厅设备	数量					
	50座	100座	200座	300座	400座	500座
炉灶	3	4	5	6	7	8
蒸箱	1	1	1	1	2	2
蒸灶	1	1	1	1	1	2
汽锅	1	1	1	1	1	1
烤炉	1	1	1	1	1	1
微波炉	1	1	1	1	2	2

厨房包括中餐厨房、西餐厨房、风味厨房、咖啡厨房以及与厨房有关的粗加工、冷饮加工、贮藏冷库、厨工服务管理用房及相应的过道、卫生间等。一般酒店都会按照不同的要求，分别设有中、西餐厅，不同类型的餐厅都设有相应的厨房，以及相应的库房、粗加工操作间、细加工操作间等。通过科学管理，不同餐厅的库房也可以共同使用，这种功能的整合可以节约空间，经济上也更趋合理。

传统的厨房用火面积小而集中，因而使用自然排风基本可以解决厨房排烟问题。现代厨房需要用火的范围不断增加，煎、煮、烤、烙、炸、炒、炖，每种操作技法都会产生油烟，通常需使用排油烟辅助设施。

厨房的地面设计和选材，应以经济实用的防滑、便于清洁的地砖为主。给排水设计中，厨房中水槽的数量、位置（水池）以便于厨师使用为原则，如考虑原材料化冻、冲洗，厨师取用清水和清洁用水的各种需要，尽可能在合适位置使用单槽或双槽水池。明沟是厨房地面污水排放的重要通道，厨房明沟应深度适宜，底面光滑并有适宜排水坡度，以利排水，保持厨房清洁，切实保证食品生产环境的整洁卫生。

在厨房照明设计中，厨房的灯具布局整齐，照明重实用，主要指临炉炒菜要有足够的灯光以把握菜肴色泽，案板切配要有明亮的灯光，以有效防止刀伤和追求精细的刀工，出菜料理台上方要有充足的灯光等。

②平面布局。厨房布局有封闭式与开放式两种。

封闭式是指厨房与营业部分严格分开。备餐间位于厨房与餐厅之间，由于备餐间的隔离，厨房的加工过程始终处于封闭状态，与就餐区的客流严格分开。这样分的好处是加工与营业部分互不干扰，从而使营业部分空间整洁、易于布置。中餐烹调由于煎炸居多，废烟气多、噪声大，因而通常需将厨房与其他部分相分隔。

开放式厨房即不将厨房与营业空间严格隔离。如部分茶餐厅、小吃店、快餐厅等采取开放式布局，尤以西式快餐厅居多，客人可以看见食品的精加工过程，强化加工过程的透明度，增强消费者购买欲。服务形式活泼、装饰色彩亮丽、动感十足、富有情调的开放式厨房布局适合西餐、自助式餐厅及简餐厅。餐馆设计明厨、明档，是餐饮业发展到一定时期的产物，要注意避免因此设计而增加餐厅的油烟、噪声和有碍观瞻场景。通常只将食品生产的最后阶段做展示性的明厨设计。

③技术要点。由于厨房的温度高、油烟重，因此厨房的排烟及通风设计十分重要，根据通风方式的不同，可以分为自然通风与强制通风两种，可通过烟道、排烟罩和机械装置将废气排出室外，从而改善室内的工作环境。另外，厨房水流较多，因此合理地组织室内排水是厨房设计中必须考虑的问题。

（2）备餐间。备餐间位于厨房与餐厅之间，交通空间必须导向明确，避免流线交叉。空间组合灵活，将室内外空间统筹设计。备餐间起到将厨房加工的食品向餐厅输送的过渡作用。备餐间设有备餐台、预备台、餐具柜、洗涤水池、冷柜、酒柜等，倘若备餐间与厨房不在同一楼层需要设食梯，大型餐厅将主食与副食备餐分开设置。冷菜拼配间与备餐间相邻，但应分开，以满足卫生要求。简餐厅、快餐厅常不设备餐间，但设有备餐台，常用恒温台，保证食品处于加热或冰镇状态，以方便顾客取用。

备餐间作为供餐场所，必须配备相应的供餐用品与设施。备餐间设计要注意以下几个方面：

①备餐间应处于餐厅、厨房过渡地带。以便于通知划单员，方便起菜、传菜等信息沟通。

②厨房与餐厅之间采用双门双道，真正起到隔油烟、隔噪声、隔温度作用。同向两道门的重叠设置不仅起到"三隔"的作用，还遮挡了客人直接透视厨房的视线，有效解决了若干饭店陈设屏风的问题。

③备餐间要有足够空间和保温、传输及餐具柜等设备。

（3）洗涤间。

①洗涤间应靠近餐厅、厨房，并力求与餐厅在同一平面。洗涤间的位置，以紧靠餐厅和厨房，方便传递用过的餐具和厨房用具为佳。洗涤间与餐厅保持在同一平面，主要是为了减轻传送餐具员工的劳动强度。当然在大型餐饮活动之后，用餐车推送餐具，这也是前提条件。

②洗涤间应有可靠的消毒设施。洗涤间不仅承担清洗餐具、厨房用具的责任，同时负责所有洗涤餐具的消毒工作。而靠手工洗涤餐具的洗涤间，则必须在洗涤之后，根据本饭店的能源及场地条件等具体情况，配置专门的消毒设施。消毒之后，再将餐具用洁布擦干，以供餐厅、厨房使用。

③洗涤间通、排风效果要好。无论是设置、安装先进的集清洗、消毒功能于一体的洗碗机的洗涤间，还是手工洗涤，采用蒸汽消毒的洗涤间，洗涤操作期间均会产生水汽、热气、废水。不仅影响洗碗工的操作，而且会使洗净的甚至已经干燥的餐具重新出现水汽，水还会向餐厅、厨房倒流，污染附近区域环境。因此，必须采取有效的设计，及时抽排废气、废水，创造良好的工作环境。

3．库房及辅助部分（厕所、管理用房）

（1）库房。通常餐厅建筑的库房分主食库与副食库两大类，副食库设有冷柜等冷藏设备，大型餐厅还设有燃料库等专用库房。

大型餐饮建筑根据餐饮种类的不同往往分别设有中餐厅库房、西餐厅库房，用以储放相应的原材料。库房应便于运输，同时需与粗加工、厨房操作间等相邻，便于使用。

(2) 卫生间。卫生间是餐饮建筑中不可或缺的组成部分。卫生间的布局要求既方便客人使用，又与餐饮营业部分有所隔离，可以通过设计前室和隔断加以隔离、隐蔽。卫生间通常分为门厅、大小便区、洗手区等。卫生间由于人流量较大、人群复杂，因此多用蹲便器，个别可采用坐便器以方便残疾人使用，同时应配备手纸等卫生用品。地面需抬高15cm左右，以利于设置同层排水。室内设计可以根据环境的不同采取个性化的处理方式，大多采用陶瓷卫生洁具以便于清洁。在可能的前提下尽可能使用自然通风，必要的话可以采取机械通风，以保证卫生间的室内空气清新。

《饮食建筑设计标准》（JGJ 64—2017）就卫生间设置做如下规定：

第3.2.6条　就餐者公用部分包括门厅、过厅、休息室、洗手间、厕所、收款处、发票打印处、小卖及外卖窗口等，除按第3.2.7条规定设置外，其余均按实际需要设置。

第3.2.7条　就餐者专用的洗手设施和厕所应符合下列规定：

一、一、二级餐馆及一级饮食店应设洗手间和厕所，三级餐馆应设专用厕所，厕所应男女分设。三级餐馆的餐厅及二级饮食店饮食厅内应设洗手池；一、二级食堂餐厅内应设洗手池和洗碗池；

二、卫生器具设置数量应符合表3.2.7的规定；

三、厕所位置应隐蔽，其前室入口不应靠近餐厅或与餐厅相对；

四、厕所应采用水冲式，所有水龙头不宜采用手动式开关。

通常园林餐厅卫生间的大小视餐位数而定，客席100~120席，在男厕所配2个小便器和1个大便器，在女厕所配2个大便器加化妆室。一般餐饮店中，客席数50席配1个或2个（女性用）大便器、2个小便器，另外餐厅在设计中应考虑配置残疾人、老人专用的入口和卫生间，卫生间的空间要确保充分。

表3.2.7　卫生器具设置数量

类别	等级	器具			
		洗手间中洗手盆	洗手水龙头	洗碗水龙头	厕所中大、小便器
餐馆	一、二级	≤50座设1个，>50座时每100座增设1个			
	三级		≤50座设1个，>50座时每100座增设1个		≤100座时设男大便器1个、小便器1个，女便器1个；>100座时每100座增设男大便器1个或小便器1个，女大便器1个
饮食店	一级	≤50座设1个，>50座时每100座增设1个			
	二级		≤50座设1个，>50座时每100座增设1个		
食堂	一级		≤50座设1个，>50座时每100座增设1个	≤50座设1个，>50座时每100座增设1个	
	二级		≤50座设1个，>50座时每100座增设1个	≤50座设1个，>50座时每100座增设1个	

二、茶室建筑

园林中茶室功能较单一，为游人提供饮茶、赏景、棋牌等休闲服务，有的茶室内设有茶艺表演、陶艺制作等内容。茶室建筑一般体量较小，布局灵活，因而能够更好地因景制宜。因此茶室建筑的选址不拘一格，或观景绝佳处、或游人集聚之地、或山巅、或临水。通常茶室由门厅、营业场所、茶艺表演、棋牌室、小卖部、操作间（烧水、洗涤、消毒、储藏等）、备茶间、管理室、顾客卫生间、员工卫生间、管理室、值班室等组成，视茶室建筑规模的大小各功能用房可略有增减或合并。

茶室建筑应注重将室内外空间相结合，在气候条件适宜的地区可以通过使用"灰空间"加强与景观环境的联系，"灰空间"对于茶室空间设计非常重要。一方面可以充分利用外部景观，丰富休憩环境；另一方面，由于自然风景环境中游人淡旺季节性变化很大，利用室外休憩空间加以调剂，以适应气候及人流的变化。寒冷季节游人少，室内部分即可满足需要，而气候温和的春夏秋季游人较多，可利用室外平台、林下空间作为补充。室外空间设计时也要利用棚架、空廊或景墙等有所分隔，又有所通透。有高差地段可用栏杆分隔，庭院绿化遮阳也很重要，但要选用无污染且落花落叶少的植物。

茶室建筑可分为营业与辅助空间两部分，茶室设计需要妥善处理营业部分与辅助部分的关系。在适宜的气候及环境条件下，应尽可能采取自然通风、采光，一方面更好地节能，以保护环境，另一方面创造大众共享的开放空间。合理采用开敞式走廊、飘棚、门厅、平台及户外遮阳措施等，将室内外空间连在一起，为游客创造一个景观优美、温度适宜的舒适休憩环境。

（一）茶室建筑的基本组成

按营业及辅助用房的需要，一般茶室可由以下功能空间组成（图5-2-5）：

（1）门厅。作为室内外空间的过渡，需妥善处理与周边道路、停车等设施的衔接。门厅起到引导人流、集散缓冲的作用，门厅宜简洁明快，能够体现该茶室的特色，可附设小卖部、候茶座席等。

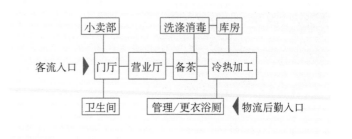

图5-2-5 茶室建筑功能关系图

（2）营业厅。营业厅是茶室中最主要的空间，茶室营业厅应具有最好的景观朝向，远离喧嚣及人流来向，以营造安静闲适的品茗氛围，同时应考虑室内外的沟通以及室外延伸营业的可能。

（3）备茶间。不论茶水或其他冷、热饮供应，均需有简单的备制设施，以进行加热、制冷、研磨、调配等操作，备茶室应有料理台、供应柜台等设备。

（4）洗涤间。设有洗涤池、高温蒸煮、消毒柜等设备，用于茶具等的洗涤、消毒。

(5) 加工间。应有炉灶、制冷等设备，园林中应注意利用清洁环保能源，如太阳能、风能或水能。

(6) 储藏间。主要用于食品、备用品的储存。

(7) 办公、管理室。一般可与工作人员的更衣、休息室结合使用。

(8) 厕所。一般应将游人用厕所与工作人员用内部厕所分别设置。

(9) 小卖部。一般茶室设有食品小卖部或工艺品小卖部等。

(10) 杂务院。用作进货入口，并可堆放杂物以及用作排出废品临时堆放处。

（二）营业部分

营业场所是茶室建筑最主要的组成部分，营业厅又分为大厅及包间，以分别满足不同需要，营业厅往往具有最好的景观朝向，面向风景最佳地段，光照适中，适宜于较长时间停留。

一般茶室营业厅面积约以 $1m^2$/座计算，布置方式、桌椅安放既要考虑观景，又要求便于人流疏散、供茶。餐桌布置注意朝向，同时应尽量避免客人主要出入流线与服务人员供应流线相互交叉，两者可共同使用流线以减少交通面积。

1. 大型茶室　可由大厅和小包间构成。视建筑的结构，可分设散座、厅座、厢座及包间。茶艺馆在大厅中往往设有茶艺表演台，小包间中不设表演台而采用桌上服务表演。

(1) 散座。在大堂内摆放圆桌或方桌，每张桌视其大小配2~6把椅子。桌子之间的间距为两张椅子的侧面或背面宽度加80cm宽的通道距离，使客人自由出入。

(2) 厅座。在一间厅内摆放数张桌子，距离同上。厅四壁饰以书画条幅，四角放置四时鲜花或绿色植物，并赋以厅名。最好能布置出各个厅室的独特风格，配以相应的饮茶风俗，令人有身临其境之感。

(3) 厢座。类似西式的咖啡座。每个厢座设一张小型长方桌，两边各设长形高背椅，以椅背作为座与座之间的间隔。每一厢座可坐4人，两两相对，品茶聊天。墙面以壁灯、壁挂等作为装饰。

(4) 包间。用多种材料将较大的空间隔成一间间较小的房间，房内只设1~2套桌椅，四壁装饰精美，又相对封闭，可供洽谈生意或亲友相聚。一般需预先订座，由专职服务人员布置和服务，房门可悬挂提示牌，以免他人打扰。

2. 小型茶室

(1) 品茶室。可在一室中混设散座、厢座和茶艺表演台，注意适度、合理利用空间，讲究错落有致，各有其长。

(2) 开水房及茶点房。可在品茶室中设柜台替之，保持清洁整齐即可。

根据茶室内部布局风格的不同，茶室又可分为中式、西式及和式等风格。由于园林建筑的特殊性，茶室的室内布置应突出自然之趣，室内家具多用木、竹、藤、石等自然材料，空间质朴。将室内环境室外化，与外部景观相协调。（图5-2-6，图5-2-7，图5-2-8）。

（三）辅助部分

操作间、库房、卫生间等辅助部分布局要求隐蔽，尽量避开主入口、主要景观面，但同时也要

图 5-2-6　上海浦东中央公园开放式茶室

图 5-2-7　厦门海滨茶室

室内

外观

图 5-2-8　伦敦海德公园咖啡馆

有便捷的供应道路运送货物与能源等。这部分辅助用房通常包括烧水间、储存货物仓库、卫生间、值班室（管理室）及堆放燃料等的杂务院等，建筑宜做隐蔽处理，注意上下水、垃圾污物及燃烧烟尘的防污染处理。若基地附近没有完整的上下水道及电、热供应，则建筑应靠近园外电、热等公共设施。热加工最好利用污染少的天然气、电气设备，避免影响景观环境。

茶水房。应分隔为内、外两间。外间为备茶间，面对茶室，置放茶叶柜、消毒柜、冰箱等。里间安装煮水器（如小型锅炉、电热开水箱、电茶壶等）、热水瓶柜、水槽、自来水龙头、净水器、储水缸、洗涤工作台、晾具架及晾具盘。

茶点房。亦分隔成内、外两间。外间为供应间，面向茶室，放置干燥型及冷藏保鲜型两种食品柜和茶点盘、碗、筷、匙等用具柜。里间为特色茶点制作工场或热点制作处。如不供应此类茶点，可以简略，只需设水槽、自来水龙头、洗涤工作台、晾具架及晾具盘即可。

第三节 餐饮建筑的空间构成

一、空间布局的原理

建筑设计的基本任务之一就是将不同功能、大小的空间整合起来，设计在满足功能的基础上，不仅要求建筑本身空间均衡和丰富，表现应有的节奏及和谐的韵律感，而且还可以通过色彩和得体的材料质感来激发人们对各类餐饮空间的心理满足感。

景观环境中的餐饮建筑更应注重人与景观的沟通，如采用大玻璃幕墙或玻璃顶棚，或采用开敞、半开敞的共享空间，或采用镂空窗将周边的景物引入室内。由于玻璃的透明效果，从视觉上将室内空间与外部空间连成一体，扩大了室内的空间感。在气候适宜地区，采取室内空间室外化手法，加强室内外沟通，通过开启大面窗洞或使用灰空间，不仅可使室内外景观融为一体，而且扩大了室内空间，实现"空间共享"，并创造舒适的室外、半室内空间环境。餐饮建筑设计不仅着眼于自然因素的引入，还要为之赋予一定的主题，包括自然，还包括传统文化因素，通过具体的形象、空间层次、主题思想来创造一个适合游人活动的景观空间环境。

作为景观要素的餐饮建筑形式应该是多元的，与环境融合并且独具特色。充分利用景观环境中多竖向变化的特征，通过变化室内地坪标高等方法界定室内空间，灵活而富于变化，如区分大堂休息区、酒吧区等。将花草、山石、树木、水体等自然素材引入室内，赋予室内空间环境以勃勃生机。景观环境中的餐饮建筑由于具有优良的外部空间条件，应利用既有的外部景观，营造明快、轻松的就餐环境。

餐饮建筑的空间组织以方便游客就餐为主要宗旨，内部空间必须有良好的导向性，以方便客人使用。景观环境地貌丰富，其中的餐饮建筑大多因地制宜采用横向空间组织形式，即在水平方向展开餐饮建筑的一系列空间，创造出妙趣横生、耐人寻味的室内外空间环境。

二、空间布局与功能

根据园林建筑设计的理念，在条件允许的范围内，最大限度地利用原有的景观、地形和地貌，在满足功能的同时，应重点考虑游客的视觉感受和心理感受，从而对空间的整体或单元进行有针对性的设计，以此增强餐饮建筑空间的舒适性与可识别性。餐饮建筑的建设规模越大、功能越多，建筑的空间也就越复杂。所以要根据不同性质的使用空间，利用有限的空间，把握尺度，正确处理公共空间、就餐空间、后勤空间等众多空间之间的关系。餐饮建筑的空间序列是以门厅→餐厅→辅助空间为基本流线，也就是由一个开放性的空间到半私密性的空间的转化过程，因此餐饮建筑空间设计要做到有序、易识别，人流与物流布局合理，建立互不干扰的有序空间通道。由于景观环境的特殊性，应加强室内与室外空间有机结合，形成建筑空间与景观空间相互渗透、相互融合、相互贯通、互为一体的整体设计理念。引入外部空间作为室内空间的延续和补充，这既丰富了空间的层次，又使室内外空间有不间断的感觉，同时改善了空间整体环境的质量，使游人置身于优美的景观环境中，从而更多地获得审美感受。

景观建筑的平面设计与立面设计应当与功能紧密关联，其形式追随功能，反映时代的特性、生活的特征，也可以说是一种实用主义的原则。建筑的形式直接反映出建筑的功能，若建筑的形式与功能失去固有的对应关系，一方面使建筑难以被人理解，另一方面建筑设计也走向形式主义的怪圈。现代建筑提倡表现手法和建造手段的统一，建筑形体和内部功能的结合，建筑形象应具有逻辑性，推崇简洁的处理手法和纯净的建筑形体。由于景观建筑通常体量不大，相对而言用地也比较宽松，故而建筑的形体可由使用的基本功能空间即餐厅所决定，大小餐厅由于面积不等，所对应的空间尺度也不尽相同，任一空间单元均可以分解为若干个简单的几何体。其中小型餐厅往往组合在一个体块之中，而容量较大、人流较为复杂的大型餐厅则分散于数个体块里，既要求建筑内部空间完整，同时也要丰富建筑的外部空间和形体。自然而理性的几何形体可以把空间秩序表达得清晰、明确、流畅。如苏州金鸡湖畔餐厅设计将餐饮空间集中于长方形体块中，餐厅地上两层、地下一层，框架结构，外墙采用具有地方特征的白墙、青砖及仿木铝扣板百叶饰面，清新自然。（图5-3-1）

餐饮建筑作为景观环境中相对体量较大、功能较复杂的一类，为了便于功能上的安排及管理通常采用"闭合的环形"的空间序列，作迂回、循环形式的展开。这种类型的空间序列既不对称，又没有明确的轴线引导关系，在空间组合布局上相对比较灵活自由，主要是用建筑、廊子、围墙等要素形成空间院落。在群体组合中，采用建筑物、墙、廊、树木、山石……把空间虚分成为若干单元，两个相邻的空间彼此因借，建筑内外空间相互渗透。餐饮建筑的空间设计力求与自然景观浑然天成，游客在就餐的同时可以尽览湖山胜迹。

三、空间布局与建筑形体

餐饮建筑设计需要解决很多问题，满足基本的使用功能、采用合理的技术、处理建筑与景观环境的关系、延续文脉特征等。所有这一切均要通过建筑形态表现出来。建筑形态的建构是建筑设计的核心环节，同时又是一个复杂的过程。营造空间是建筑设计的根本，建筑空间形态的构建需要考虑空间与环境的相互适应，考虑功能与空间、空间与环境的内在必然联系。建筑空间形态的建构需要全面考虑并协调人、建筑、环境三大系统的内在关系。

餐饮建筑空间的设计布局要尽可能追求宽敞明亮、线条流畅、结构合理、层次分明、美观大方。充分运用庭院、中庭、景观小品等多样的设计和建造方法来营造餐饮建筑空间环境。

由于处于风景环境中，通常园林建筑又以分散空间的办法缩小建筑体量，求得与景观环境的协调。加之建筑布局形式的不同，园林建筑造型丰富，讲究虚实对比，而餐饮建筑本身存在大小餐厅，所对应的空间大小也不尽相同，注意运用形体构成手法对餐饮建筑进行形体加减、组合，使建筑形体丰富。另外应充分与景观环境紧密结合，善于利用地形高差造成空间单元竖向变化，形成大小、形态不断变化的建筑空间。建筑实体的处理，通过不同层数的建筑组合，使建筑形体与高度随空间布局而变化，同时围合空间也相应变化，通过将建筑的墙面、顶界面、地面塑造成连续变化的界面，从而使餐饮建筑空间不再是单纯的几何形体，而是流动的空间与自由的形体组合。如此建筑的天际线可以呈现出高下变化、层层叠叠、错落有致。打破一般建筑以规整立方体为主的简单造

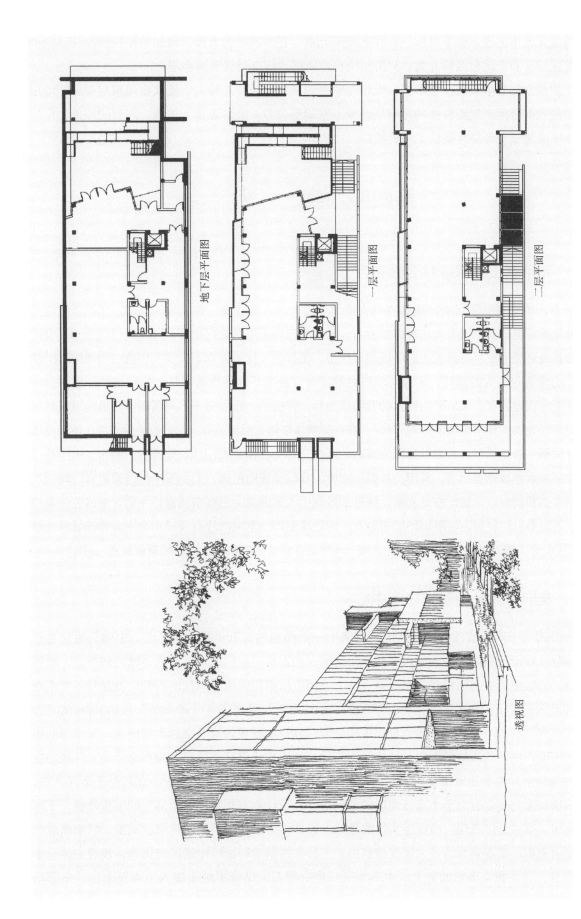

图 5-3-1 苏州金鸡湖畔餐厅

型，在构成元素中出现一些非对称曲面和流线型元素，在外部形态方面，增加对屋顶界面和建筑整体性的关注，有利于优化结构方案，利用结构技术使得建筑空间与形体合理化。

餐饮建筑空间环境表现手法多样，无论是哪种风格或手法，应致力于使饮食建筑与景观环境相得益彰，使空间环境产生出较强的可识别性和丰富的感染力，给游客留下美观、深刻的印象，使建筑空间环境成为景观环境与餐饮文化的延伸。

第四节 实 例

一、南京老山国家森林公园餐厅

南京老山国家森林公园餐厅毗邻森林大道及公园入口，基地周边有成片的林木，尤以场地西部成片竹林最具特色，基地内有大块裸露的岩石。该餐厅布局采用尽量保护场地环境的设计原则。设计中以基地景观环境为主，将最优美的环境地段保留，把景观欠佳、原本不方便人们活动的地段用以建造房屋，力求通过人为的建筑在彰显环境特色的同时弥补原基地环境的不足，将建筑和环境融为一体。设计充分因地制宜，采取竖向跌落的庭院式布局，将山地、原生树木、裸露岩石有机地组织到庭院中，使其成为本组建筑重要的景观"核"。在空间整体布局上因坡就势，保护原地貌走势，使各单体建筑相互协调、高低错落。采取以庭院为核心的环绕式布局，依次有门厅、服务台、茶座、大小餐厅等，东北部偏远地段布置厨房、库房、备餐、厕所、管理等辅助用房，大小餐厅均因景制宜，朝向景观面开启大面积的窗户，窗框亦是画框，将外部景观引入室内成为内部空间设计主题，室内装饰采用竹、木、页岩等自然材料，与周边环境相融合。内外墙面均以本地产片石及杉木为主要装饰材料，结合白墙拉毛处理，整组建筑内外装饰质朴，进一步突出森林公园的粗犷、自然的景观特色。（图5-4-1）

二、淮安中洲公园餐饮休闲中心

中洲公园位于淮安清江浦中洲地区古运河中一个面积约2.7hm^{2}的小岛之上，中洲岛原为古纤道的一部分，位于里运河清江大闸口至清隆桥之间，为古代"南船北马"交通运输的转折点，地理位置优越。该地段历史文化积淀丰厚，至今岛上及周边河道仍保留着明代的石驳岸及船闸等水工建筑。中洲地区属传统历史街区，作为从楚州区"运南闸群"到淮阴区"码头镇"长达30km的"古运河文化长廊"上的一个重要景观节点，中洲公园的设计从景观构成及文脉延续出发，发掘与利用传统文化资源，中洲岛原地形平坦，缺少竖向变化，两岸视线贯穿，公园改建在充分研究环境的空间尺度的基础上，着重处理新建公园与周边空间尺度的整体协调关系。由于中洲岛处于运河之中，因此适当增加竖向变化有助于丰富该地段的空间层次，设计着重塑造出"山岛"的地貌特征，于南北两岸眺望，有"忽隐忽现，虚虚实实"的趣味。设计中力求创造不同的视点、视角，以争取对水景及两岸历史街区景观资源的最大限度的利用。充分发挥基地四面环水的区位优势，建筑主体沿水面展开布置。在面积2.7hm^{2}的岛上，中部为文化中心所在，结合半地下室人工堆筑土山，中部略

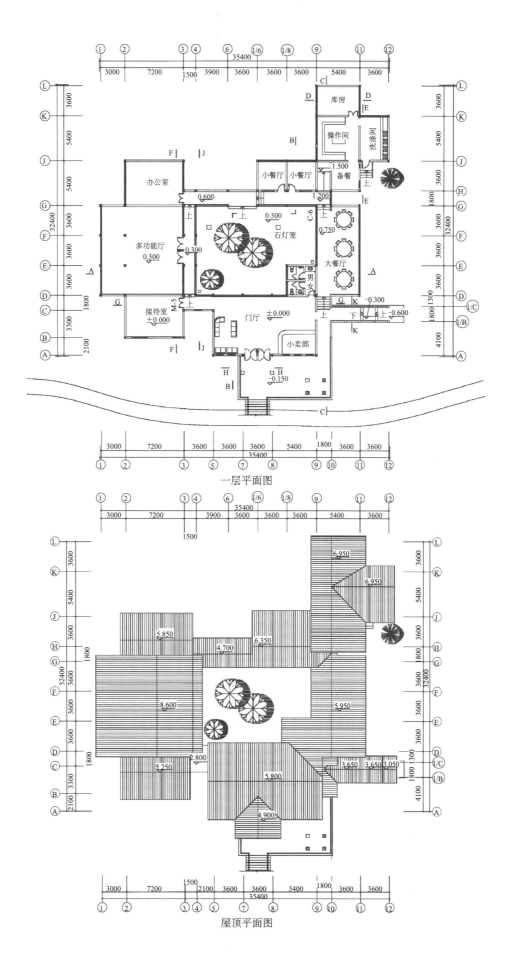

一层平面图

屋顶平面图

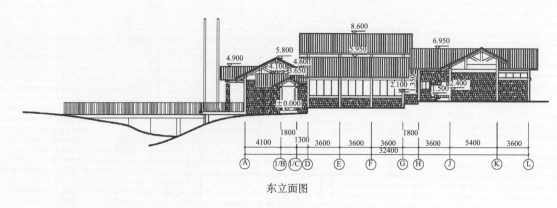
东立面图

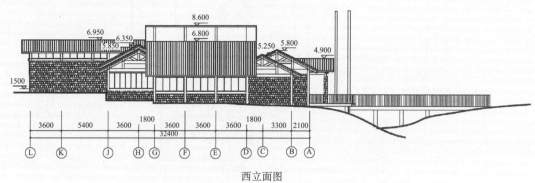
西立面图

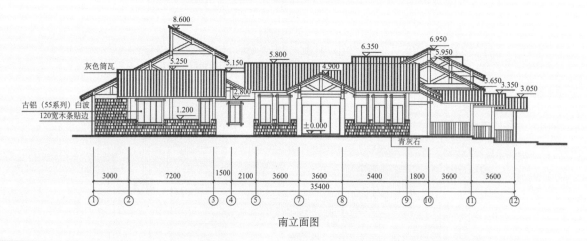
南立面图

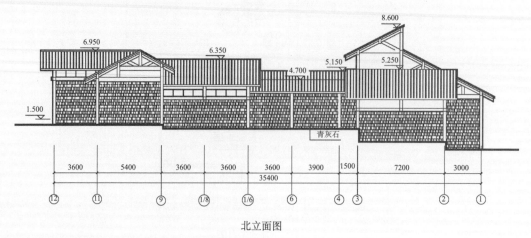
北立面图

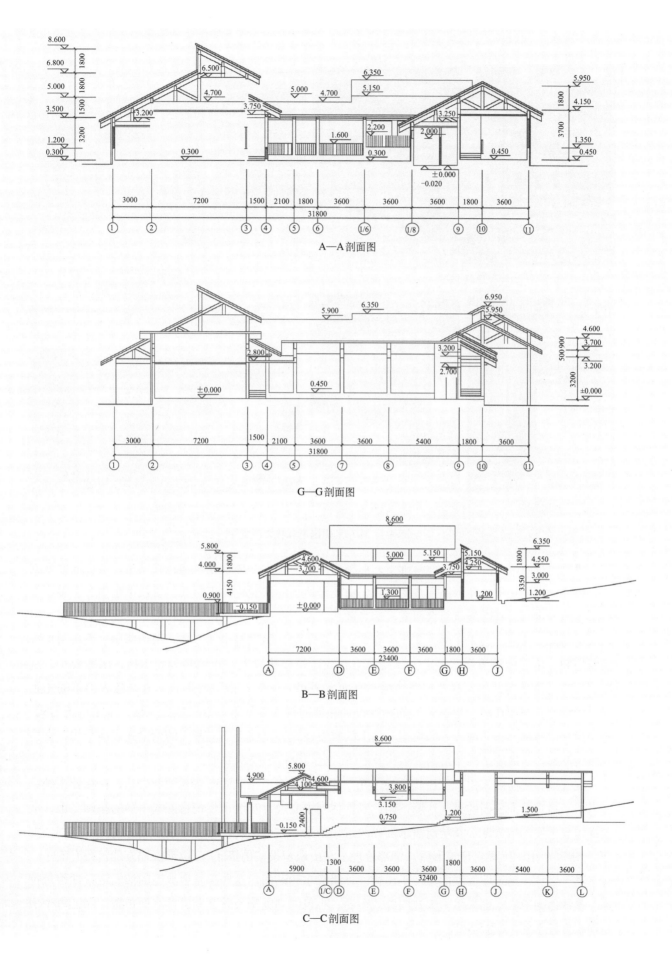

外部环境　　　　　　　　　　　　　　外景透视

内廊透视　　　　　门厅服务台　　　　　　　　庭院

图5-4-1　南京老山国家森林公园餐厅

高，渐次向东西两端降坡。在此基础上，广植常绿、落叶乔木林，建筑物掩映其中，清江浦楼矗立于岛东端，为视觉中心和水路视线的焦点，由此塑造出起伏变化的天际线。餐饮休闲中心由多组富有淮安地方风格的庭院建筑组合而成，因势随形，高下起伏，轴线错动、转折，空间变化丰富，可以满足餐饮、休闲、娱乐之用。文化中心地上一至二层，另设有半地下室，用作库房、设备用房等辅助空间。由于地处黄金水道之上，受北方官式建筑影响较大。建筑多为硬山顶，出檐较小，灰瓦，外墙为清水砖，不勾缝或勾灰色缝，立面多采用"一门三搭"的形式，青灰色为建筑的主色调，风格相对浑厚质朴。中洲公园的建筑设计在新的技术条件下，沿用地方风格，采用传统形式，尤其注重"传神"与"细节"的表达。岛上的重要建筑皆采用钢筋混凝土的抬梁式主体结构，在仿木构的形式下尽量使结构体系满足结构及消防、电气设备等技术要求。

淮安地方民居多采用"三合院"为单元，建筑通常突出正立面而忽视两厢处理，往往较生硬且封闭，不适宜中洲公园的景观环境，因此餐饮休闲中心设计在继承传统合院式布局的基础之上，从景观构成出发，结合地形及功能需求加以改造，采用不对称均衡布局，营造出良好的围合空间，加"廊"串联两山，以柔化建筑形体。细部处理上在山墙窗设"雨搭子"，取淮安地方建筑特有的"一门三搭"之意，建筑屋面硬山顶、小出檐、外墙清水砖贴面，这些都符合典型的淮安地带性建筑特点。餐饮休闲中心平面采用内天井内廊式布局，小包间均围绕天井面向外侧水面布置，保证每个房间均有良好水景。（图5-4-2）

外景　　　　　　　　　　　　　内景

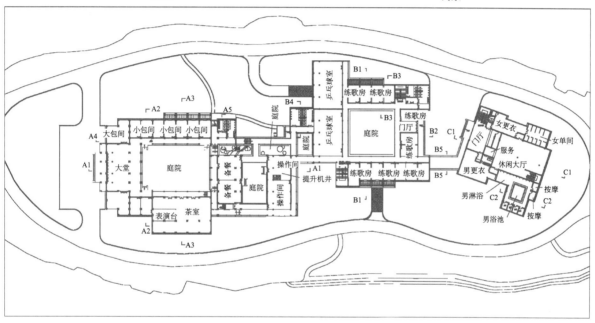

一层平面图

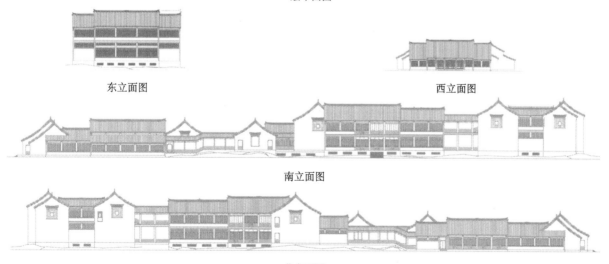

东立面图　　　　　　　　　西立面图

南立面图

北立面图

图5-4-2　淮安中洲公园餐饮休闲中心

三、淮安楚秀园人和酒家

淮安楚秀园人和酒家的建设用地位于楚秀园东大门东南侧，东西轴间距较长，南面边界为公园水面的水口，西面为紧临城市道路的公园门前广场，西南面不远处为公园一座横跨水道的拱桥，拱桥另一侧即公园主水面，北部边界为公园入口道路。人和酒家的建筑作为商业开发建筑要求功能相对独立，并与公园分离，但是作为一幢位于公园景观区域范围内的建筑，无法割裂与公园的联系，其建筑无论体量和风格都必然对公园形成一定的影响。对设计而言，这块场地不是一面空白的画布，而是一个与公园既分且合的、有着已经存在隐含制约的特殊场所，而正是场地这一矛盾的特征，使设计思维在复杂的冲撞中逐渐明晰起来。

为减小建筑体量对公园整体环境的冲击，建筑采用集中的形体构成以减少用地面积，尽量布置在场地的西侧，东部留出充足的绿化用地，以与公园的主景区相隔离。同时为实现建筑独立的功能流线，并使之与公园少交叉干扰，建筑的平面采用了以传统的内向自组织的"口"字形庭院为空间组织主线，形成独立闭合的形象，同时将集中庞大的体量尽可能地分解，使其与公园的景观特征相吻合。平面布局中建筑的主要用房面水而设，临水伸展的大平台软化和丰富了建筑与公园环境交接的界面，增添了一个微妙的空间层次，将建筑与公园景观交融在一起。（图5-4-3）

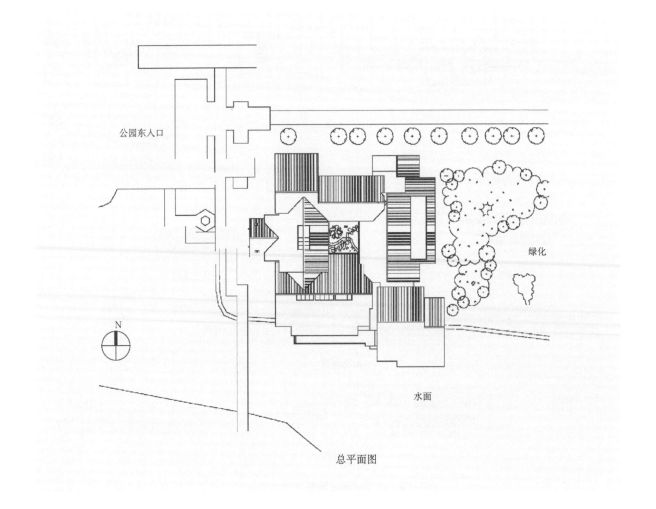

总平面图

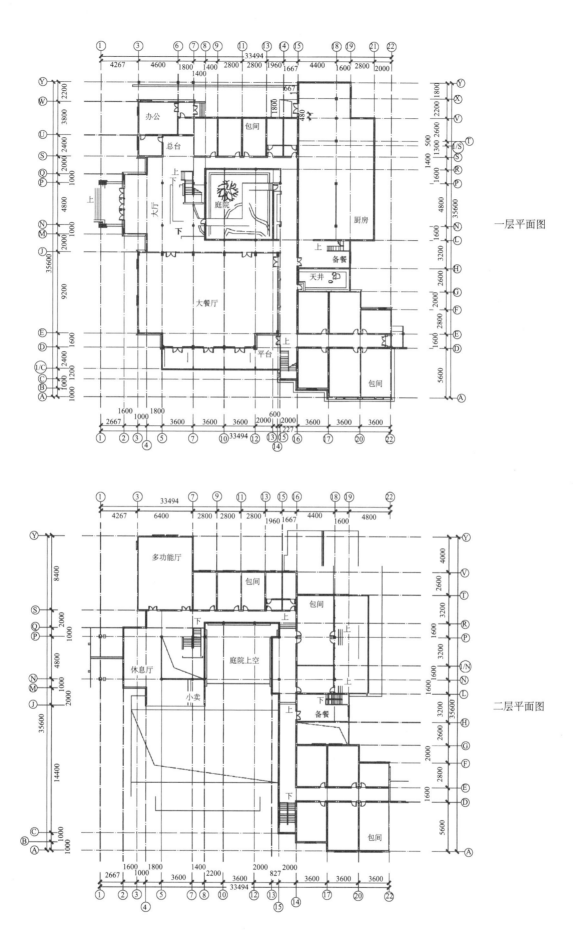

一层平面图

二层平面图

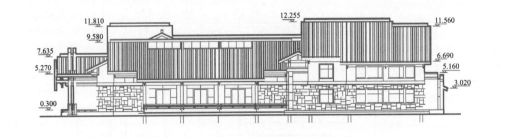
南立面图

东立面图

西立面图

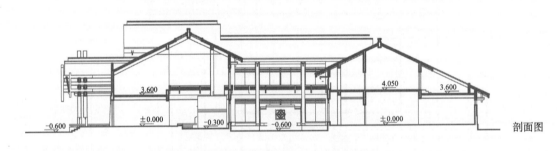
剖面图

入口

透视

图5-4-3 淮安楚秀园人和酒家

四、苏州石湖风景区桃花岛游客中心

该游客中心位于苏州石湖风景区桃花岛中段，选址于湖堤转折处，西南两面临水，餐厅面对七子山，景观环境优越。该建筑以餐饮为主，结合游客问讯、旅游纪念品出售等服务。建筑群采用现代设计手法，结合地形地势，运用中国古典园林的虚实、对比、因借手法，引来了远山近水，把邻近环境美景吸收过来，组成建筑各主要景观视轴线。

桃花岛游客中心采用庭院式布局，以庭院组织空间，使功能分区更加明确、清晰。其活动部分人流多，通行频繁，设计将餐厅、旅游纪念品售卖处、游客问讯处等设置在邻近主入口，用廊道连接不同的功能空间。依据功能及就餐方式的不同，一层为大众餐厅、自助餐厅、旅游工艺品售卖、游客问讯处等，二层为小餐厅及茶室，三层为小餐厅。由于地处狭长地带，该建筑依据湖面及地形采取水平向展开的庭院式布局，取苏州民居风格加以简化，建筑采取两坡悬山式屋面，白墙灰瓦，临水及庭院均设大面积落地窗，满足功能与观景需要。建筑平面整体简洁，内部结合中心庭院和建筑形体上突出的体块形成丰富多样的建筑空间。临水面安排主要功能空间，厨房偏于北侧，设有专用杂务院，同时也缓和厨房与周边景观环境难以协调的矛盾。有两个中庭，以石景绿化点缀。（图5-4-4）

透视图

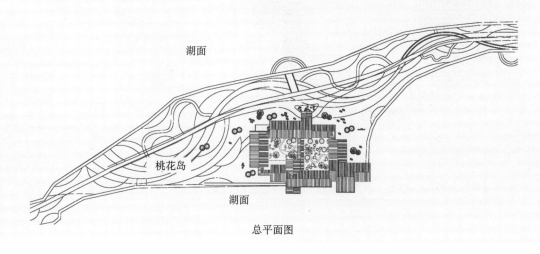

总平面图

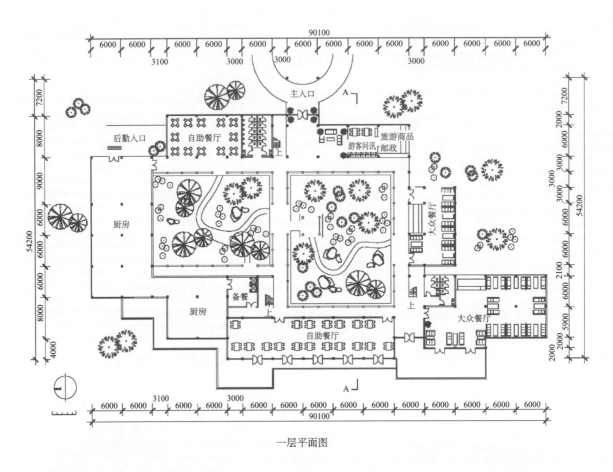

一层平面图

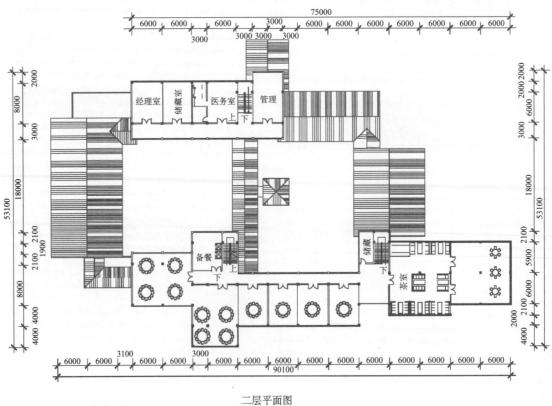

二层平面图

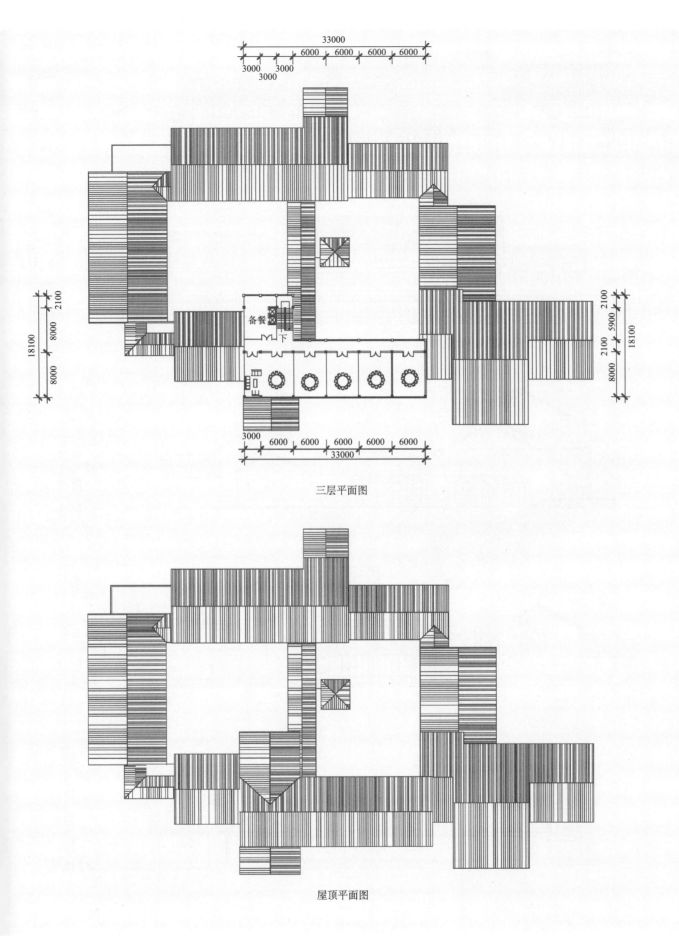

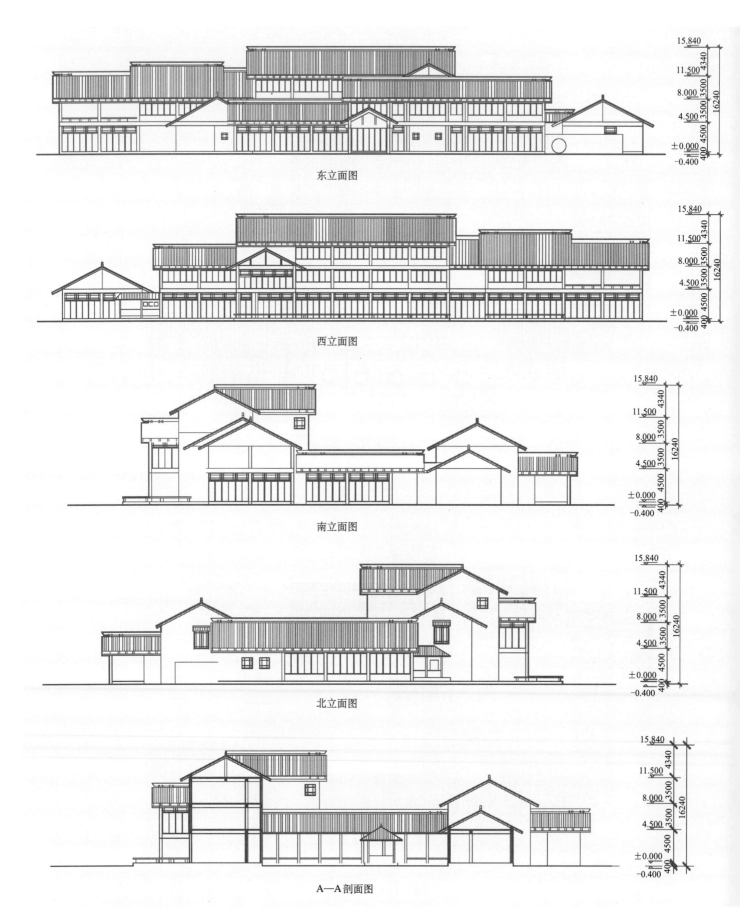

图 5-4-4 桃花岛游客中心

五、盐城市大丰区银杏湖公园餐厅

该餐饮建筑位于江苏省盐城市大丰区银杏湖公园东北部，毗邻北入口。东侧与北侧邻近城市道路，西侧与南侧面向银杏湖公园，交通便利，景观环境优越。北侧及南侧分别设有主次入口，东侧为后勤专用出入口，分别满足游人及后勤人员出入需求。

餐厅总平面采用不规则庭院布局形式，一层通过庭院组织茶室、餐厅、厨房等功能空间，二层为小餐厅、宴会厅及二层精加工厨房，三层为洗浴休闲中心。由于采取中庭结合分层式布局，不仅可以很好地解决功能分区，还可以使餐饮及休闲空间均有很好的自然采光与通风条件，同时面向公园的一侧也有良好的景观朝向。该建筑采用钢筋混凝土结构，以8 000×8 000的柱网为主，空间分割灵活，便于室内布置。建筑群以两层为主，局部三层、一层，退台式布置，结合廊及穿插景观墙，从而使建筑形体变化较丰富，进一步优化建筑与公园界面的尺度关系。（图5-4-5）

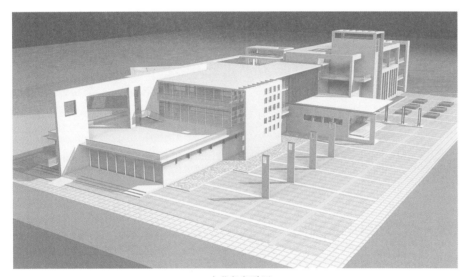

东北角鸟瞰图

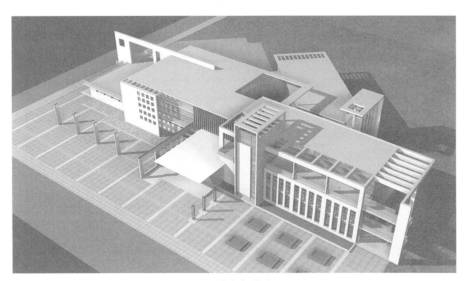

西北角鸟瞰图

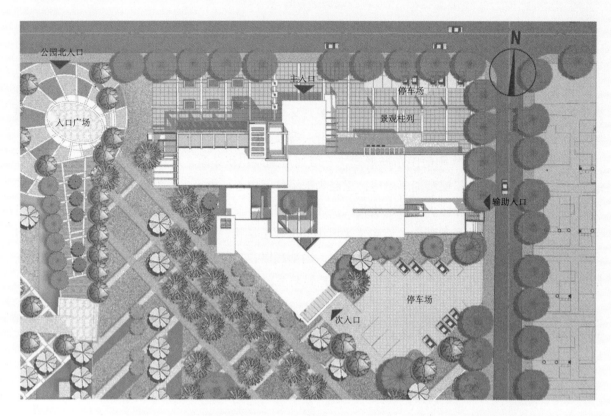

总平面图

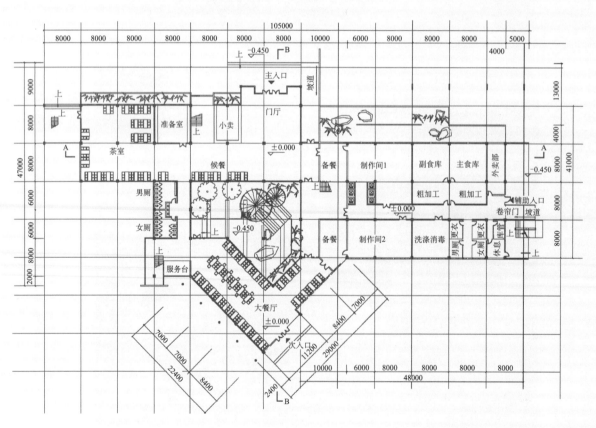

一层平面图

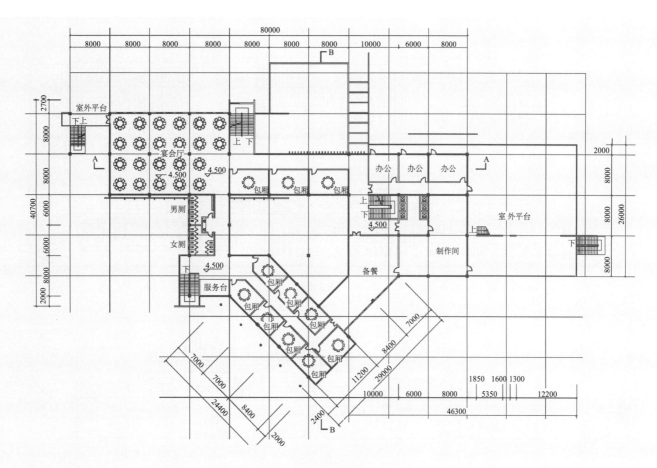

二层平面图

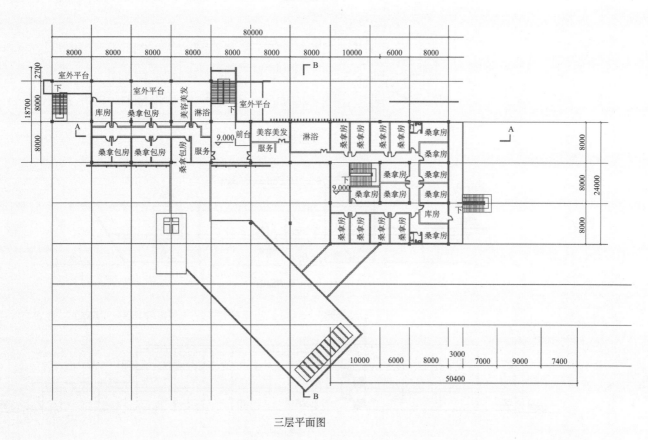

三层平面图

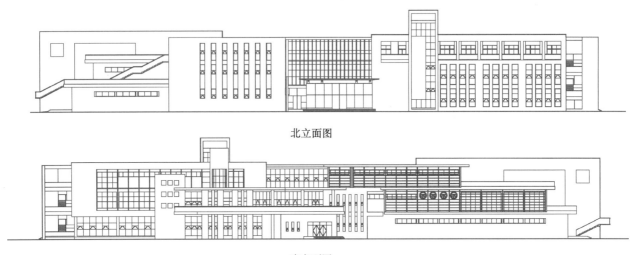

北立面图

南立面图

东立面图

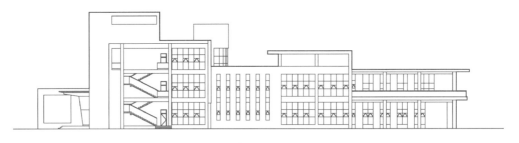

西立面图

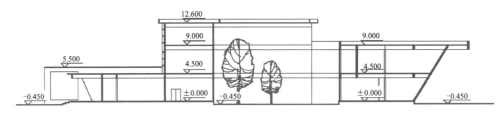

B—B 剖面图

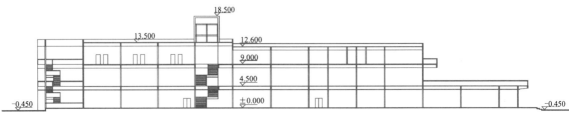

A—A 剖面图

东北角透视图

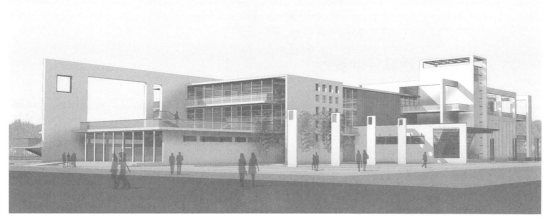

东南角透视图

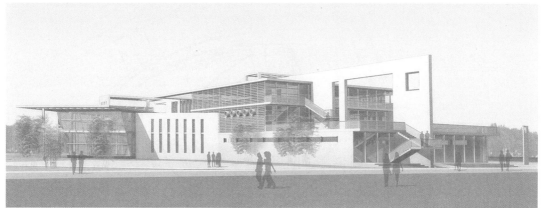

西北角透视图

西南角透视图

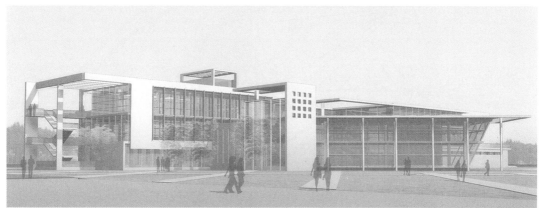

图 5-4-5　盐城市大丰区银杏湖公园餐厅

六、南京雨花逐梦江淮餐厅

该餐厅位于南京秦淮新河河畔，以一艘邮轮造型为设计灵感，停泊在秦淮河畔，在建筑顶层设置开阔的露台，游客可在此一览江淮盛景。（图5-4-6）

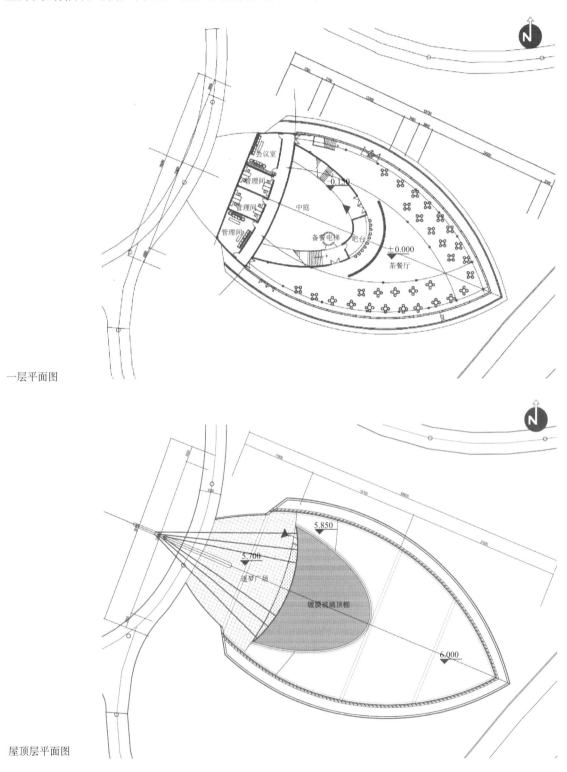

一层平面图

屋顶层平面图

效果图

图5-4-6　南京雨花逐梦江淮餐厅

七、南京中山陵园梅花山茶餐厅

该餐厅茶室位于南京梅花山北坡，明孝陵南面，建于1984年，因其地处梅花山而得名"暗香阁"。建筑采取传统的曲尺形平面围合布局，整组建筑的外部与景观环境结合紧密，内部院落形成小庭院空间，满足造景及辅助功能要求。建筑采取一、二层组合，平屋面与坡屋面相结合，建筑体量适宜，既具有传统园林建筑的风格，同时又有所创新发展。（图5-4-7）

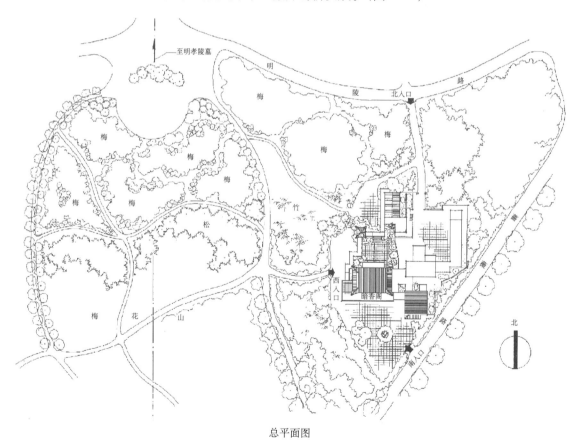

总平面图

餐饮建筑　第五章 // 275

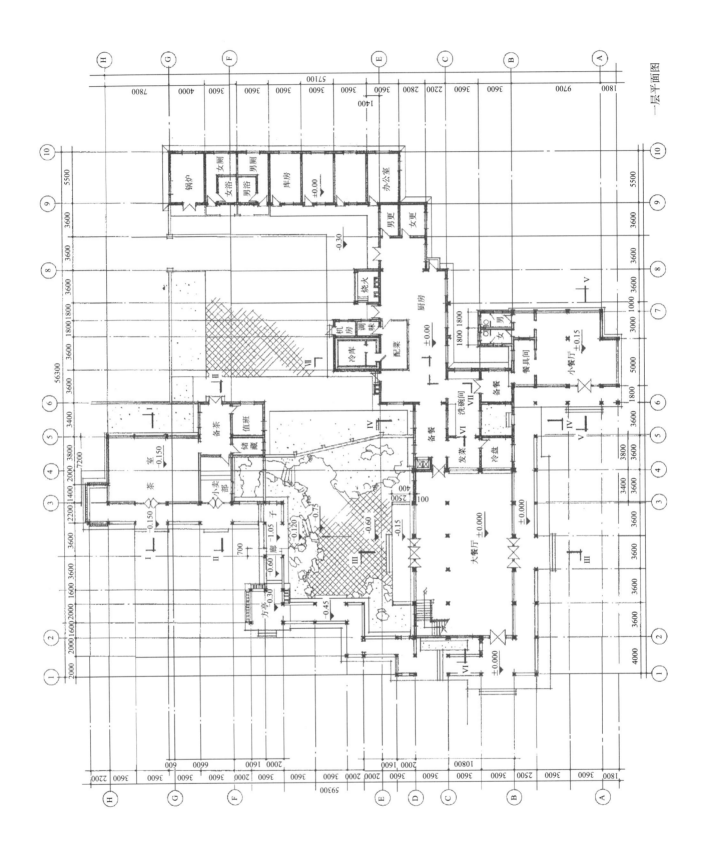

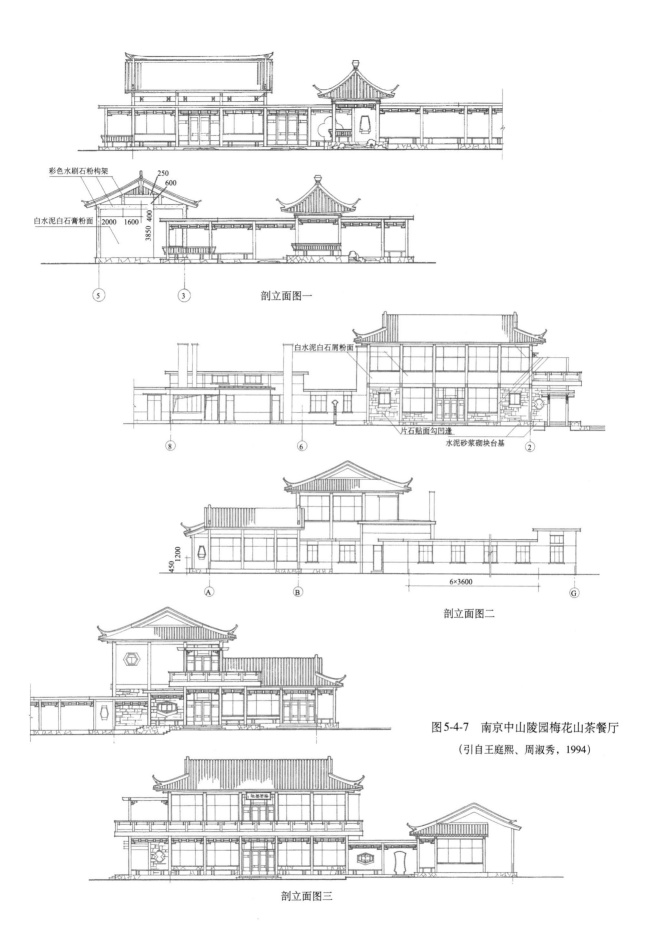

图5-4-7 南京中山陵园梅花山茶餐厅

（引自王庭熙、周淑秀，1994）

八、南京玄武湖公园白苑餐厅

位于南京玄武湖梁洲的白苑餐厅东南两面临水，采取仿江南民居建筑形式，建筑通体灰白色，色彩素雅。一至二层悬山屋顶，屋面采用石棉波形瓦，北侧内部设庭院。建筑形体组合灵活，造型简朴大方，功能布局合理，一层为大餐厅及厨房等，二层为小餐厅及茶室。登楼眺望，远观紫金山，近览玄武湖，是观湖山佳处。该建筑掩映于树木之中，同时也极大地丰富了梁洲的天际线。（图5-4-8）

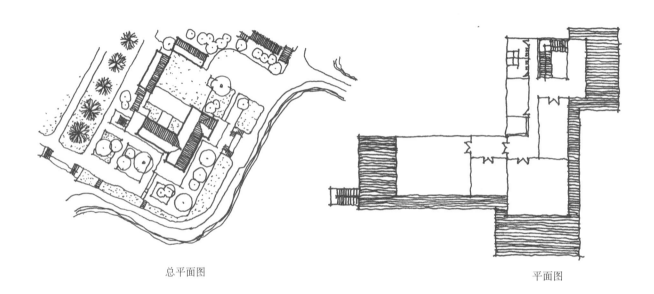

总平面图　　　　　　　　　　　平面图

南立面图

东立面图

图5-4-8　南京玄武湖公园白苑餐厅

（引自陈雷、李浩年，2001）

九、宿迁市河滨公园茶餐厅

宿迁市河滨公园茶餐厅为该公园改造新增项目，该餐厅位于公园南段，南临黄河桥，西侧为黄河故道，处于公园南入口与城市道路交汇处。餐厅建筑由两个斜交的体块组合而成，二层及门厅部分与公园主路正交，大餐厅与河道成30°夹角，与西南方向的黄河桥在视线上形成关联。建筑西侧采用缓坡草坪作为建筑与古黄河之间的过渡带，建筑形体向外部延伸，自南向北形成退台，南侧设挑空露台，加之由建筑延伸出的清水混凝土墙体与景观环境紧密融合，从而淡化建筑与周边景观环境的界面，使建筑成为景观的一部分，成为南部景区的主要景观节点。（图5-4-9）

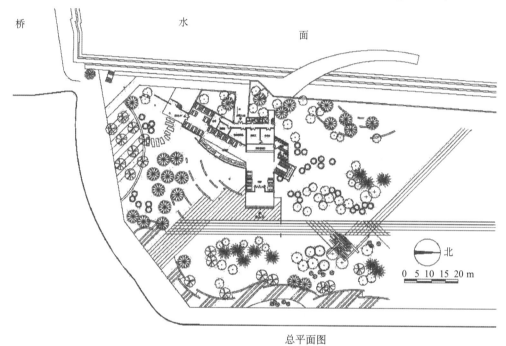

总平面图

实景

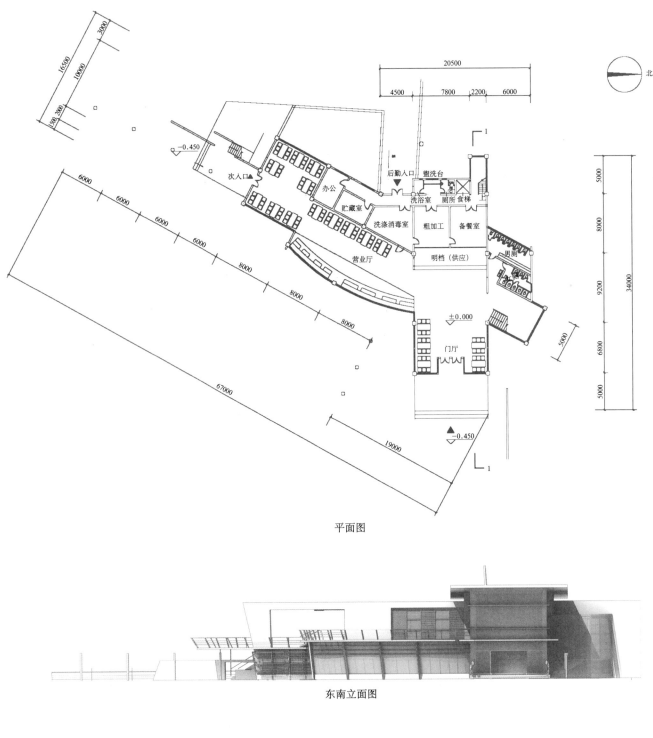

平面图

东南立面图

西立面图

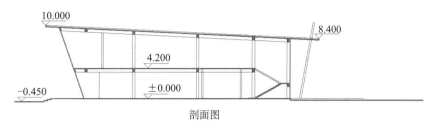

剖面图

透视图

西南透视图

图 5-4-9 宿迁市河滨公园茶餐厅

十、葡萄牙波·诺瓦餐厅茶室

葡萄牙设计师阿尔巴罗·西萨（Alvaro Siza）设计的波·诺瓦餐厅茶室与周围崎岖的岩石滩融合在一起。墙体从建筑的基础部分做不规则延伸，暗示出环境与餐厅体量的和谐，虽然这座用拉毛水泥和红土屋瓦建成的房子让人联想起当地的传统，但它却绝对是现代的。西萨的设计引导游人拾级而上，通过面向大海和岩石而开的窗户观看开阔的海景，之后进入黑暗的室内。凭借如同木匠一样对室内细节的专注，西萨设计的家具、红木的顶棚和地板，给餐厅和茶室一种温暖的气氛，同时也让人想起赖特（Wright）的作品。

整个建筑的体量与屋顶的形式，使其如同是从满布岩石的海岬地段中生长出来的。平面布局反映了建筑与地质结构相适应的处理方法；空间中多样的门窗开口设计，以不同的方式增强室内与周边景观之间的联系；出挑很深的屋檐，把红木顶棚延伸至室外，形成一个可以遮挡当地强烈阳光的防护物，加上覆盖暖红板瓦的单坡屋顶、木窗木板、白色粉墙等源自地中海岸传统的建筑构造的运用，无不体现了西萨对葡萄牙乡土建筑传统的探求。

这个杰出的建筑与外面看起来就要侵入室内的岩石滩融为一体。一组墙体划分了建筑周围的空间，引导游人通过一段楼梯进入，可以不间断地看到大海。这个地方有着无可争议的自然美景，当进入有黑木装饰的室内时，人们很快就会忘掉在场地靠内陆一边的都市。一段楼梯延伸到下面的茶室和餐厅，然后是一个常常出现在西萨作品中的场景——以一扇窗户作为景框，人们可以看到室外的岩石。西萨的另一个标志性的特征——对室内和家具的精心设计，在这里也有充分体现。可以看出这座建筑很受塔沃拉（Fernando Távora）的影响，但它同样让人想起了一些赖特的建筑。（图 5-4-10）

环境总平面图

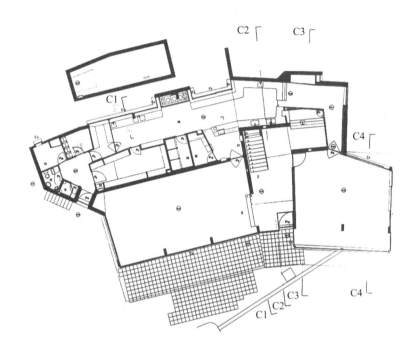

一层平面图

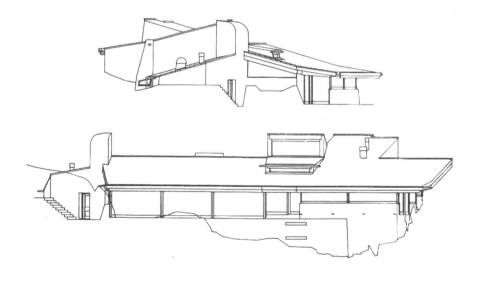

立面图

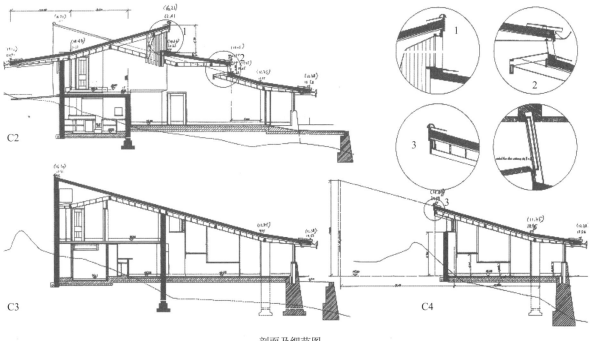

剖面及细节图

实景一

实景二

实景三

实景四

图5-4-10 葡萄牙波·诺瓦餐厅茶室

十一、连云港花果山屏竹禅院

屏竹禅院坐落于一片金镶玉竹林之中,为明代谢淳舍家开山时所建,曾惨遭日寇焚毁,仅存院门。1984年由潘谷西先生重新设计,面积虽不大,但在园林设计上意境深远,有仙境般的感觉。在有限的空间内,茶室、亭台、月门、回廊、鱼池、林木星罗棋布,步移景异,相互呼应。炎夏季节,凉风自来,蝉声起伏,更显出禅院的清幽,如入仙境。通过望亭打开了辽阔的眼界,将院外自然景色引入园中,这里三面敞开,视野宽阔,眼前是一片绿树翠竹,近旁为三元宫大殿;远眺南天门,群峰遥耸,绵延百里。泉是禅院的生命之源,没有它禅院便枯涩冷漠,缺乏生活气息。禅院是整个景群的主体,使自然景观与人文景观融合为一体,交相辉映,成为花果山的一个重要景点。(图5-4-11)

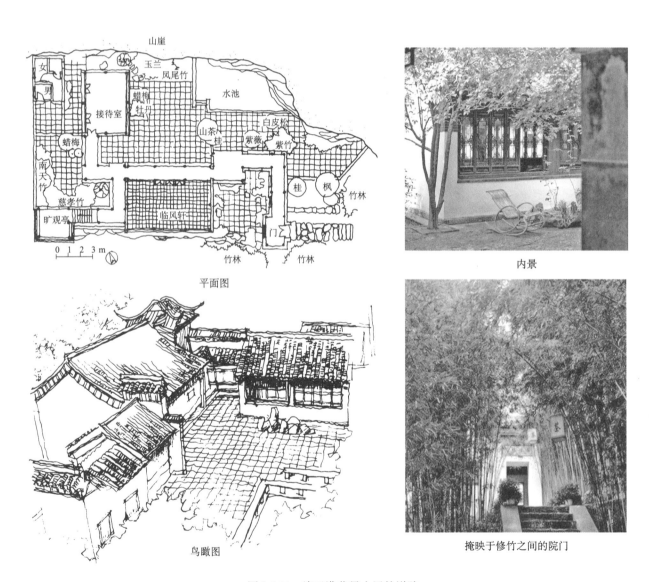

图5-4-11 连云港花果山屏竹禅院

十二、浙江建德习习山庄

习习山庄位于浙江省建德市石屏乡"灵栖胜景"清风洞入洞口，由葛如亮先生设计。山庄利用清风洞内自然风，通过地沟将习习凉风送到房间，只需打开房间中的预留风口即可，"习习山庄"也因此得名。清风洞处于山体南坡的半山腰，出入洞口上下相距不远，出洞口（上方）为天然形成，入洞口（下方）则为人工开凿。为遮挡入洞口的开凿痕迹，习习山庄紧贴入洞口，因此从山下到习习山庄要经过一段较长的游步道。习习山庄与自然环境紧密结合，其空间处理灵活通透，以入口曲折的敞廊、因势随形的坡屋顶最具形象特征。

习习山庄的平面布局顺应了地形，两组主要功能空间与等高线平行，与等高线垂直的长尾巴屋顶（透视视线长22.8m）下，长廊、平台和梯段都架空在山体上。建筑内部有入洞和出洞两条流线，入洞流线为主要考虑的对象。从建筑内部的空间组织和入洞人流路线来看，习习山庄可以看成由四个变化的矩形构成。第二个矩形由室外和半室外的平台组成，其他矩形为屋顶覆盖的建筑空间。流线从山庄大门到入洞口经过了七次L形转折。在经过入口敞廊到达第一个转折处，正对坡地上的入洞前室，本可用最短的距离到达前室而进入清风洞，设计者匠心独运地采用水池矮墙、挡土墙和眺台边矮墙三道水平向墙体来引导入洞人流，延长游览距离。由于用地平面及竖向的变化，习习山庄建筑体相对松散，空间界面相对开敞，L形流线在室内、室外及半室内外穿插，更多组织起通过式空间。设计者将传统建筑和园林中的转折关系转化为功能集中的L形空间，不同于通常意义上现代主义的"流动空间界面的连续界质的透明而发展出一种独特的现代空间原型"，可谓深得传统中"转折关系"之精髓。（图5-4-12）

长尾巴屋顶下的长廊

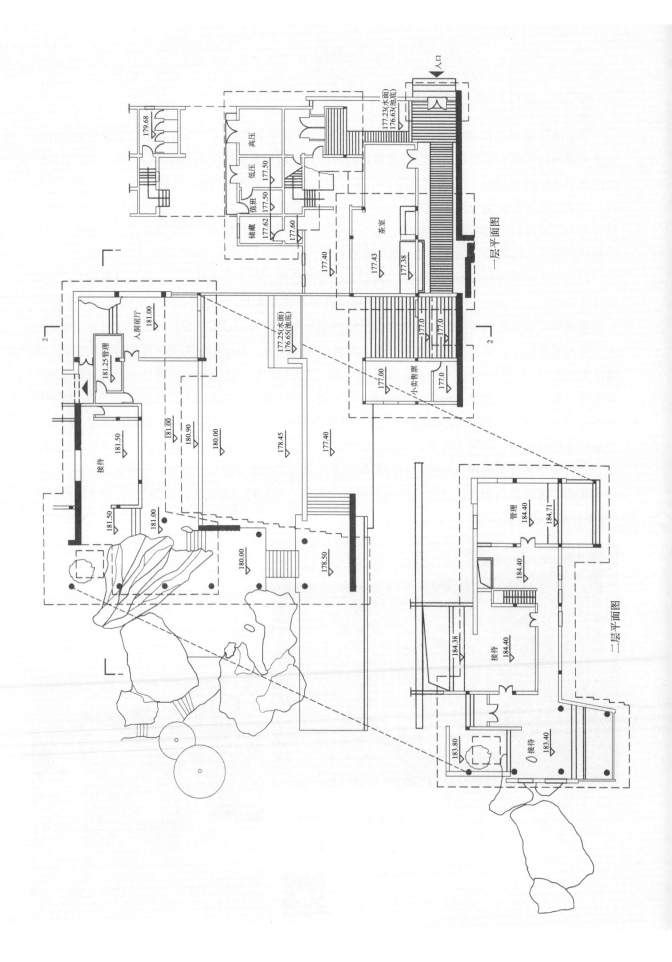

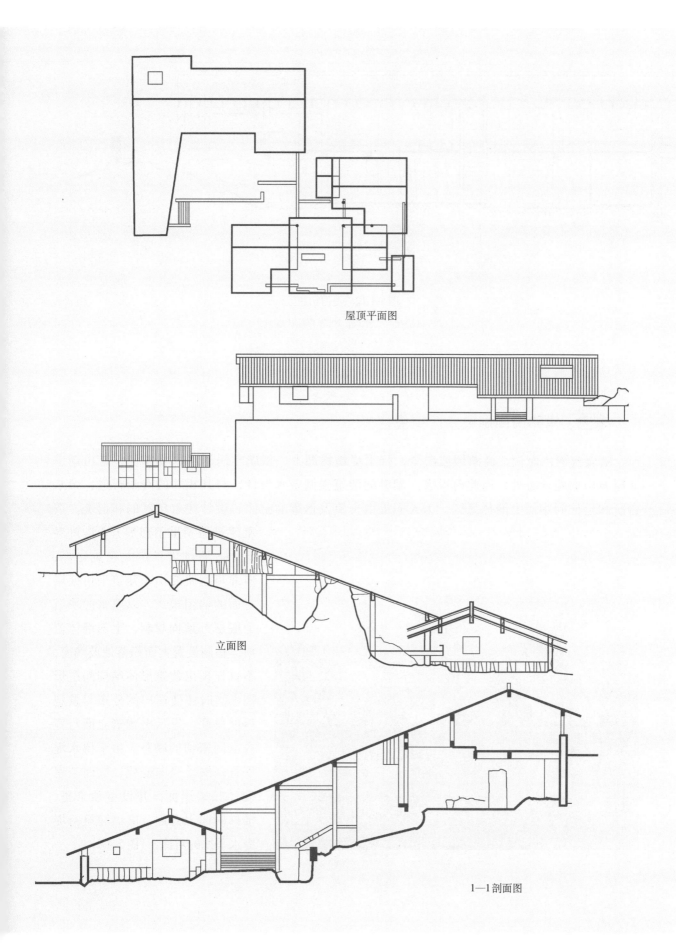

屋顶平面图

立面图

1—1剖面图

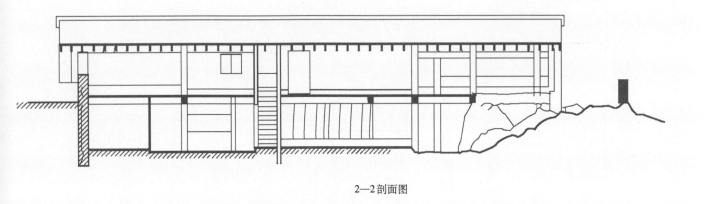

2—2剖面图

图5-4-12 习习山庄

(引自时代建筑,2007年第5期)

十三、常熟市尚湖风景区望虞台

望虞台濒水而设,尚湖烟波浩渺,拂水堤蜿蜒湖上,望虞台居于拂水堤东侧,是由湖中北望虞山的绝佳之处,因此而得名。湖畔的建筑强调亲水设计,与其相邻的有步行道、亲水台阶和延伸到水面上的休息区,为人们提供交流及休憩的空间。设计注重自然的和谐美。茶室建筑面湖呈扇形展开,向外界开敞,通过借景扩大视觉边界,向北可远眺虞山。建筑采用分层立面的构图模式,以厚重的块石为底层外墙面材料,上部墙体留白,临湖设置大面积落地玻璃窗,不仅显现出建筑形体结构的逻辑性,同时还使窗户的分布与景观得以关联,显示出建筑立面与室内空间密切的联系。由于拂水堤平直,缺乏竖向变化,故而茶室设计二层屋面,并设屋顶茶室,楼梯间向上升起,突出建筑与堤岸水平线的对比。(图5-4-13)

实景

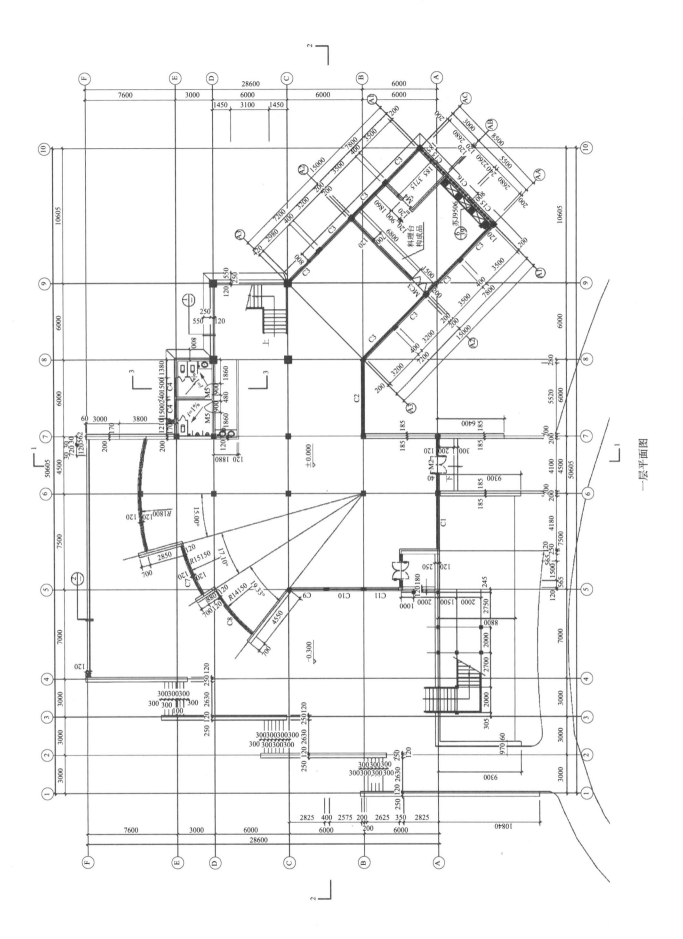

一层平面图

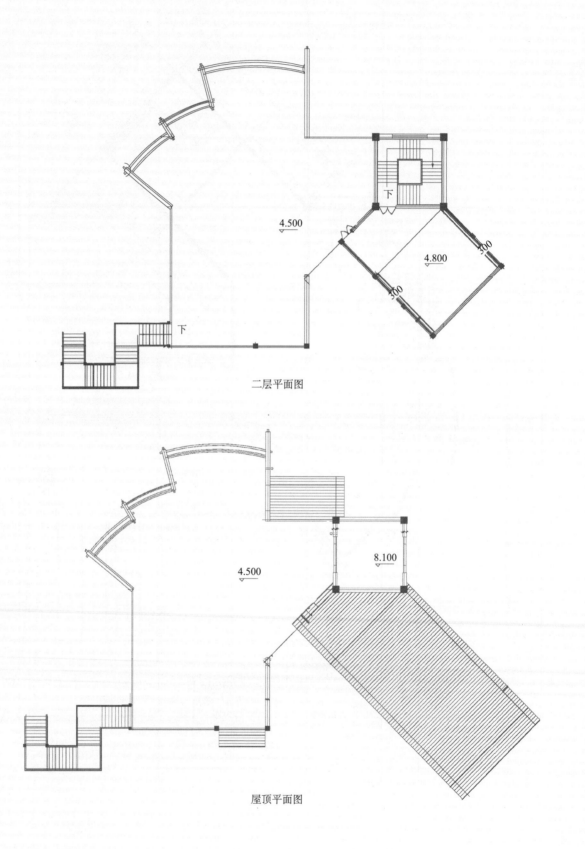

二层平面图

屋顶平面图

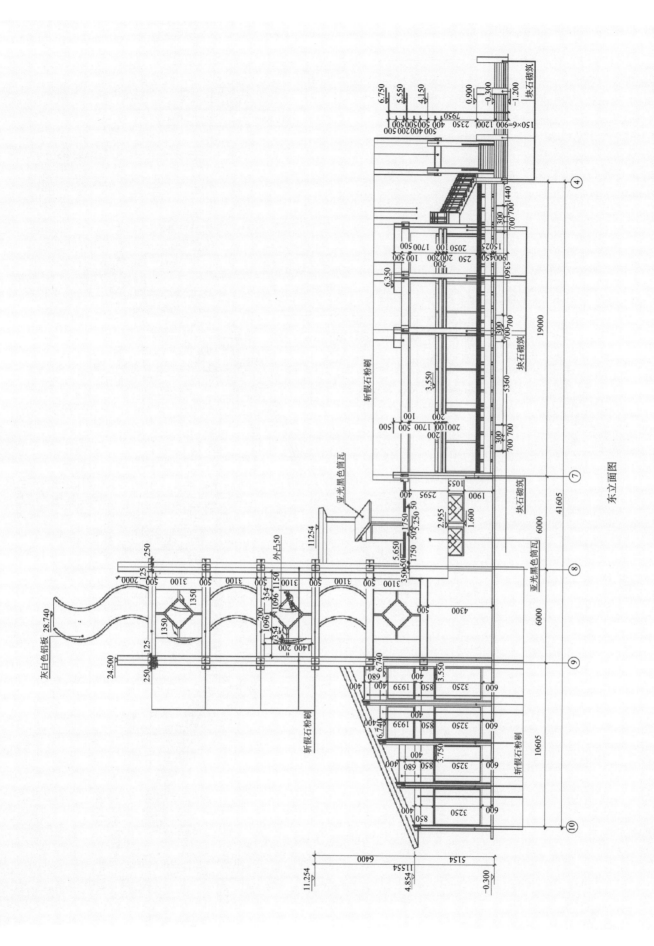

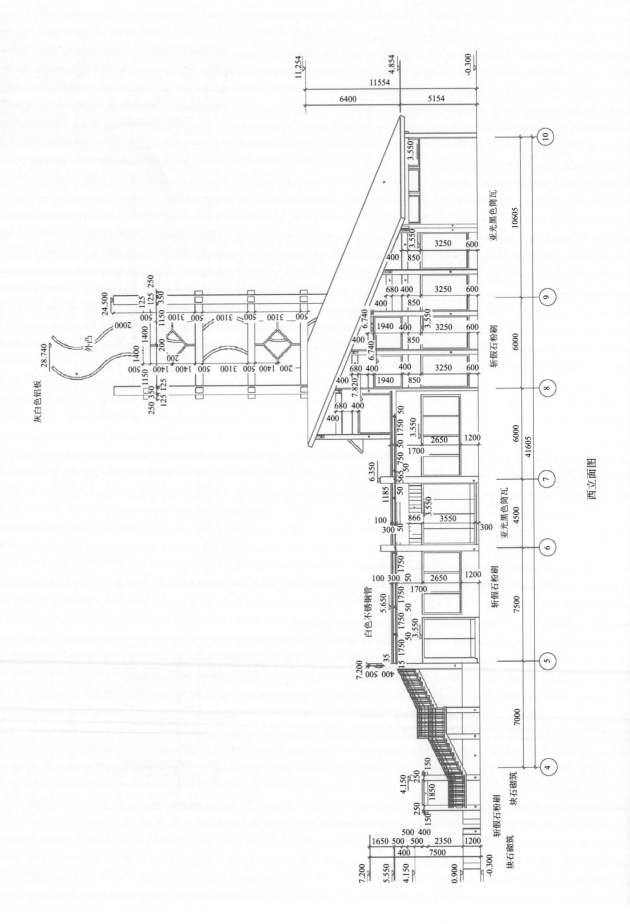

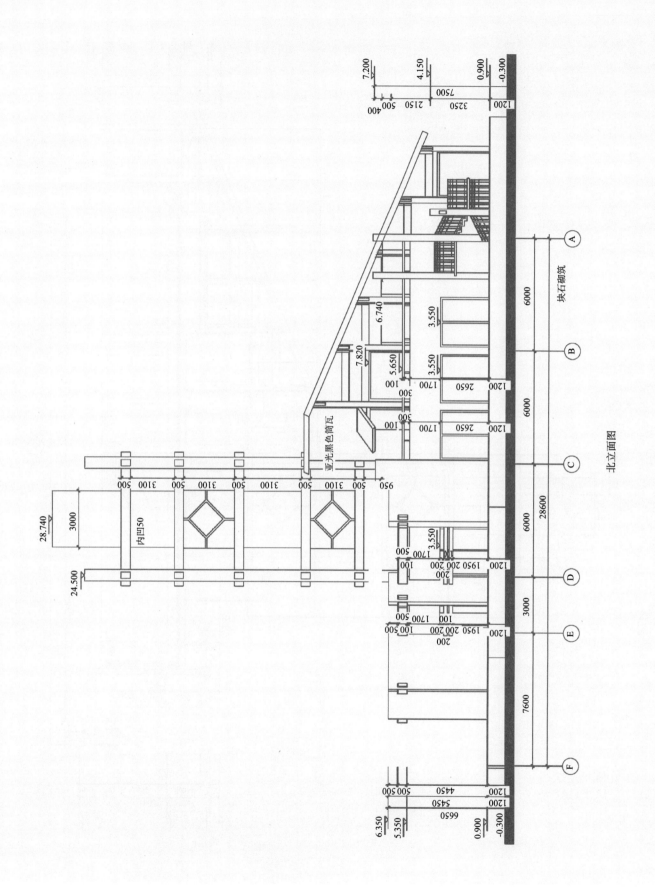

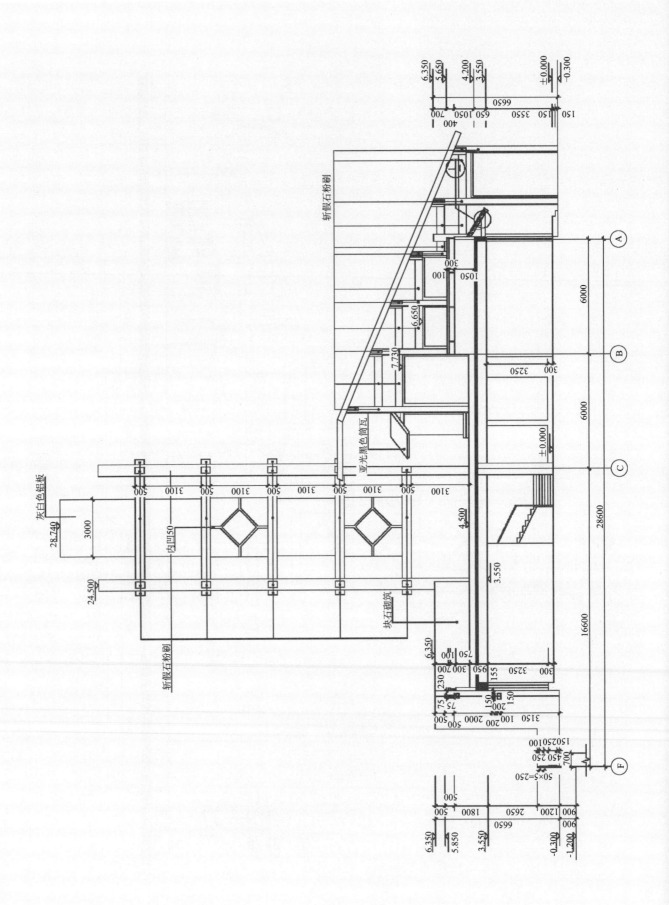

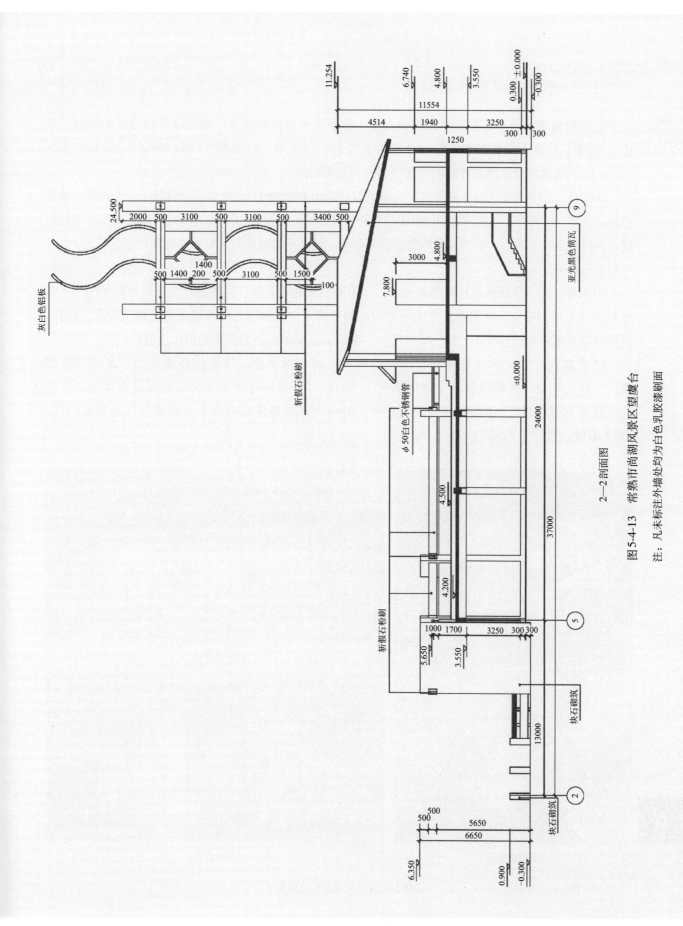

图 5-4-13　常熟市尚湖风景区望虞台

注：凡未标注外墙处均为白色乳胶漆刷面

十四、伦敦海德公园茶室

伦敦的海德公园不仅是普通人发表政见、游客追思历史的地方，也是建筑师表演的舞台。过去七年每年邀请一位著名建筑师设计临时展览馆，如扎哈·哈迪德（Zaha Hadid）、伊东·丰雄（Toyo Ito）等著名设计师设计的展厅仅使用一年后就拆除。

2002年，伊东和他的同伴塞西尔·贝尔蒙德（Cecil Balmond）在伦敦尝试设计了一个画廊，他自己称之为"一个凉亭"。这个高达4.8m的白色正方体凉亭，外层是由一块块不规则形状的图形连接而成，同样也成功地成为一个供人们休憩的公共环境。但这个尝试性的实验作品在经历了夏季的3个月之后就被拆除。

伊东称，这个建筑的设计灵感源于正方形不断旋转的效果图，这种旋转的效果导致了这个正方体外表的不规则镂空，使得内外空间没有明显的界线，空气和阳光可以直接进入建筑内部。同样，这个凉亭也不存在任何柱子、门、梁和窗户，有的只是简单的图形连接和自由流通的空气。

伊东将现代主义的建筑特点归结为结构满足特定的功能，从而达到最合适、最恰当的效果，"'现代主义'的特点就是非这样不可"，他说，"而超越现代主义的建筑风格则体现出更多的灵活性和适应性"。伊东所谈到的适应性，其中一点就是建筑风格本身和周围环境的适应性。（图5-4-14）

局部透视图

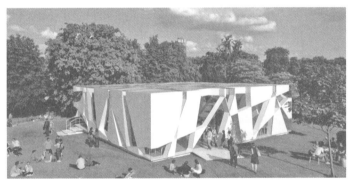

透视图一

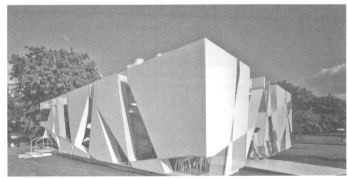

透视图二

图5-4-14　伦敦海德公园茶室

十五、盐城市二卯酉河景观带茶餐厅

盐城市二卯酉河景观带茶餐厅位于风光带中部，该景观带用地狭长。茶餐厅建筑采取一、二层组合，建筑主体为异型二层钢筋混凝土结构，一层为门厅、大厅、厨房及管理用房，二层为雅座包间，一层屋面设有露台，上部结合钢管柱、张拉膜结构遮阳，建筑造型活泼空透，外墙以大面积玻璃、蓝灰色和黄色压型钢板为主，色彩明快，形体简洁，犹如停泊于二卯酉河畔等待扬帆起航的"船"。由于建筑主体采用钢结构，因此室内空间跨度较大，周边维护结构构件轻巧，使得营业厅室内外空间更加通透。（图5-4-15）

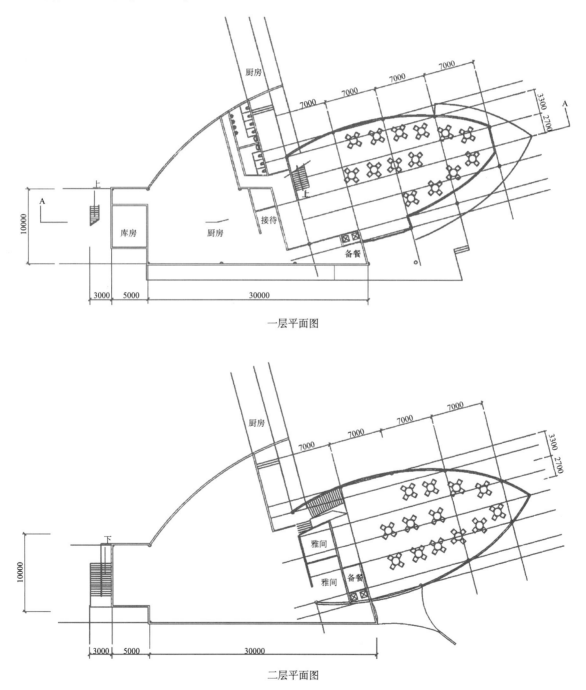

一层平面图

二层平面图

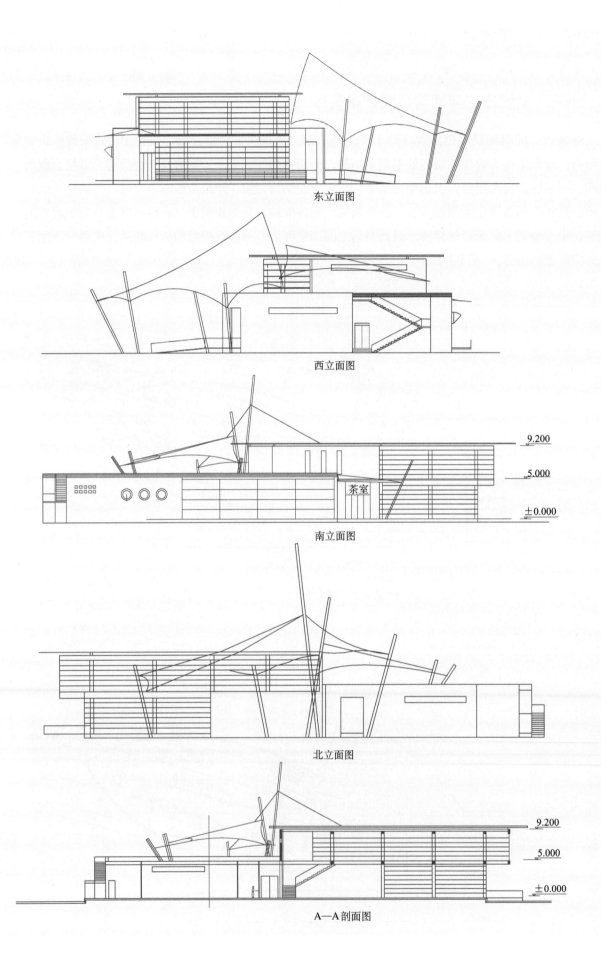

透视图

实景

图5-4-15 盐城市二卯酉河景观带餐厅

十六、福建漳浦西湖公园茶室

福建漳浦西湖公园茶室位于公园的西北部，平面呈正三角形，其一个顶端正对着由南门入口形成的轴线。主体部分设有夹层，上层可作为冷饮部，下层临水的南面设有宽大的露台，游人可在此品茗观景。附属部分为供应点和小卖部，可对外出售食品。(图5-4-16)

构思草图

透视及平、剖面图

图5-4-16　福建漳浦西湖公园茶室

(引自彭一刚，2000)

十七、南京古林公园牡丹园茶室

南京古林公园牡丹园茶室位于园子西部，由两组歇山顶厅堂及一四角攒尖亭与亭廊结合而成，平面呈曲尺形，建筑随地形高下起伏跌落，横跨水涧，灰色筒瓦，水刷石外墙，自然古朴。单体建筑朝向及竖向因地形与景观而转换，整组建筑更显灵活且富于变化。(图5-4-17)

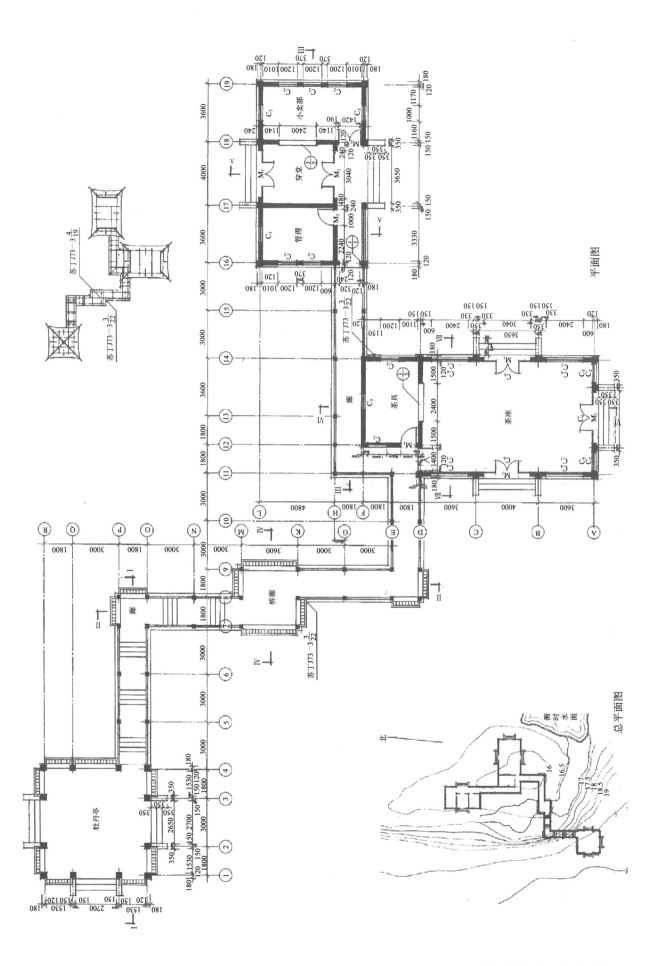

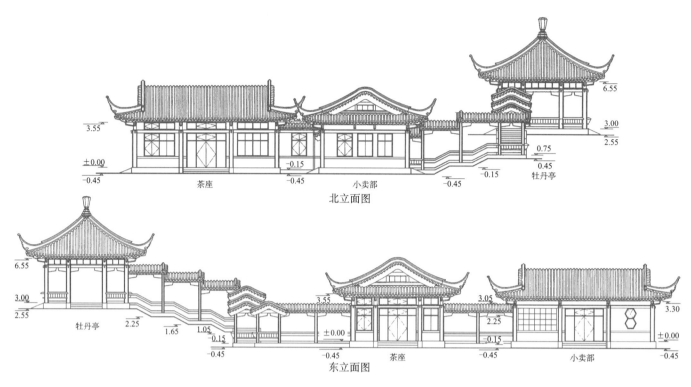

图 5-4-17　南京古林公园牡丹园茶室

(引自陈雷、李浩年，2001)

十八、松江方塔园何陋轩（茶室）

茶室"何陋轩"位于方塔园东南隅洲屿之上，四面环水，为著名建筑家冯纪忠先生的作品。建筑单体以竹为屋架，以草覆顶，建筑造型采用松江地区特有的四坡顶弯屋脊形式。构竹为屋架，覆以草顶。竹竿之间采取类似传统的捆扎方式连接，并施以黑漆。维护墙采用一系列弧形墙，灵活地划分出茶室、烧水间等，创造游离于大屋面之下的流动空间，地面以不同的标高转向各自最佳的室外环境，实现了室内外空间的功能组织与自由流动的构思要求。

何陋轩在文化上的意义在于它不仅是地区层次上的文脉延续，而且是对传统优秀建筑文化的继承与发扬。（图5-4-18）

全景

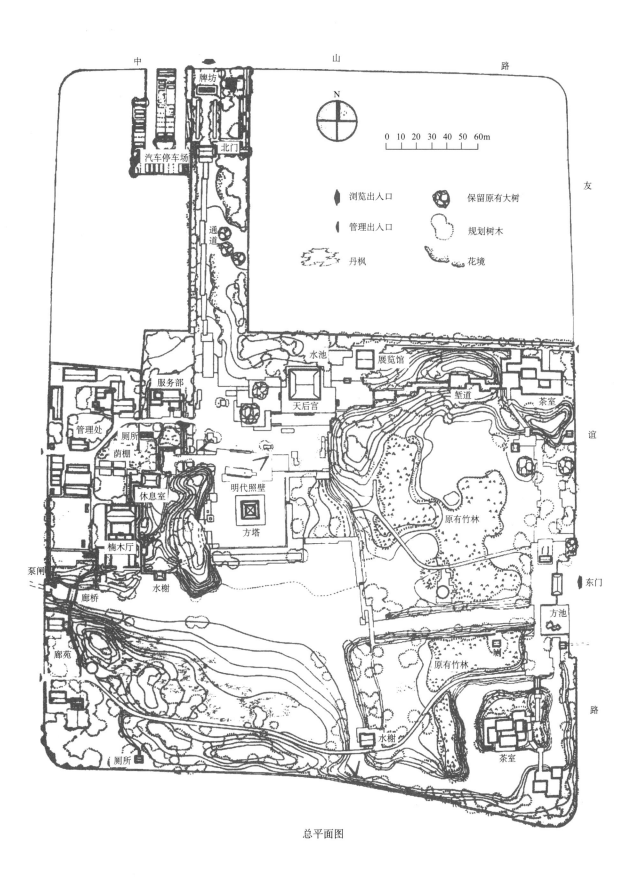

总平面图

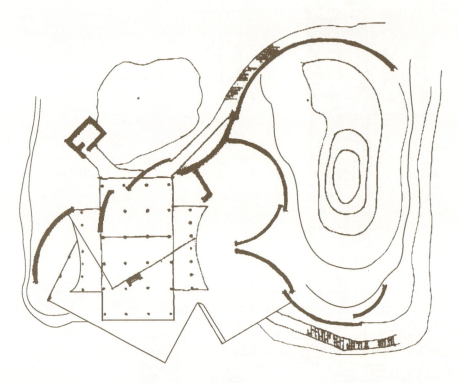

平面图

屋架

屋面（维修中）

图 5-4-18　松江方塔园何陋轩（茶室）

（引自建筑学报，2000年第1期）

十九、广州白云山凌香馆冰室

凌香馆冰室位于广州白云山风景区山北公园,滨水而设,采取两层结构仿传统园林建筑"舫"形而设计。建筑空间单元采取集中式布局,结构紧凑,功能合理,造型简洁,继承传统建筑之意,而不拘于形,有所创新发展。建筑以水平方向展开,伸入水面,空间布局灵活,丰富了水面景观。(图5-4-19)

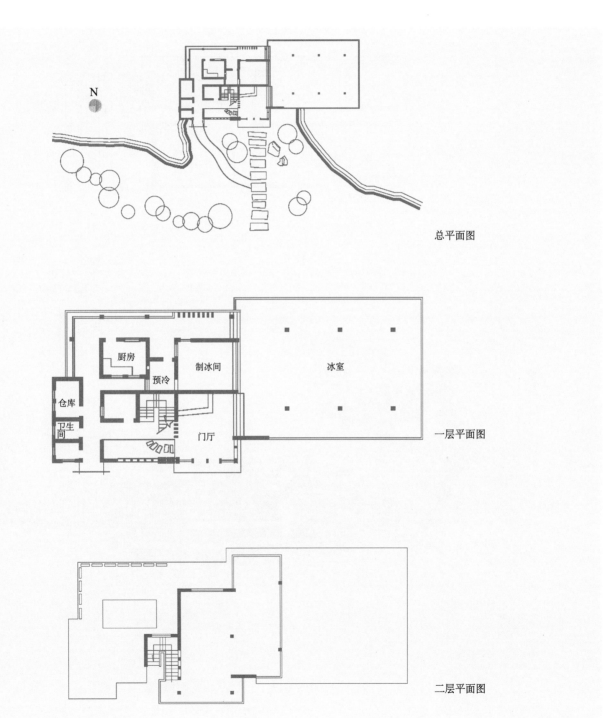

总平面图

一层平面图

二层平面图

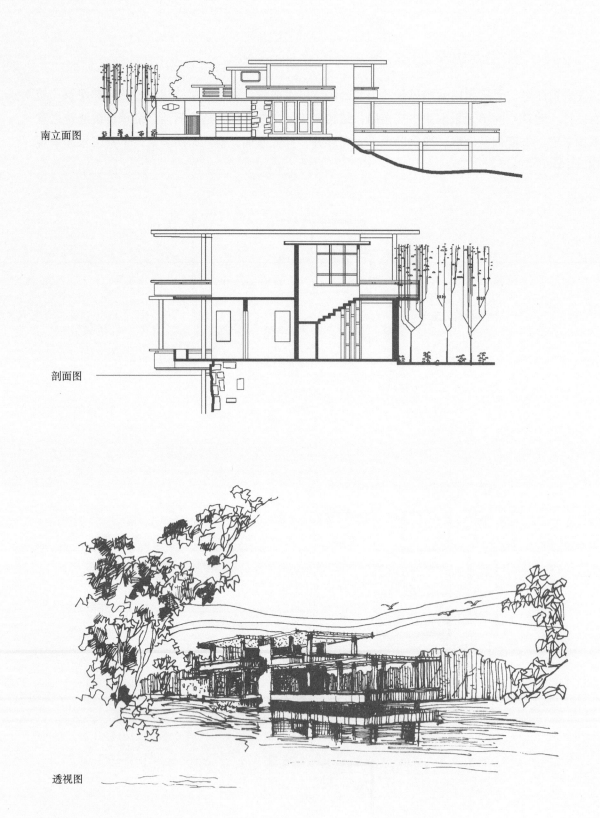

图5-4-19　广州白云山凌香馆冰室

（引自杜汝俭，1986）

二十、黄河小浪底公园茶室

该茶室由四个条形体块组成。其中两个在立面上呈曲线升起的体块构成茶室的主体，内含11个楼面标高从1.00m依次递增到11.00m的餐厅。每个餐厅可坐8～10人，全部面对大坝及湖景，但高度的变化使各个餐厅的景观从以湖中曲桥、小山为主过渡到以雄伟的大坝为中心。除了北端的三个外，所有餐厅均仅用矮墙分隔，从而在室内形成一个连续的台阶型空间。在"大台阶"的标高5.00m及10.00m处，各有一道天桥延伸到建筑背后的小山山腰及山顶上，从下面上来的游人可由此继续游览山后的其他景观（对从山后过来的游人则可探索湖景）。第三个条形体块平卧在建筑北面，内含供游泳者使用的更衣室、室外淋浴小院等。第四个体块从上述两个曲线体块之间垂直升起，内设分别供游人及服务员专用的楼梯、食梯及备餐间等。食梯及备餐间的位置安排使服务员最多只需爬相当于普通建筑中的一层楼就可以到达最远的餐桌。楼梯间的脚下为厨房，其南设有一处供残疾人使用的餐厅。两个曲线体块的建筑形式为露明的钢筋混凝土梁柱，朝大坝一面的填充墙全部为透明或磨砂玻璃。柱身设在玻璃面的外面，期望能对西晒起一定削弱作用。另两个体块外面则采用贴面砖的实墙，辅以铝合金窗。

由于此公园在夏季的游人量远远超过其他季节，该设计利用上述四个体块的互相穿插，在建筑的西、北、南三面界定出三个高度不同的室外用餐区域。其中建筑西面的室外平台可容纳大量的快餐顾客。更衣室体块屋顶上的咖啡座可供游泳者随意小酌。最后，建筑南面的一个小型屋顶餐厅不仅提供了安静的气氛，同时正对原来的黄河。夕阳西下时，在茶室暗红色的梁柱（来自洛阳白马寺的色彩）衬托下，河对岸古老的黄土峭壁及苍翠的草木显得分外夺目。（图5-4-20）

透视图

连接天桥

廊下空间

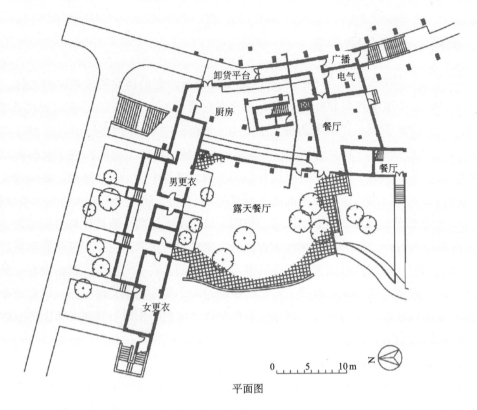

平面图

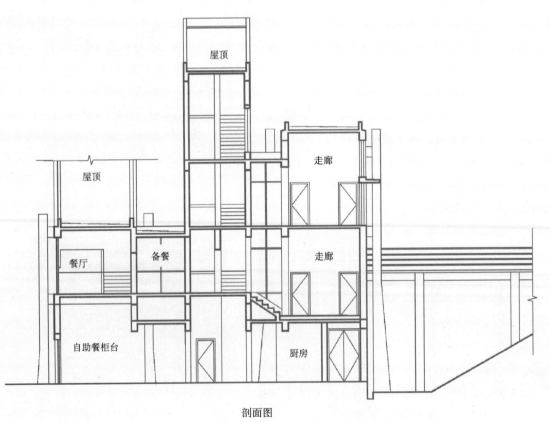

剖面图

图5-4-20 黄河小浪底公园茶室

(引自建筑学报，2003年第3期)

二十一、桂林隐山茶室

该项目位于桂林隐山南山脚下,濒水而设,一面临山崖,建筑设计巧妙利用地形高差,因山就势,高低错落,建筑轮廓丰富。平面布局沿崖壁呈水平向展开,于山崖峭壁与建筑之间设置庭院,丰富建筑内部空间,结合自然崖壁设置登山道。整组建筑仿桂北民居加以提炼,采用缓坡屋顶,绿琉璃瓦,白色墙面,建筑尺度把握得当,不仅具有地域性建筑特色,也与环境充分融合,人工的建筑与自然的景观相映成趣。(图5-4-21)

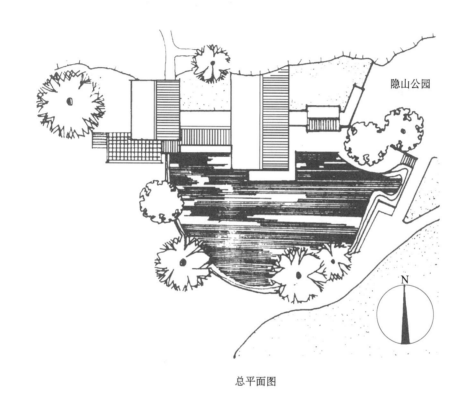

总平面图

一层平面图

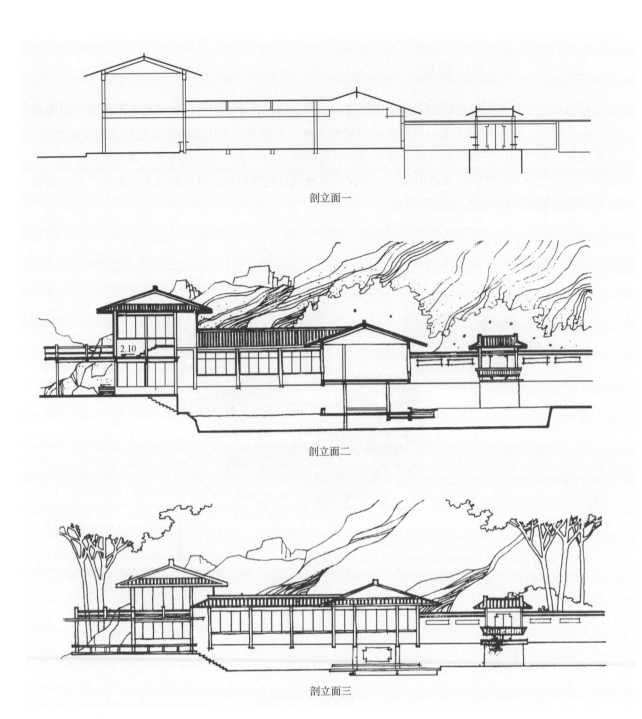

剖立面一

剖立面二

剖立面三

图 5-4-21　桂林隐山茶室

（引自杜汝俭，1986）

展陈建筑

展陈行为起源于对珍品的收藏。从17世纪开始，由于文艺复兴的思想变革，展示内容扩展到各种历史文物、艺术品及动植物标本等人文与自然科学内容。从18世纪末卢浮宫面向社会公众开放开始，逐渐形成了国家、地方、个人的分级规模，并由于资金实力和展品来源的不同，逐渐丰富了展示的规模与类型，展陈建筑也随之成为一类重要的反映社会文化的建筑类型。第二次世界大战之后，展示内容几乎涉及人类生活的各个方面。20世纪以后，展陈建筑的空间内涵从收藏研究逐渐转为公众参与和收藏并重的趋势。

景观建筑原本包含景观营造的意思，是环境审美方面的规划设计。因此可以认为，园林中的展陈建筑就是在有较高的环境审美要求的领域范围内所做的博览类建筑，包含了环境审美、生态、自然地理条件、植被等方面的因素。

通常园林中的展陈建筑都很好地与景观环境结合在一起，或处于自然风景区之中，或处于自然公园之中，或位于城市公园之中。这一类建筑是展示、研究和保存的场所，同时也是社会公众的聚集场所和重要的社会教育资源。因此，公众与展品的互动日益成为一个主要的目标。不仅包括室内空间的互动关系，还包括室内与室外景观形态的连续性。

相对于其他园林建筑而言，展陈建筑的社会功能更为显著。展陈建筑最基本的功能是满足人们休闲观赏，同时作为教育资源成为普及环保、科技、文化等的教育基地，甚至还成为各种专门的文化载体的展示场所，在广泛的意义上实际已经成为有力的教育手段。如水族馆对于儿童，科技馆对于大众等。寓教于乐，是展陈建筑与大众交流的重要途径。公园中常见的植物温室、盆景园、动物馆舍等，以及某些名人纪念馆、民俗馆等，也起着同样的作用。

此外，展陈建筑因其拥有的场地便利条件、文化氛围等，还可以促进公众之间的交流，甚至地区之间的交流，如组织巡回展览等。

第一节　展陈建筑的主要种类

园林中的展陈建筑与通常的展陈建筑不完全相同，主要特点是结合自然与人工环境，注重对景观环境的影响和自身作为景观对象的塑造。这类建筑规模往往较小，一般来说在3 000m²以下，当然也不排除少数面积较大的景观建筑，如植物园玻璃温室、大型水族馆等。

在传统园林中，展陈建筑的出现是从很小的展廊开始的，展示的是一些很小的壁挂式对象，大多是各种类型的绘画、摄影作品等，如上海中山公园展廊（图6-1-1）。后来规模逐渐增大，形成一些艺苑，如上海虹口公园艺苑（详见本章实例），开始将展示空间内外结合，利用传统园林建筑与廊道围合，结合庭院观赏植物，形成具有展示陈列特征的园林建筑。

通常处于公园或风景环境中的展示对象都有专门的方向类别。展陈建筑展示的内容一般涵盖历史文物、文艺、科普之类，包括书画、金石、工艺、盆栽、花鸟、虫鱼、摄影和动植物等，相对应地可分为摄影馆、雕塑馆、书画美术馆、科技馆、人物纪念馆、民俗馆、水族馆、动植物馆等。这类展陈建筑在中国传统园林中规模较小时，往往统称为展廊、展室或展览馆。传统园林本身不断发展，传统的科普画廊逐渐发展为科技展馆，为保护某种资源形成的遗址、遗迹博物馆，为纪念或者缅怀某个古代或近代的人物形成的名人纪念馆等，随着经济的发展，不断出现在风景园林环境之中。

在国外，很多展陈建筑本身就是特意选址在风景环境中或公园中。与国内的展室、艺苑、盆景馆之类不同，国内往往都是建筑与环境结合，形成园林式建筑，国外的展陈建筑更强调建筑本身，甚至常常为建筑而建造一个公园。

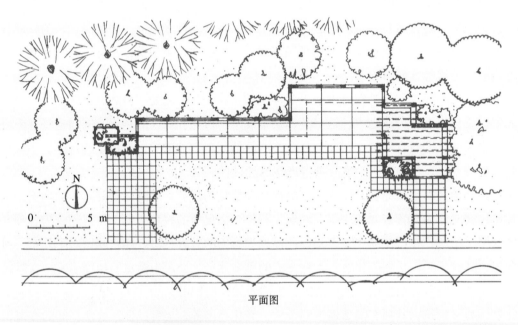

平面图

立面图

图6-1-1　上海中山公园展廊

（引自同济大学建筑系园林教研室，公园规划与建筑图集，1988）

一、书画类

书画类展陈建筑是传统园林中的主要内容之一，也是现代园林中的重要内容。主要以名人绘画的收藏与展示为主，同时还有名人画家之间的交流展示等。一般多为综合性陈列，如洛阳白居易墓园的道时书屋（图6-1-2），日本京都滋贺县信东町自然保护区的美秀美术馆（图6-1-3）。

图6-1-2　洛阳白居易墓园道时书屋

（引自刘少宗主编，中国优秀园林设计集，1997）

书画类展陈建筑的藏品一般对光线的要求比较高，包括光线的照度、角度、色温等。另外由于色彩、颜料的关系，对自然光线的限制较大，对藏品的保护措施要求较高。

书画类展陈建筑的展品一般都是实物，有些格外贵重的作品也用复制品。由于美术作品需要慢慢品味，一般参观时间较长，空间应相应加大，观赏距离与展品的大小直接相关，并且需要留下相当的空间让前来临摹的学习者现场工作。美术展品一般都有固定、独立的陈列框或展柜。

书画类展陈建筑一般分为综合性展示和专业性展示等类型，馆内通常都设有专业的工作室、创作研究室等。

透视图

鸟瞰图

内景

节点

图6-1-3　美秀美术馆

（引自Carter Wiseman，The Architecture of I.M.PEI，1987）

二、纪念类

纪念类展陈建筑主要是以名人、遗址、历史遗迹、文物等展示为主,以整体的纪念意义为主要设计和游览脉络。如名人纪念馆(浙江叶浅予纪念馆,图6-1-4)、考古公园(如考古发现储存间,详见本章实例)等。

图6-1-4 浙江叶浅予纪念馆

纪念馆一般和特定的环境有关,其纪念意义更多地依赖特定的选址。建筑本身的设计要点,在共性上需要体现庄严、肃穆;在个性上,某些名人纪念馆也需要体现名人本身的气质与亲和力。纪念馆展出的内容大多与历史有关,如历史遗迹、史料、名人轶事、照片、专著等。纪念馆常建有纪念碑、名人塑像等。纪念性展品的展示,通常以时间排序,注意流线通畅。对于内容单一的纪念馆展品,也可自由组织流向,空间相对灵活。

有些纪念性的展馆,也称为陈列馆,取其展示陈列的意思,如邓小平故居陈列馆(详见本章实例)。

三、民俗文化类

民俗类展陈建筑由于展示内容以各地风土人情为主,往往位于风景区或公园内部,因此成为展陈建筑的一个特殊类型。民俗馆的建设,由于其对地方特色文化的体现,往往具有很强烈的民族特色。一般展出的内容为地方的传统生活方式、历史、社会习俗等。除了以地方及民族特色为主题外,某些具有地方特色的工艺也在其中,如苏州的砖雕、大理的蜡染等。实例有漳浦西湖公园民俗馆(详见本章实例)、苏州民俗博物馆等。

民俗类展馆的形象设计往往为了体现民族性与民俗性,大多具有地方建筑的形象特征或传统建筑的构成要素,是传承传统文化与地方文化的载体。民俗馆的选址往往以表现地方特色为原则,因此多会充分利用地方的旧建筑加以改造。

四、科技类

科技类展陈建筑以科学技术主题为主，主要包括当代的科技展示，并结合休闲娱乐等功能，如瑞士定期举办科技博览会的相关建筑群。

一般的科技类展陈建筑都是以普及科学知识为主，并可能运用科技来构建室内外空间，形成具有特色的建筑造型。展示内容更多地考虑观众的参与与互动，包括可能的试验与体验。由于科技馆的内容需要反映时代科技，因此经常更新，这就需要设置相应的多功能展示大厅、图书研究空间、实验室和交流性质的空间（如会议室、报告厅）等。

此外，也有相对固定的专业性质的科技馆，如汽车科技馆、天文科技馆等。

五、杂项展览类

杂项展览类展陈建筑以艺术类收藏为主，如插花艺术馆、车辆机械馆、摄影馆、雕塑馆等。如位于阿尔卑斯山脚下的瑞士Giornico雕塑博物馆（图6-1-5）、位于西湖风景区中的中国茶叶博物馆（图6-1-6）。

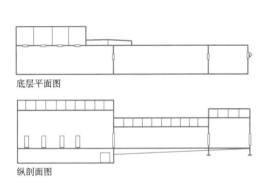

底层平面图

纵剖面图

平、剖面图

图6-1-5　瑞士Giornico
　　　　　雕塑博物馆

(引自华中建筑，2002年第1期)

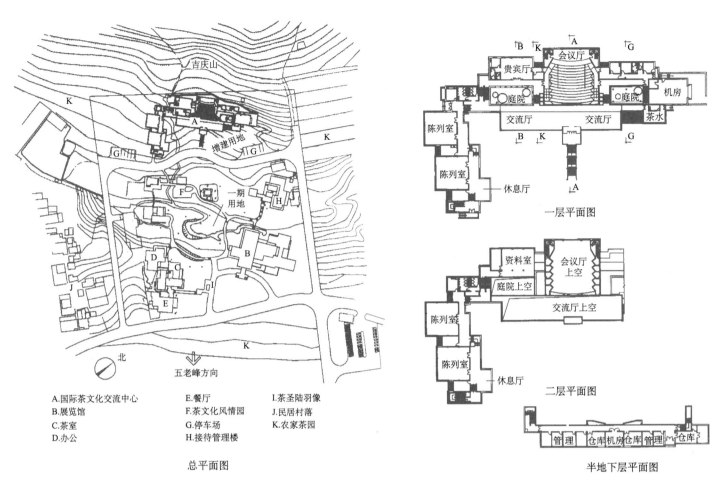
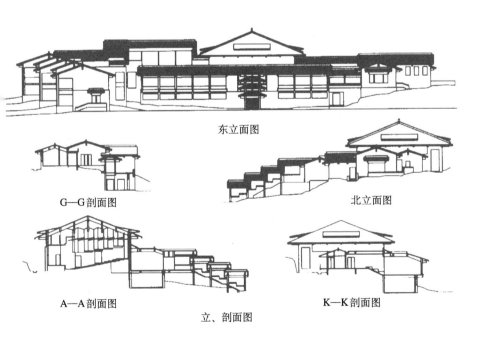

图6-1-6 中国茶叶博物馆

(引自建筑学报,2003年第4期)

这类建筑通常收藏内容较为丰富，专业性较强，因此不但有相对完善的保管和存储设施，还设有相关的研究整理办公空间。不论规模如何，博物馆建筑的藏品一般都是长期收藏，陈列方式因此较为固定。基本陈列内容和方式，在没有新的资料更新、新的研究成果出现的情况下，不轻易变动。陈列的内容多为实物，特别贵重的用复制品替代。根据藏品的不同属性，采用不同的展示方式。如瑞士Giornico雕塑博物馆，多在参观流线旁用展台展示或直接展示在地面上；而中国茶叶博物馆则结合茶具、茶点甚至茶楼和民俗表演等，多元化地展示茶叶特点和氛围。

六、动、植物展示类

动物与植物展示是园林中活体生物展示的一类，是中国园林展陈建筑中的最主要内容之一。由于生物持续生长的需要，动、植物展示对生态条件、空气质量、温度湿度等因素技术要求较高。

植物园温室是其中常见的一类，主要收集和展示各种不同类型的植物，由于大多数观赏植物对温度控制要求较高，因此植物园温室应运而生。植物园温室一般展示的是珍稀、濒临灭绝的植物，或有特殊观赏价值、历史价值的植物，如广州华南植物园展览温室（图6-1-7）。由于对温度及空气

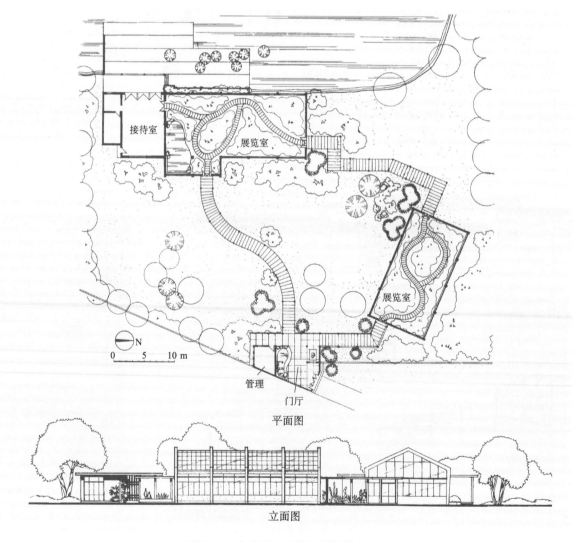

图6-1-7　广州华南植物园展览温室

质量的控制要求逐年增高，同时展示的品种逐年增多，温室建筑日益成为展陈建筑中技术含量很高的建筑之一，如韩国首尔的植物园温室（图6-1-8）。

动物园的动物馆是常见的动物展示类建筑，动物馆一般根据不同动物的特点，分为猛兽馆、鸟禽馆、爬行动物馆等。在公园中也可将动物观赏与景观营造结合起来，将具备观赏功能的亭廊与游园穿插，如杭州花港观鱼（图6-1-9）。花港观鱼现在仍保留有清代建造的观鱼池和御碑亭原貌，池水平静如镜，锦鳞潜泳，创造了一个兼顾动物生活与游客观赏的景观环境。

水族馆是动物展示中非常特殊的一类，往往与自然环境结合得更加紧密。如位于特定水域的水下水族馆、海边水族馆、海水水族馆等。展示内容以水生动物、植物的活体为主，甚至还包含室外空间的水上表演。如青岛水族馆（图6-1-10）、上海海洋水族馆（图6-1-11）。

水族馆的水质保障是建设的重要条件，一般有淡水、海水之分，也可以设置置换设备、供水系统，提高水族馆的适应性。水族馆中的动植物的生长环境和生活习性都有区别，一个综合性的水族馆是需要高科技辅助的。如南京的海底世界水族馆就是传统的海洋生物馆与高科技养殖技术相结合的产物，其中水母展馆就体现了国内领先的水母繁殖和饲养技术。

鸟瞰图

内景

图6-1-8 韩国首尔的植物园温室

平面图

实景图一

(引自包志毅,2014)

实景图二

图6-1-9 杭州花港观鱼

320 // 园林建筑设计 第二版

图6-1-10 青岛水族馆

图6-1-11 上海海洋水族馆

展陈建筑 第六章 // 321

第二节　展陈建筑的基地环境

一、基地环境的基本要求

展陈建筑的基地选择，一般需要满足以下几个方面的要求：

1. **背景环境**　作为景观对象，需要有合适的景观背景环境，如公园、风景区。同时，景观背景环境还应具有安全、宁静的特征。

2. **观众流量**　展陈建筑需要考虑一定的观众流量，包括客源的引导和便利的交通条件以及停车条件。同时应有齐全的市政配套设施，应配有一定的休闲服务设施与空间，一般可与江河湖泊、公园绿地、风景区域结合起来。

3. **环境结合**　可以与历史建筑环境结合、与现存遗址结合，共同提高环境的景观质量。

4. **内外结合**　园林中的展陈建筑一般规模不大，应考虑室外展示和满足观众休息、餐饮服务的可能性，往往与山水园林空间结合，形成文化、休闲、娱乐场所。

5. **安全要素**　展陈建筑需要更多地考虑人与展品的安全，因此，要避开易燃易爆区域，远离噪声源。利用遗址及古建筑场所设置，可以起到双重的保护作用。

以上几点在实际构思时都非常重要，稍有考虑不周的地方，都可能引起经济上的连锁反应，进而影响整个环境。如杭州茶叶博物馆，该馆选址于原双峰村畜牧场（占地2.23hm^2，总建筑面积3 600m^2），整个建筑高低错落，掩映在环境之中，周围茶树环绕，四季色彩变化，一派田园风光。博物馆除了南面紧邻双峰村落，其他三面都是大面积的茶园，建筑散构于环境之中，与自然环境浑然天成。随着城市居民节假日品茗、踏青、休憩活动日益增多，该馆在餐饮、住宿上的短缺矛盾日益尖锐，双峰村村民抓住这一契机，利用原有村落，开辟了农家特色餐饮服务，渐渐被称为"餐饮娱乐村"。然而随着经济效益的提高，土地开发的合理规划没有跟上，以致建筑密度日见增大，建筑风格迥异，自然环境遭到严重破坏，反过来与茶叶博物馆和环境相融的理念有了极大的反差，同时对茶叶博物馆的幽雅环境构成了威胁。这个例子既说明了展陈建筑中休闲服务设施的重要性，同时也说明了建筑环境与人之间的交互关系日渐增强。

二、景观环境与设计创意

园林中的展陈建筑设计需要解决的是人、建筑与环境三者之间相融共生的关系。既反映了构思的理念，也体现了人与环境相处的设计哲学。一个好的设计构思应当能够满足人、建筑、环境之间的互动交流关系，不仅体现在流线组织、视线组织等物理方面，还体现在观景者与景观对象之间交流的精神层面上。

一个好的设计创意，最重要的就是寻找与景观环境对话的渠道，在对话中巧妙地诠释建筑与环境融合的理念。建筑与环境结合的手法，可以归纳为以下几点：

1.环境因素　抽取环境因素，如地形、地势、色彩、质感等，并将这些因素完美地结合在新的建筑中，从而获得视觉上的延续和形式上的相融，并利用环境通道，合理组织视线，而不仅是交通。

展陈建筑与自然环境相融合的实例很多，而传统的园林建筑本身的基本要求就是融入环境之中，因此，传统的园林展陈建筑本身都是与自然环境相融合的优秀实例。从"地景"理念出发的现代展陈建筑，同样也非常重视与周围的自然环境的对话，如贝聿铭先生设计的日本美秀美术馆（Miho Museum，Shigaraki，1996），完全将建筑巧妙地融于自然环境中，构成了现代的世外桃源。该美术馆位于群山环抱、风景秀丽的信乐国家自然保护区中，虽然整个建筑面积达到17 000m²，但是只有约2 000m²的建筑部分露出地面，并且可见的屋顶部分不超过200m²。设计将大部分建筑面积置于地下，地上建筑以小体量分散布局，因地制宜，顺应山势，使建筑掩映在树木之中。从实际效果看，完全是一个小规模的景观建筑，整个建筑不仅与山体浑然一体，而且还考虑了对周围风景的视域组织，进入正厅之后，不仅可以眺望窗外的群山风景，还能看到对面1km距离的仅露出屋顶的神慈秀明会神殿和钟塔。在整体布局上，巧妙利用一座山和一条峡谷将美术馆与接待处分开，两者之间通过隧道和吊桥来连接。在整个序列中，半遮半掩的自然景观逐渐展开，将游人、壮观的山谷风光以及和谐的建筑群完美地结合起来。（图6-2-1）

图6-2-1　美秀美术馆巧妙融于自然环境

2.分散布局 采取分散化的方式减小建筑体量,当整体规模过大时,可利用连接体,如连廊、庭院等连接,但必须注意内外环境的延续。

如位于西宁西南郊西山的西宁植物园(图6-2-2),在山脚下的平缓地带用分散布局的方式展开了2 260m²建筑。整体布局追求江南园林的风格,空间高低错落,变化丰富。开放式与封闭式的园林空间相结合,这种布局能够充分体现江南园林的空间变化特征,利用园路的曲折迂回和地形的起伏变化,达到步移景异的效果。

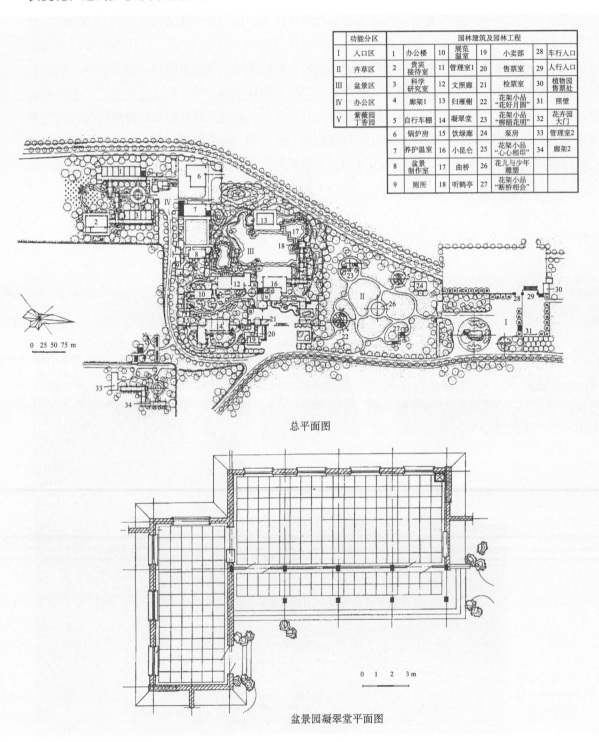

总平面图

盆景园凝翠堂平面图

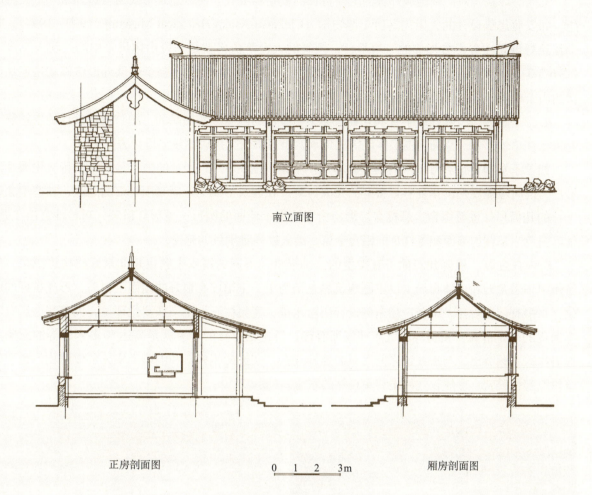

南立面图

正房剖面图 0 1 2 3m 厢房剖面图

内景一

内景二

图6-2-2 西宁植物园

（引自余树勋，植物园规划与设计，2000）

展陈建筑 第六章 // 325

3. 地形地貌　对广阔地域环境的地貌特征的概括和吸收，使得建筑形式与自然环境产生某种联想。如安藤忠雄设计的大阪飞鸟历史博物馆（Chikatsu-Asuka Historical Museum，1990—1994），整个建筑好像是顺着山势形成的一块平台，倾斜的大台阶仿佛就是一段山体风景中的一块人工步道（图6-2-3）。再如威尔士国家植物园的大玻璃温室（详见本章实例），整个玻璃外形仿佛就是连绵起伏的山峦中的一片透明坡地，自然地展现在植物园广阔的景观环境之中。

4. 历史传承　展陈建筑本身就有着人类文明展示的内涵，将展品的主题与建筑设计的主题统一起来，在总体形象、空间氛围上体现历史传承，是值得研究探讨的重要设计方法。

如位于蜀南自贡彩灯公园内的中国彩灯博物馆（图6-2-4），展示的内容是具有独特文化属性的彩灯，同时也能反映出华夏彩灯特有的民族传统。在建筑形式上，紧紧围绕灯的主题，在造型上以方正的几何形体重叠组合，悬挑宫灯形角窗和镶嵌于墙面的圆形、菱形灯窗等，巧妙地突出主题，辅以白色为基调的墙面和枣红色的铝合金窗，给人以高雅别致的感受。

5. 内在主题　展陈建筑除了有类型的区别以外，不同的展示主题也是非常好的构思源泉。如常州中华恐龙园在总体布局上以主题建筑恐龙馆为主，主馆前有很好的湖面、树岛，形成良好的绿化，水中有倒影衬托。馆前广场东侧设置历险水道、密集树石，渲染侏罗纪环境。大草坪上还有飞奔追逐的恐龙群雕，使得环境气氛神秘而有趣。恐龙馆本身的形象就是高达70多米不等的三座龙形塔体，主题突出，与主展馆之间用双曲连廊连接，空透的钢构架和混凝土实体形成对比，整个建筑轮廓起伏跌宕，形成视觉冲击和超自然的联想。（图6-2-5）

鸟瞰图　　　　　　　　　　　　　　水边一侧入口

图6-2-3　大阪飞鸟历史博物馆

（引自El Escorial Madid，Richard C.Levene. elcroquis 1983—2000 tadao ando）

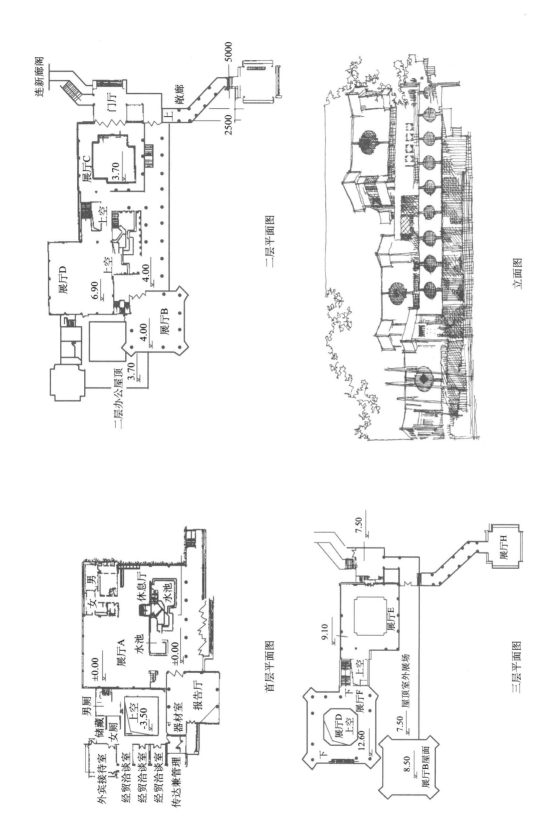

图 6-2-4 中国彩灯博物馆

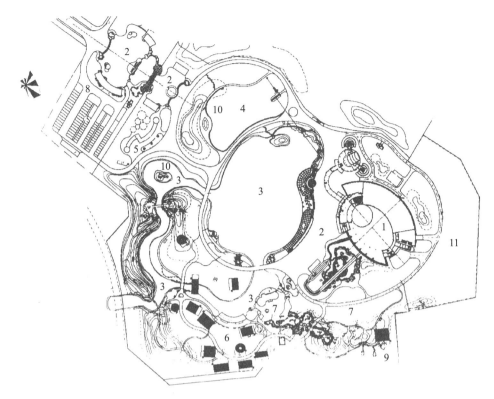

1.主馆 2.广场 3.水面 4.草坪 5.购物场所 6.游乐设施 7.休闲餐饮
8.停车场 9.机房 10.室外恐龙模型 11.机械恐龙展

总平面图

鸟瞰图

图6-2-5　中华恐龙园

总的来说，在环境与建筑的交流中，环境制约着建筑，建筑也烘托了环境氛围。在空间构思上，室内外环境在流线组织与视线组织上的连续性非常重要，室内外自然因素的组织对空间环境氛围的塑造起到了关键的烘托作用，因此充分组织室内外的自然因素，如水体、绿化、山体等，能够体现出人、建筑与环境三者的关系。

第三节　基本设计要点

一、总体布局

基地的总体布局首先要求交通方便，基础设施完备，并具有一定的拓展空间。馆区内应做到功能分区明确，整个基地的布局应满足观众活动与藏品装卸运送的功能要求。

展陈建筑的总平面包括人流集散广场、汽车与自行车停车场、室内外绿化广场、室外展场、后场等。对于动植物活体展示基地，还应当有培植、养殖、实验场地等。

园林中的展陈建筑对环境绿化的要求较高，因此，建筑容积率应当控制在0.6以内，建筑密度应不高于40%。以上数据对某些特定的历史环境下的展陈建筑而言，可以适当调整。

总体布局是设计创意与构思的延续和深化，也是设计创意与具体功能、造型等核心问题衔接的重要阶段。总体布局的过程就是认识环境并改造环境，最终实现与环境融合的过程，而寻找环境的有利与不利因素，因势利导，是其中的核心问题。

总体布局不仅需要考虑与地形地貌、周边建筑的关系，还要考虑环境生态条件的影响，与环境协调共生是永恒的主题。

其次，园林中的展陈建筑设计的关键，还在于能否形成景观对象，进而成为自然环境中的地面标志，或成为公园的重要标志建筑之一。

（一）布局形式

具体的布局形式丰富多样，从围合的方式上分类，可以分为集中式布局和围合式布局两种。

1.集中式布局　建筑各个部分之间紧密联系，按合理的流线组织整体功能，每部分之间有分别的入口。在城市中，往往占据了有利的景观点，成为城市景观体系中的一环。

2.围合式布局　在总体上将周围的自然环境合理组织在整个空间序列中，因此建筑与环境相融合，构成不同的空间院落形式。围合式是针对围合的对象，即自然环境、空间院落而言。对建筑本身来说，布局相对分散，因此也称为分散布局。

（二）与自然环境结合

通常"依山傍水"是园林建筑的特征，因此根据建筑与自然因素之间的关系以及自然因素本身的特征而言，布局形式又可分为滨水布局和依山布局，以及较为特殊的埋藏式布局。

1.滨水布局　充分利用自然水面的景观优势，结合相关的展览内容布局，如水族馆、科技馆等。滨水布局也有多种形式，有的沿岸线展开，有的深入水中，总之，应将水因素合理地组织在整个建筑布局之中。如位于石家庄植物园内的石家庄盆景艺术馆，建筑内外与周围的山水不仅在空间上组织合理，而且在视觉上进行了很多借景的处理，将水面、远山组织于整个展馆序列流线之中，形成了丰富的空间体验，同时，建成的人工环境与自然环境的结合，也时刻体现在整个空间序列的组织之中。

2. 倚山布局 充分利用自然山体的景观优势，依山势布局，常常能与地形浑然一体，结合适当的绿化植被，能起到很好的效果，如中国茶叶博物馆。

3. 埋藏式布局 常结合挖掘现场进行布局，有的为了和环境协调，将建筑的大体量埋入地下，达到化整为零、化大为小的目的，这种手法在风景区的展陈建筑中常常使用，如日本美秀美术馆。

还有一些展陈建筑为了与周围的地形地貌呼应，也将大部分内容藏于地下，如瑞士伯尔尼位于城市外围一处缓坡上的保罗·克利美术馆（图6-3-1），其设计的理念是抓住"雕塑家的精神"，与地形和环境取得和谐。美术馆的外形采用真实的山形，尽可能与乡间环境融为一体，使群山唤起的美感和空旷之感得以保留。三座人工山丘覆盖下的内部空间，展示着部分克利的作品。

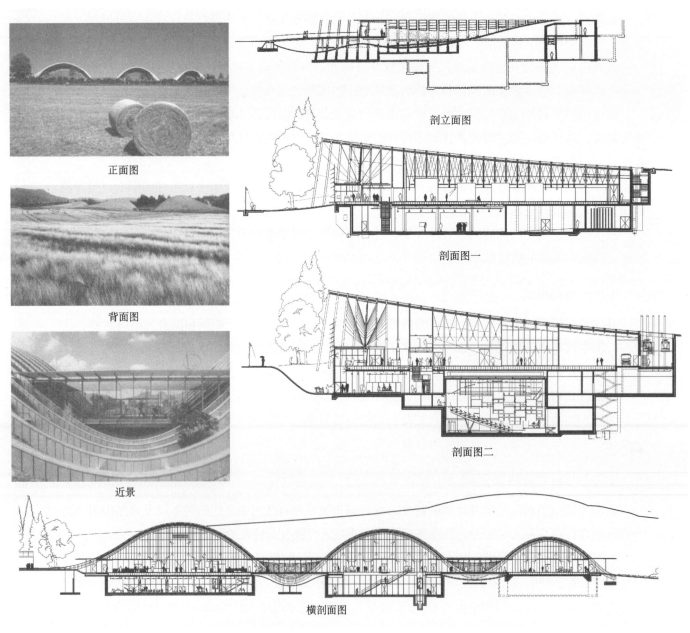

图6-3-1 保罗·克利美术馆

(引自世界建筑，2006年第9期)

二、功能与布局

展陈建筑的基本功能包括陈列展出、藏品储存、科学研究、修复加工、服务、管理等，是以藏品为主体进行体系设置。在20世纪之后，这类建筑设计越来越倾向于藏品与公众并重，并渐渐呈现以公众为主体的趋势，因此也对建筑的造型提出了较高的要求，与环境的关系成为重中之重，这成为决定展陈建筑形式的主要原因之一。

不论是哪一种展陈建筑，其基本功能空间都分为公共交流部分和内部作业部分两大块（图6-3-2）。外部交流部分主要就是各种展示空间，以及相关的交互性的空间，如观众参与的娱乐场所、休息餐饮的服务设施等。内部作业部分视不同的展品有不同的功能，如养殖类展馆需要有相关的研究试验养殖场所，而书画展馆则需要有内部的研究交流、管理办公设施等。

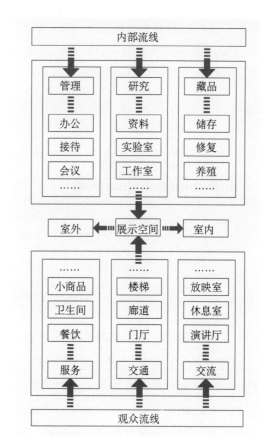

图6-3-2 功能布局示意图

三、流线组织

（一）入口与广场

根据建筑的规模和位置，考虑布置适当的建筑前广场，方便车辆和人流的组织，并分清主次入口，保留消防车道。公共交流部分的公众入口宜布置在易于识别并能便捷到达的地方。而内部作业部分的入口则应当相对隐蔽，按功能分为管理人员、研究人员、专业观众、藏品入口等部分。根据不同的收藏主题，需要设置不同规模大小的藏品入库交通。这些入口根据规模，可以适当调整。规模越小，入口就越简化，内部的各种入口可以合而为一，方便管理；公众入口与内部入口合并也不是不可以，毕竟园林建筑都有关门闭馆的时间。

入口广场除了满足交通、停车的需求外，还有公众集会、开展文化活动、保证观赏距离等功能，甚至某些前广场同时也是展示交流的场所。一般公众聚集的建筑物的公众入口处，都应设置相应规模的广场。规模较大的展陈建筑，停车场地应单独设置，宜布置在建筑一侧或后方。公众聚集的广场应与停车场分开设置，并尽量做到人车分流。

（二）基本流线

1.观众流线　观众流线包括观众及运送他们的车辆流线。一般而言，车辆停在指定的停车场，观众步行进入建筑内部。建筑内部的展示需要根据主题有一个合理的序列，而观众按这个合理的序列有组织地进行参观，就形成了观众流线。这个合理的序列可以是串联式的，也可以是放射式的，根据展品的内容和展览的规模设定。串联式的组织适合有较强序列感的展示主题，或规模较小的展示空间。而放射式的组织适合不同主题分开的展示，观众有选择的自由度。还有一种就是大空间式，观众在大空间内自由活动。（图6-3-3）

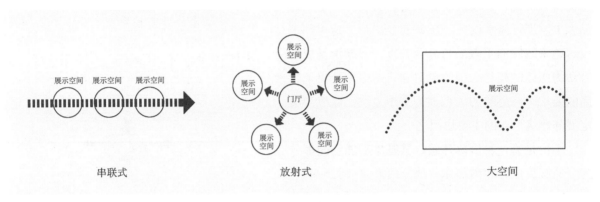

图6-3-3 空间组织示意图

2.内部流线 内部流线包括展品流线和工作人员流线。工作人员流线就是管理人员、研究人员、专业观众的流线。展品流线主要是藏品入库、运输的流线。无论是工作人员流线还是展品流线，都需要和观众流线分开。一般而言，需要在建筑侧面或后面设立单独的入口，方便内部人员出入和藏品进出的运输。这些人流、物流在建筑内部应当有独立的功能分区和控制范围，同时，也应当在内部设置与公众空间联系的通道。对于某些藏品，根据其体积与重量，需要设置专门的装卸平台，如需设置坡道，坡度应当不大于1∶12。

四、空间组织

1.公共辅助空间 门厅是内外空间的过渡区域，是观众进出的交通枢纽。一个好的门厅设计，首先应当组织好水平与垂直交通，使观众的流线简洁清晰。

此外门厅还应当有适宜的尺度，以与整个建筑的体量关系以及预计的人流量相匹配；明确的标示，让观众不用问讯就能清晰地了解整个流线设置，通常参观券背面印上地形图也是同样的目的；室内外过渡的光照变化，可以强调整个序列的节奏感，也可以称为室内外空间协调统一的关键；空间艺术要与主题产生共鸣，整个空间的神秘与豁然、通畅与曲折都应与主题的需要协调统一；还需要有安全及无障碍设施，满足残疾人的观赏需求。

休息厅是独立出来的休息区域，用于消除观众疲劳，是增加观众停留时间的场所。也可以结合门厅和展厅布局，形成多层次的过渡空间。休息厅适宜有良好的自然光线，塑造安逸宁静的气氛。

餐饮设施通常结合休息厅或门厅中的休息区域布局，使得长时间参观成为可能，并可以开拓新的大众化的服务功能，还应当有良好的对外观赏视角。

问讯处、衣帽间、厕所、饮水处、礼品店通常设置在门厅或休息厅中，以完善门厅的服务功能，其中礼品店也可独立或对外设置。通常，通过一个统一的服务柜台可以将咨询、存包、纪念品销售等功能组织在一起。厕所应当隐蔽，而又能够便捷到达，一般安排在主要人流的反方向。

2. 展示空间　展示空间的组织，首要的目的就是组织参观流线，利用串联式、放射状或者大空间（全部内容在一个大空间内）模式等，避免流线的重复、交叉，保持连贯和通畅。园林中的展陈建筑的展示空间，通常规模不大，采用大空间、单一流线的方式较多。

园林中展陈建筑的展示空间强调室内外空间的整体氛围的塑造，体现现代展陈建筑应有的时代性和开放性。展陈建筑通常肩负着与环境协调的重任，因而室内外景观形态的连续性以及人与空间环境的互动关系显得格外重要。

展示空间组合以单一的流线为主，空间组合形态包括串联式和放射式两种。少数根据内容不同，也有多元流线设置的可能性。

3. 庭院空间　展陈建筑的空间设置注重室内外结合，宜将室外的景观巧妙地通过借景、对景等手法组织在整个室内环境的视域范围内。

展陈建筑对庭院空间的利用一般多采用套间和外廊相结合的办法，形成多种体量的空间组合，适合在丰富的空间层次中灵活布局，满足各种不同的功能。

庭院空间、展廊、露天展场都可用于展品陈列。大多数庭院空间都通过绿化组织，点缀以小品、垃圾箱、灯具、座椅、栏杆、标示等。庭院空间通过软硬地的设计分出不同的功能区域，使得观众有草坪可以休息、嬉戏、观赏，也有硬质铺装可供集散、活动等。

庭院中的绿化、水体等都是为了活跃气氛而设立，应加以选择组织，不能显得杂乱无章，更不能影响整个建筑的氛围和风格。

五、空间设置

1. 门厅　门厅的基本功能包括停留、聚集、等候、疏散等，应该与展示空间、办公室、服务用房、储存室有方便的联系。门厅的设置面积根据展示空间的大小来定，按照展示空间可容纳的人流量的10%~30%计算瞬时人流，来控制门厅的面积。展陈建筑的人流量需要根据展馆不同的类型及所处的区位来设定，通常偏离市区、交通不便的展馆，可能会迎来随大车集体前来的瞬时人流，如纪念性的展馆、带有教育性质的展馆等；而交通相对方便的展馆则零散的人流更多些，如公园内的小型展馆、温室花房等。

从门厅应当能够很方便地到达厕所，厕所的面积按每位观众0.08m^2计算。

2. 展示空间　展示空间是展陈建筑的主体空间，一般占建筑面积的30%~50%，功能单一、主题明确的展示空间甚至可以达到80%。展示空间根据采光的需要，往往占据了较好的朝向，并且具有决定性的体量。因此，展示空间的设置，需要更多地考虑对环境的影响，以及对环境的利用。如规模较大，往往需要化整为零，在布局上多采用庭院式、分散式布局，甚至采用埋藏式布局。规模较小的类型，还存在展廊性质的建筑形式，通常是单线布局，长宽比在3∶1以上。展廊的宽度需要根据展品的大小来设定，应当满足基本的观赏距离。

展示空间按展出的时间一般分为长期展示和临时展示空间，临时展示空间应当具有独立的参观流线，不应与长期展示空间的流线交叉。

3. 服务管理　服务用房包括讲演厅或宣传服务用空间，以及接待、休息的场所，少数还有放映室、会议室、资料室、咨询室等。休息场所通常结合小吃、茶水、冰饮、咖啡座等内容设置。

讲演厅主要用于讲解和宣传，供聚集人群的交流活动使用。讲演厅面积为0.5m²/人，如设置座位，则1~2m²/座。通常安排在接近入口的地方，适合对外。

展陈建筑规模不大，管理用房可以根据人员需要控制规模，一般包括接待、会议、资料、办公室等。

4. 技术与研究用房　藏品进库需要经过鉴定、登记、编目、建档，同时还需要进行一系列的技术处理，使之达到收藏的要求，如消毒、化验、修复、装裱等。技术用房的规模根据藏品的具体特质来设定，包括可能的编目室、摄影室、熏蒸室、实验室、修复室、文物复制室、标本制作室等。动植物类展馆则需要一定的养殖场所和培养基地。

研究用房包括工作室、研究室、实验室、考古室、图书资料室等。

5. 藏品储存　藏品储存方式根据藏品的特征决定，通常需要有一系列的保护措施，包括防火、防盗、防尘、防震、防侵蚀、防风化等，并应控制温度、光线、湿度等。某些藏品还需要设置化验、检测和消毒空间，有的甚至还要考虑到电磁辐射与电磁屏蔽等因素。

第四节　技术设计要点

一、结构特点

展陈建筑无论规模大小，往往需要较大跨度的空间，因此需要采用新的材料和技术，选用新的结构方式。

现代展陈建筑往往不再采用混凝土梁柱结构体系，而是采用钢结构、空间网架和桁架等。如2002年荷兰Floriade园艺博览会荷兰馆WEB（图6-4-1），从设计开始就采用计算机技术，以3D数字化输入，铣床输出，最终形成三角形板块的钢结构建筑形态，表面是由两片超薄铝层夹聚丙烯组成的合成材料，形状仿佛一艘太空飞船。

威尔士国家植物园的大玻璃温室采用铝釉面系统及管钢支撑结构，另外有24个拱券从混凝土圈梁上跃起，升起到15m高的顶点。同时，计算机控制系统可以对内外环境进行监控，并可以控制屋面上釉面扣板的开闭，以满足空气流通、温度和湿度调控的要求。

膜结构也是在展陈建筑中常用的建筑结构类型。如1963年在德国汉堡举行的国际园艺展览会上，由弗赖·奥托设计的展馆是一个用棉织物构成的波浪形帐篷，由4个15m×15m的十字帐篷覆盖着500m²的展场。后来他设计的加拿大蒙特利尔世界博览会上的德国馆（图6-4-2），则利用了标准网结构，采用直径12cm的钢缆，网眼尺寸50cm×50cm，由14~35m不等的桅杆支撑，覆盖了8 000m²的面积，同时用带有PVC塑料涂层的纤维织物挂在网结构的下面，形成一个轻盈的造型，整个设计施工周期仅13个月。

外观一

外观二

结构图一

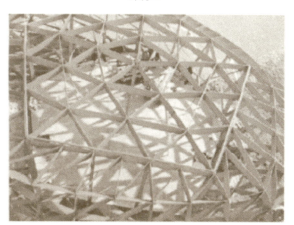
结构图二

图6-4-1 Floriade园艺博览会荷兰馆

图6-4-2 加拿大蒙特利尔世界博览会德国馆

展陈建筑 第六章 // 335

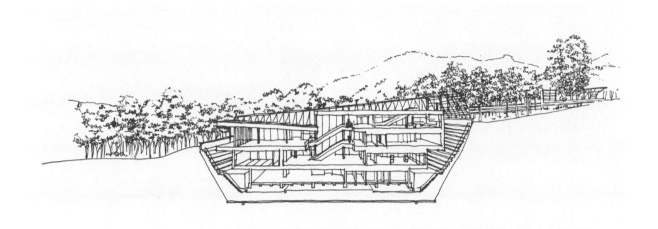

剖面图

局部结构图　　　　　　　　　　　内部　　　　　　　　　　　内景

图6-4-3　波拉美术馆

(引自时代建筑，2004年第1期)

根据地方的特殊气候条件，采用相应的结构和材料技术，并进一步使建筑平面自由化，是建筑构思的源泉。如位于日本富士箱根伊豆国立公园内的波拉美术馆（图6-4-3），为了不破坏原有的植物生态系统，在设计中巧妙布局，避开溪流、裂沟，开挖了深达三层的地下碗形地壕，通过抗震橡胶支撑主体建筑，地壕没有割断地下水，建筑主体与地壕的分离也使得人与美术展品不受地震和高温的影响，同时还能做到替换任何部位的建筑构件，从而延长了美术馆的使用年限。

二、采光照明

展示空间早期以自然光线为主，后来因对光线的要求提高，逐渐普遍采用人工光线。园林中的展陈建筑通常以自然光线为主，结合人工光源组合布局，根据具体的对象调整采光形式。展示空间采光的形式与位置对建筑的空间与形式有着直接的影响，因此，无论采用何种采光形式，都需要从建筑设计的开始阶段就纳入整体的构思之中。

1. 舒适的光线 展示空间的自然采光要求照度均匀，没有炫光，明度适宜。因此北向是最佳朝向。通常，采光面积一般为地板面积的1/2～1/4。另外，需要避免炫光，即在视觉范围内没有发光体存在。如果在观赏的角度中出现对眼睛直射过来的光线，不论是太阳光还是人工照明光线，都会形成炫光。

展品的照度与观众观看的位置的照度一般以1:2～5为宜。一般对光线不敏感的物体（包括金属、石材、玻璃、陶瓷、珠宝、搪瓷、珐琅等），照度推荐值不大于300lx；对光线较敏感的物体（包括竹器、木器、藤器、漆器、骨器、油画、壁画、角制品、天然皮革、动物标本等），照度推荐值不大于180lx；对光线敏感的物体（包括纸质书画、纺织品、印刷品、染色皮革、植物标本等），照度推荐值不大于50lx。

2. 安全的光线 展示空间中要防止有害辐射对藏品产生危害，辐射会引起光化学反应，对藏品造成破坏，影响有害辐射产生的因素包括光线照度、曝光时间和光线频谱构成。因此，应该合理控制照度，库房应该用低照度的光源，而且应避免任何形式的光线直射。对于要求较高的藏品，建筑设计上要考虑库房的防晒避光。另外还要减少紫外线辐射，采用采光玻璃表面喷涂紫外线吸收剂等措施。具体设计时，可以在采光口设置遮阳片、散光片或电动控制的各种调节设备。

3. 互补的光线 人工光源与自然光源互补，人工照明具有可调节性，因此弥补了自然采光的不足。人工照明可以减少采光口，扩大展面。但是人工照明的色温控制并不理想，因此色彩的真实感与还原度较差。同时人工光源更容易引起有机物变质等光化学反应。因此，应当根据展品对象有选择地使用。

三、展示空间设计

陈列展出是展陈建筑的基本要求，展示空间一般占建筑总面积的30%～80%。除了针对性的采光设计以外，现代多媒体的运用，如电影、电视、幻灯、录放像系统、无线电同声传播系统等，以及计算机辅助的藏品管理、经营、电子防盗、动态采光系统等，都是技术型展示空间的发展方向。

1. 足够的空间和墙面 通常陈列密度为0.5～1.5件/m²，展品的类型是决定空间大小的关键。如花卉展示可以不留缝隙，而动物展示就需要相应隔离的分区，甚至还要考虑到动物气味的相互影响。美术作品展示和标本展示也有很大的差别。如果展品尺度大小不等，或者有特殊的展品，如巨型标本、大幅绘画等，可以设置单独的空间，增加灵活性。如果是遗址类型的展陈建筑，规模大小则要视整个遗址的规模来定。

一般展示空间多采用矩形平面，主要原因是便于组织功能与流线，对于展示空间的光线和墙面的组织也有很好的先天条件。通常展示空间的最小宽度是4.5～6m，展示空间中的人行通道宽度一般采用2.4～3m，这样在行走的过程中不影响别人观看。

展示空间的室内净高除工艺、空间、视距等有特殊要求外，应为3.5～5m。

2. 良好的视觉条件 现代展陈建筑经历了全人工采光模式后，又重新回到自然光线的运用上，因为自然光有最适合的光谱分布，还可以通过滤光玻璃和计算机控制的百叶窗来调控，在技术上比全人工光线更加复杂。

展示空间的视觉条件应当经过视觉分析，以确定相对于展品的空间高度和宽度，以及视觉的角度与距离问题。

（1）水平视角。通常人们的清晰视域范围在60°左右，理想的角度是45°，因此展示空间的最小进深为360cm。当视距为270cm时，单位陈列宽度为225cm，一般展品陈列宽度约为150cm，其余为展品间隔。这时展品陈列宽度恰好在水平视角30°范围内，这一范围内的观察对象的清晰度最高，故亦称为注视中心。

（2）垂直视角。通常观赏对象高与视距之比采用1:2，反映到垂直视角上是27°（26°36′）。垂直视角仅仅反映出视平线以上27°的范围内，人们观察正面的物体，还有一个向下的倾角，约为6°，靠近观看时，倾角达到20°，此时对象高度与视距之比接近1:1。对于展示空间的尺度和陈列展品的种类，摆放的高度和宽度起决定性的作用。

3. 休息环境和设施　参观过程中，需要布局适当的休息环境，设置一些必要的辅助性的服务设施，以满足必要的休息、研究、问讯、洽谈等活动。

展厅中的休息空间不需很大，出于人性化的角度考虑，在观赏空间中安置一些无靠背的沙发，可以边休息边观赏周边展品。独立于展厅空间之外或一侧的休息环境，可以布置一些桌椅，甚至还可以提供茶水简餐，适合短时间休息与交流。

4. 必要的存储库房　展示类型的建筑物通常都要考虑一定的储存空间。根据展品不同，库房的面积占总建筑面积的20%~50%不等。

根据建筑展示类型，如植物、雕塑展示等，还需要考虑室外存储场所。室外存储场所的位置应该结合在室外展场的边上，同时相对隐蔽，便于管理，最好有独立的对外交通出入口。

根据规模，还需要设置检验与晾晒的场所。

5. 展品与陈列方式　陈列方式的选择，应以提高观众的注意力和方便公众观赏为基本原则。展品的陈列方式多种多样，应根据展品的类型做组合设定。一般而言，有版面陈列、立体陈列、橱柜陈列、电子陈列、悬挂陈列等。在整体空间上，无论是平面布局、空间尺度、采光方式、色彩运用等，都需要根据展品对象的特点，综合加以研究。

通常，版面陈列适合展示平面化的展品，如书画作品、照片等；立体陈列适合实物对象，如动物骨架、雕塑、盆景等；橱柜陈列适合对安全性要求较高的展品，如古董、化学品、标本等；景象陈列适合对背景环境要求较高的展品，如动物展馆、历史自然展馆等；生态陈列适合于动植物的活体展示，往往需要采用近似的生态环境，展示空间也要适当加大，如水族馆、植物温室、动物馆等；组合陈列适合主题明确的展品群，如成套家具等；电子陈列适合对技术要求较高的展品，可以加入灯光、电子解说、视频等，现代的电子技术发展很快，可以用多媒体的形式，结合展出的实物做多方位的讲解，甚至有丰富的视频信息，可以大大节约展示空间；特种陈列指的是具有突出特征的展品陈列，如文物古迹现场、大型动物骨架等；悬挂陈列适合可以吊挂展示的展品，如盆景、花卉等。（图6-4-4）

在人流转弯处或不利于人流聚集的角落空间、边缘空间，最好不要布置展品，而以休息座椅、绿化小品替代。

每一陈列主题的展线长度不宜大于300m。

立体陈列——古生物骨架

景象陈列——瑞士Chillon城堡中的古兵器

电子陈列——电子投影的巨大圆球

特种陈列——秦兵马俑

图6-4-4 陈列方式

6.陈列布局与人流组织 小型展陈建筑的陈列空间一般有串联式、放射式和大空间式三种流线组织方式。

串联式就是路线明确连贯的单循环模式，灵活性较差，适用于流线相对较短的小型展陈建筑；放射式布局一般围绕主厅或交通空间布局，观众可以在核心枢纽选择不同的方向，自由安排观赏顺序，这是现代展陈建筑中规模适应能力最强的布局方式；大空间式布局具有最大的灵活性，同时也容易造成参观流线不清晰和干扰，通常位于一个统一的大空间内，采用灵活的分隔方式，布局紧凑，适合于小规模、不需要明确序列的展示对象。

在整个流线的序列上，通过空间的适当变化，可以调节观赏的气氛，增加趣味性。如地面的高差变化、空间的高低宽窄变化、光线的明暗变化、休息厅等过渡空间的穿插等，都是常用的手法。

四、库房设计

库房设计首先需要考虑的因素是安全，因此需要安装安全防盗、自动报警装置等。其次根据不同类型的展品还有防火、防潮、防虫、防鼠、防紫外线等要求。

一般库房应包括相关的解包室、暂存库房、鉴定用房和办公用房。根据建筑规模，具体的库房又可分为收藏库、珍品库、辅助库房、材料库、复制品库等。展陈建筑一般规模不大，因此库房占整个建筑面积的比重通常较小，甚至没有库房，如动物展馆内的动物栖息地就可算作库房，温室花房既是展示空间也是库房，因为其对环境条件要求较高。

库房设计需要考虑对保存对象维护的要求。通常潮湿的空气会引起金属锈蚀，导致霉菌生长、引起腐蚀，因此一般以相对湿度不超过75%为宜。温度宜控制在15～25℃之间，相对湿度宜控制在60%以内，对控制霉菌的生长最为有效。不适宜的温度和光照会引起藏品变质、褪色等，因此年温差变化应控制在10℃以内，日温差在2～5℃之间。

应该减少阳光、紫外线的照射，因此尽量少开窗。织物、纸、木、画、清漆、颜料、自然标本等对自然光线都很敏感。

库房的相对位置也很重要，某些气体会产生化学反应，如某些物质在硫化物、氧、二氧化碳等的作用下会引起风化现象等。因此，库房应远离锅炉房、熏蒸消毒室、化学实验室等用房。藏品库的空气调节系统也应该自成体系。消防上，库房耐火等级不低于二级，并严格控制消防分区，一般在1 000m^2以内。

展陈建筑的库房，每单元面积在40～60m^2为宜。

某些展陈建筑是对古建筑的改建，设计中应该充分考虑防火、防盗等安全要求，其中藏品库房以新建为宜。

另外，藏品的运送通道应防止出现台阶，楼地面高差处可设置坡度不大于1:12的坡道。

珍品及对温、湿度变化较敏感的藏品不应露天运送，并且应在藏品库区或藏品库房的入口处设缓冲间，面积不应小于6m^2。藏品库房的净高应为2.4～3m，若有梁或管道等凸出物，其底面净高不应低于2.2m。

五、动、植物生境设计

动物与植物的生态环境设计与维护是展陈建筑设计的重要环节。动物与植物的展示同属于活体展示，其生活环境条件的控制与调节是设计成功的关键所在。

（一）植物园温室

植物园温室是其中常见的一类，设计的关键在于创造条件促使植物得以正常地生长发育，技术上可控的生态因子包括温度、光照（包括光谱、光照强度和光周期）、湿度、通风、介质成分和介质水分等。

需要温室栽培的植物种类一般为反季节栽培植物（如冬季栽培夏季蔬菜、花卉等）和反地带栽培植物（如寒冷地带栽培热带植物、干燥环境栽培喜阴植物等）两大类。

园林中的温室是展览型温室，与栽培、繁殖、杂交育种、实验检疫等温室不同，除了基本的生态环境条件的创造外，更加突出观赏的流线组织，实际是一个陈列植物的场所。展览型温室的基本功能包括收集和保存植物资源、保护生物多样性、提供相关科学研究的植物种类、科普宣传和环保教育以及四季观赏奇花异草，是游客、特别是青少年认识自然界的重要场所。

温室的高度应根据栽培植物的高度设定，并适当结合控制植物高度的技术，如热带高大植物椰子、油棕等，自然生长条件下可高达30~40m。控制植物高度的技术包括压缩营养面积、控制根系范围以及强修剪。温室内两层架之间的距离通常为3m左右。当规模较大时，南北布局的温室之间的合理间距为：前排温室的高度/$\tan\theta$（θ为冬至中午当地的太阳高度角）。在寒冷地区，温室可以适当做半地下处理。

1. 地点选择 温室建筑由于是对动植物生态环境的控制，因此对地点的选择要求较高。首先要求具有良好的通风与采光条件，因此地形应当平坦开阔。其次，在冬季天气严寒、风大的北方，应选择避风向阳的地方。由于培养植物的需要，土质应当具有低碱性的特点。此外，地下水位要低，以便于雨季积水的排放。

2. 温室单元 温室内单元划分的基本原则有植物生态学原则、植物地理学原则、植物资源原则、专类植物原则等，同时还要考虑植株高度、株形、花期、花色等的搭配。此外，还要考虑不同植物对光线的喜好，如喜阳和喜阴的植物应根据光线的强弱来配置。干燥的温室单元也不能与湿度较高的温室单元相接。

温室的入口单元至展览单元再至出口单元的温度变化序列，应遵循渐高至渐低的原则，温度最高处应为展览单元。

温室的附属建筑包括可能的工作室、农具室、值班室，以及科学研究人员进行实验的化验消毒室等，都应安排在不遮挡温室光线的位置，通常为温室的背面。锅炉房和烟囱应安排在冬季主导风向的下方。

3. 室内布置 现代展览温室的内部环境布局一般都根据植物类型，营造各自不同的适宜环境，特别是按其对温度和湿度的要求，分门别类地展示。从分区情况看，一般都是根据植物的生态要求，将温室分为高温温室、中温温室、中湿温室、干燥温室、低温温室、高湿温室。从内容方面看，一般包括热带雨林及热带其他植物、棕榈科植物、沙生植物、食虫植物、热带水生植物、室内花园等，有些温室还有蕨类、阴生植物等展览。

温室内应设置灌溉用水池，并且要保持水温与室温接近。温室内还设有种植槽，一般高度为10~30cm，深度根据植物的高度可达1~2m。如有盆栽植物，则需要设置台架，以方便人的操作与观赏。温室的室内通道一般为1.8m左右。

4. 温室结构与规模 温室的结构可分为金属结构与非金属结构，如采用钢结构、木结构、竹结构、混凝土结构等。温室的覆盖材料结构包括薄膜型结构（如单、双层塑料）、硬质结构（如玻璃、PC板、玻璃钢）等。

通常钢结构的主体骨架采用经热镀锌防锈处理的型钢构件，具有相应的抗风雪等荷载的能力。主要防护材料采用玻璃、塑料薄膜、硬质塑料、聚碳酸酯板（PC板）等透光覆盖材料及其相应的卡槽、卡簧、铝合金型材或塑料型材等紧固、镶嵌构件，满足透光和保温的性能要求。采用现代技术手段的温室还配备有遮阳、降温、加温、通风换气等配套设备和栽培床、灌溉施肥、照明补光等栽培设施。此外，还有环境调控的控制设备等，形成完整成套的技术和设施设备。

温室的具体尺寸随着不同技术的应用和规模不同而各异，但通常自然通风温室通风方向的距离宜小于40m，单体建筑面积宜在1 000~3 000m²之间。机械通风则距离宜小于60m，面积可在3 000~5 000m²之间。

图6-4-5 南京中山植物园温室

5.温室实例 我国的展览温室发展较晚。20世纪80年代初各地植物园和公园产生了一些小规模的展览温室，如南京中山植物园温室（图6-4-5）。1999年在昆明世界园艺博览会上，建成了我国第一座大型的展览温室，面积超过3 000m^2。2000年建成的北京植物园展览温室在面积、规模、自动化程度、展示水平和效果上都堪称一绝（图6-4-6）。北京植物园展览温室位于北京香山脚下植物园内，占地面积为5.5hm^2。温室区包括展览温室9 800m^2，生产温室6 000m^2，以及相应配套设施。展览温室地上、地下各一层。主要包括四个展区：热带雨林展区、四季花园展区、沙漠植物展区、热带兰及专类植物展区。平面布局以花园广场（四季花园景观）为中心，作为各景观展区的联系空间，总体呈放射形布置。

北京植物园展览温室运用了大量现代温室技术，包括先进的计算机控制技术和灌溉技术，这也是现代温室技术的发展方向。大多数景区计算机硬件控制系统是渐进（缓慢）反应系统，计算机依据环境数据不断给予快速命令，发送信号前的暂停可以防止快速开关而导致设备的损坏，同时还能避免对临时气候及天气的快速反应。

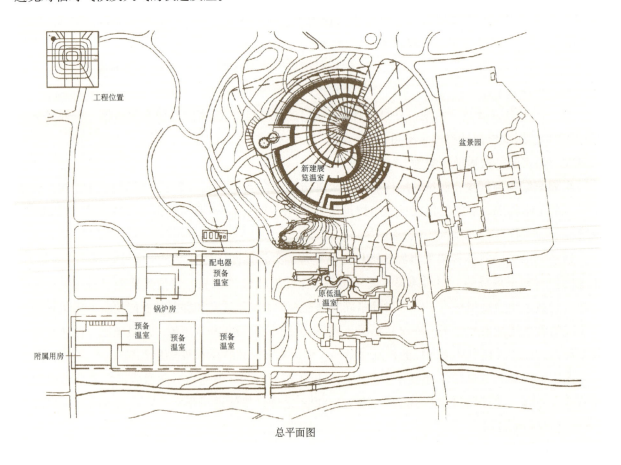

总平面图

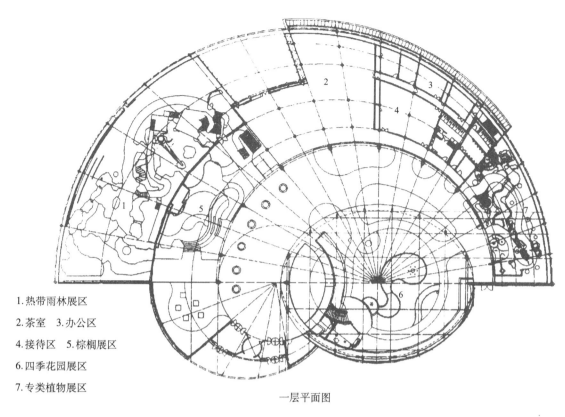

1. 热带雨林展区
2. 茶室 3. 办公区
4. 接待区 5. 棕榈展区
6. 四季花园展区
7. 专类植物展区

一层平面图

内景

鸟瞰图

玻璃顶

透视图

图 6-4-6　北京植物园
展览温室

（引自建筑知识，2000年第1期；
建筑创作，2002年增刊）

展陈建筑　第六章 // 343

（二）动物园的动物馆

1. **动物馆类型** 动物园的动物馆是常见的动物展示类建筑，动物的展示同样需要有一个布局序列，通常以动物的食性和种类布局，也可按进化系统布局，或按动物原产地布局。具体的建筑包括小型动物馆（如犬科动物馆、袋鼠舍等）、鸟禽分类馆（如猛禽馆、鸣禽馆等）、各种食草与食肉动物馆（如大象馆、犀牛馆、熊猫馆等）、灵长类动物馆（如猩猩馆、金丝猴馆等）、两栖爬行类展馆（如鳄鱼池、两栖爬行馆等）等。

2. **动物馆布局** 动物展馆的设计一般结合动物园的整体布局进行，环境设置以模拟自然生态为主，园区道路也以自然式为主。绿化配置尽可能地符合动物的生存习性和原产地的地理地貌。

动物展馆的设计除展示与观赏的通常关系的处理外，还需要考虑动物与观赏者双方的安全，还有气味的相互影响，一般以玻璃或铁丝网隔离，并利用地势高差达到相对安全的目的。在动物展馆的内部流线上，主要从多方面考虑生态环境对动物的适宜度，根据对象的不同而做出不同的设置，通常需要考虑的有动物采食与饮水空间和区域的划分、动物休憩空间的温度与湿度及通风质量、运动的自由度与控制、噪声的产生与控制、排泄空间与排泄物的控制、动物病态时的应急隔离空间等。

3. **动物馆造型** 在建筑形态上，动物类展馆往往需要对展示对象做出某种程度的呼应，一般在形态上模拟动物的形态或在某个局部以符号或浮雕的形式点出主题的方式，运用得较多。在材料上，也尽量采取自然材料，模仿自然真实的环境，以达到自然天成、野味十足的目标，如草棚、仿木水泥柱等。

某些森林动物园在设计动物馆的时候，常利用原有地形，因地制宜，形成另外一套特有的风格。有的根据地形的沟岔、高差，采取挖洞建馆的方法，有的则采取呼应地形，人工塑石造房的方式。这一类建筑的设计理念是倚山就势、浑然天成，最大限度地保持原有的自然景观风貌的完整性。同时，根据动物的特性，在布局上进行优化。如在山坡上适宜散养食草动物和杂食动物，在半山腰布置狮虎等猛兽，在平缓地带布置易于圈养的动物，如熊、猴等。

4. **动物馆实例** 杭州动物园鸣禽馆整体结构非常简洁，亭廊展室三面围合中间的鸳鸯池，形成水石庭院，整个建筑富有江南园林的韵味。展廊内部分为参观廊和鸣禽笼舍两部分，两头设置了管理用房。

中国三大动物园之一的上海动物园的灵长类三馆是一个较好的例子（图6-4-7）。该馆位于动物园的南面猕猴山附近，与猩猩馆和灵长类一、二馆连成一片，成为动物园重要的展区之一。在建筑造型上，利用形体的丰富变化呼应灵长类动物活泼好动的性格特征。弧形的廊道形成的内院，在有条理的流线基础上增加了参观的随意性，并丰富了游憩环境。

南昌新动物园位于朝阳洲中部，总占地面积160hm^2。整个动物园分入口区、水生动物展区、中国区、东南亚区、豫章特色区、美洲区、澳洲区、非洲区等8个景区（图6-4-8）。游人可在较隐蔽处通过望远镜观看动物在岛上的生活过程，而且动物的活动也不会受到游人的影响。园区游览分为陆地与水上两条游览线。其中，陆地游览线又可分为徒步游览、动物花车游览、骑马游览3条线路。整个园区以动物栖息生态环境为主展空间，在建筑单体设计上使用了生物象征主义的手法，体现了不同的辨识特征。

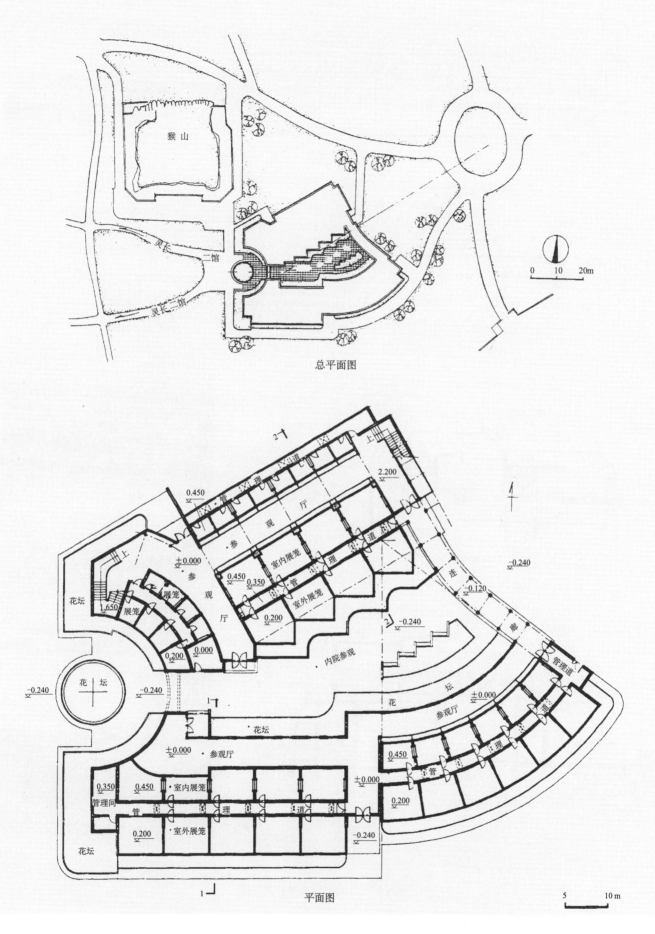

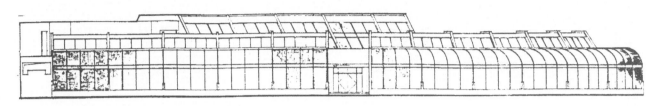

南立面图

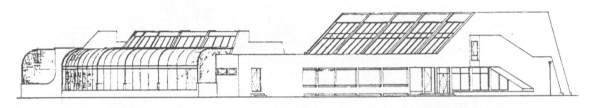

东立面图

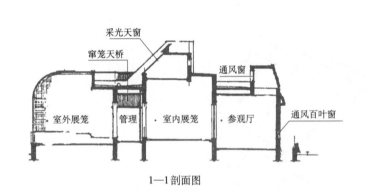

1—1 剖面图

连廊

内院

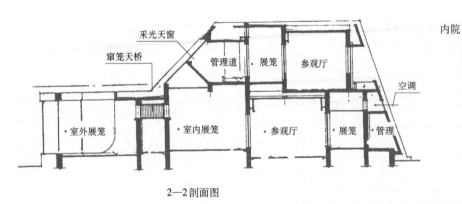

2—2 剖面图

南面外景

图6-4-7　上海动物园灵长类三馆

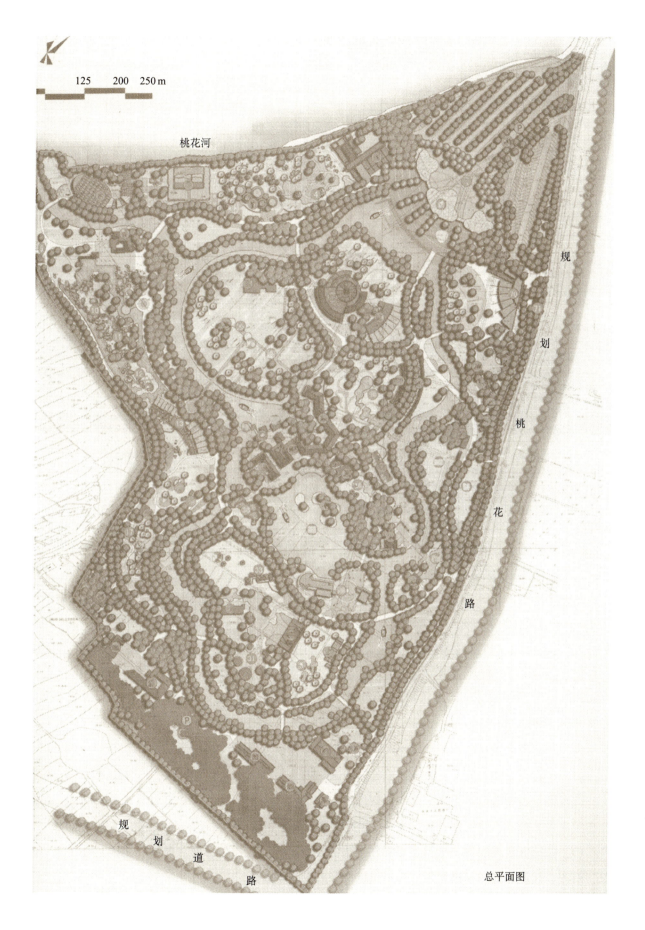

总平面图

鸟瞰图一

鸟瞰图二

鸟瞰图三

动物房

图6-4-8 南昌新动物园

（三）盆景馆

1.盆景布置方法 盆景被誉为"无声的诗，立体的画"。这种经过精心培养，脱胎于自然的艺术品，经历代盆景艺术家的不断发展创新，已经成为中国传统艺术瑰宝。

盆景园也相应成为传统园林中的一个重要组成部分，一直传承到现代。如苏州拙政园盆景园（1954年）、广州流花西苑（1956年）、杭州花圃掇景园（1958年）、成都杜甫草堂盆景园（1982年）、上海植物园盆景园（1978年）、苏州虎丘万景山庄（1982年）、扬州盆景园（1984年）、天津盆景园（1991年）、北京植物园盆景园（1995年）、深圳盆景世界（1997年）、昆明世博园盆景园（1999年）、江阴中国乡镇盆景博物馆（1999年）、成都武侯祠盆景园（2001年）、广东顺德花卉世界艺盈园（2001年）等。

为了给观赏者以系统的盆景知识和便于展出，盆景馆可采用以下几种分类方法进行布置：

（1）按盆景分类布置。将展区划分为桩景区、山水盆景区、大型盆景区、小型微型盆景区等。

（2）按专类布置。根据当地盆景风格优势，也可以按专类布置，以突出当地盆景的特点。如单独布置花卉盆景区、观果盆景区、微型盆景区、浮石盆景区、木化石盆景区、石供区等。

（3）按流派风格布置。根据盆景制作手法的不同风格流派，如苏派、扬派、川派、岭南派、海派、浙派、徽派、通派、福建风格、中州风格等来设置小展区。

（4）混合式布置。展区不大即可采用混合式布置，将各种盆景依照周围环境进行有序的布置，并无严格的分类。

2.**盆景馆布局** 盆景园中的建筑部分就是盆景馆。通常盆景馆并不完全是封闭的建筑形式，由于盆景植物本身对光线的要求，盆景馆都是内外空间结合的设计模式。在外，运用传统的造园艺术手法，结合展廊、庭院等内外空间，营造适宜养护管理的环境；在内，则通过各种不同的采光方式，在室内营造不同的观赏空间。

在盆景馆内，通常在条件许可的范围内，一般都对中国或地方盆景史、中国或地方盆景风格流派特色、优秀作品、图书资料等内容加以介绍，并设置相应的展览空间。规模较大的，还需设置研究、阅览、影视放映、会议等场所。

盆景陈列是其中不可或缺的内容，用于盆景收藏、盆景作品展览，这样的空间通常是室内外结合的。整体布局的时候，不仅要考虑游客的观赏要求，还要考虑盆景的互利要求。通常场地要求环境优美、地势平坦、通风向阳、通水通电。

内外空间结合的盆景园，通常采用造园的手法布局园景，外部空间通过亭台廊道等组织流线。室内布局则运用隔断、装饰、家具、摆设等组织流线。盆景馆也有的采用玻璃温室陈列，能较好地调节室内生态环境。

3.**盆景馆实例** 桂林七星岩景区盆景艺苑在驼峰南侧，艺苑内藏2 000余件盆景，建有鱼池、叠石、平桥、曲廊、水榭、亭台、篱笆，种植花木、青草、灌木、藤蔓等，曲折清幽，妙趣天成。艺苑由六个大小不同的庭院组成，空间分隔有序，筑亭理水，景窗、门洞等充分体现了传统园林艺术手法。内部包括水石盆景区、树桩盆景区和钟乳石盆景区三个展区。（图6-4-9）

上海植物园盆景园占地面积近40 000m²，汇集了以海派盆景为代表的精品盆景2 000多盆，为全世界大型盆景园之一。整个盆景园分为序区、盆景分类区、大盆景区、小盆景区和兰区五个展区。园内以展廊为主，结合露天展示，形成了一个层次丰富的园林空间。（图6-4-10）

外景

局部透视图

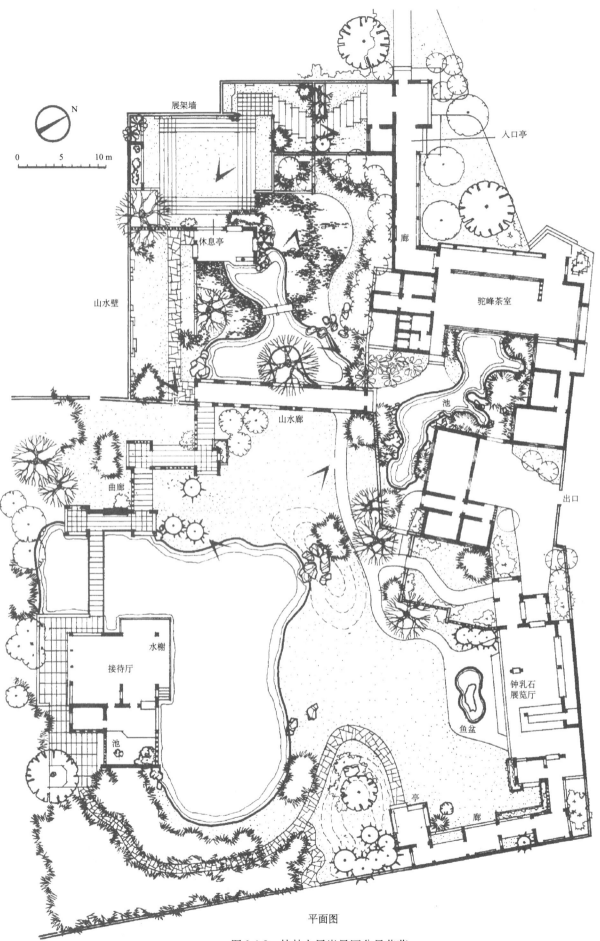

平面图

图6-4-9 桂林七星岩景区盆景艺苑

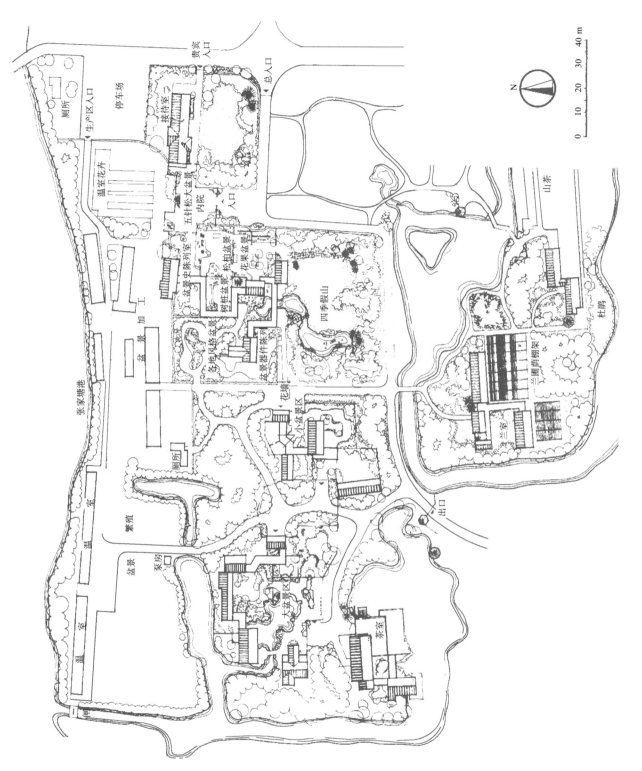

图 6-4-10 上海植物园盆景园

第五节　造型与环境

一、材料与技术的要求

1. 新技术的追求　建筑设计对技术的追求是无止境的，关键在于如何将技术与艺术完美结合。德国2000年汉诺威世界博览会上的荷兰馆，很好地体现了对环境与技术的追求（图6-5-1）。由荷兰MVRDV建筑事务所设计的展馆，由"屋顶花园""雨林""森林""根""园艺花圃"和"沼泽沙丘"6层代表荷兰风景的因素叠加形成一个整体系统，可以进行风力发电和水循环，实现自给自足。这是一个全新的自然空间组织形式和自主的能源系统，展示了运用现代技术达到人与自然和谐发展的境界。

此外，作为展陈建筑的专业类技术也在不断发展，如电子科技在管理、防盗、控制方面的运用。电动讲解、声像技术、虚拟现实（VR）与增强现实（AR）技术、温湿度自动调节、全息照相和多媒体技术等，都给传统的展品陈列形式赋予了新的诠释。

2. 采光技术　以天窗为主的采光方式，能够使室内空间获得均匀优质的自然光线，同时在建筑的造型上能够获得大面积的实墙面，从而得到厚重的感觉，更重要的是有了很高的造型自由度。

图6-5-1　汉诺威世界博览会荷兰馆

天窗的技术特点以及特殊的形态，也是非常重要的造型要素。如瑞士贝耶勒基金会博物馆，采用了倾斜透明的玻璃做屋顶，使天窗与屋面合二为一（详见本章实例）。屋顶仿佛与建筑物相分离，由一种简单的金属结构支撑。在展览空间内部，可以清楚地看到支撑结构，它为建筑带来轻盈质感，与石墙的厚重外观形成对比。整个建筑与自然完全融为一体。

二、景观评价的要求

1. 建筑造型展示个性　展陈建筑的外部造型应当表现展示的内容。在具体的手法上，小型建筑可以采用具象的形式来表现，如动物展馆；中大型建筑，尤其是展示艺术品、古文物类的建筑造型，往往在个性与风格上寻求整体统一，如用厚重表现历史，用轻盈表现现代。具体还需结合内容进行构思。

展陈建筑特有的性格，不仅体现在对与环境协调共生的追求上，还体现在其往往具有特殊的意义与隐喻，能够使观赏者产生在历史文化背景下的联想，在内涵上产生共鸣，从而使建筑形式具有很强的感染力。

展陈建筑不仅是物质与精神文化在城市文明发展中的体现，而且是人类文明与自然环境协调共生的体现。同时，在很大程度上，也是人们接受文化、艺术、历史等教育的基地，是人们文化与休闲生活的组成部分。

2. 形体与环境的协调　展陈建筑的整体布局决定了其与环境协调共生的程度，也反映了人们对环境的认知程度。建筑布局的走向、室内外空间的整体性以及建筑整体构思的意境都是建筑质量能够达到何种高度的决定性因素。

展陈建筑对自然水域或自然地形的依附与追求，使空间的整体开合、穿插、转换等构成了造型语汇的主题，并很好地体现在对环境的烘托与结合中。

3. 构思与创意　展陈建筑的创意很重要，如2002年Floriade园艺博览会荷兰馆，其外形如一艘太空飞船。

博览会中的展陈建筑，往往还是高科技与文化交流展示的场所，因此，博览会中的相关展陈建筑还体现了当代科技的进步，尤其是在新型材料和技术的运用上。而展示内容与形式上的电子科技的进步、藏品的储存与保护中的方法与措施等都具有很高的科技含量，这些也必然会体现在整体的造型追求中。

对民族文化或对时代特质的表现也是显现构思创意的途径。用现代的技术、材料和手法，表现传统、地方的风格与文化，是创意的基石，更能体现时代的进步、历史与未来的结合。

4. 对建筑风格的追求　通常追求的建筑风格分为两种，一种是传统的，一种是当代的。传统的风格又分为地方传统和文化传统，两者有交集也有区别。地方传统指的是某一地区的历史传统上的风格要素的积淀；文化传统则是更大的范围内的文化传承，更偏向精神一面，其建筑风格要素的积淀有着更高层次的意义。当代的建筑风格，尤其是当代主流建筑风格，往往和传统风格相对应。

对建筑风格的追求，并不是在众多的风格中择一进行，而是在寻找最适合建筑个性特征的风格的基础上，将传统与当代思潮融合创新，寻找该项目此时此地的最佳方案。

第六节　实　　例

一、邓小平故居陈列馆[*]

邓小平故居陈列馆位于四川省广安市广安区协兴镇牌坊村邓小平故里邓小平故居旁。陈列馆总建筑面积3 800m²，展厅面积1 800m²，展线近300m，内部包含序厅、三组展厅（即新民主主义、

---
[*] 邢同和，上海现代建筑设计有限公司，2004

社会主义、改革开放时期）以及影视厅、缅怀厅、休息长廊、办公接待等空间。整个建筑采用了集中为主的布局方式，围合了小规模的绿色庭院。

内部功能区以门厅、序厅、缅怀厅为主轴线，其余管理、音像、展厅围绕主轴线呈放射状布局。展厅的布局采用了串联的方式，同时外环通廊，使展示空间的序列具有一定的灵活性。造型上采用四川传统建筑中精练出来的直线与弧线，通过交替、重叠、"三起三落""四面八方"的方式进行组合。陈列馆一字排开，3个青瓦坡形屋面，三叠三起，一起比一起高，最后耸立起一座丰碑，寓意邓小平"三落三起"的传奇人生和丰功伟绩。同时，以挺拔示刚、弧曲显柔的建筑语言，并以硬质的石材、软性的木材结合运用的手段，来寓意邓小平的人格魅力，塑造建筑的个性特征。（图6-6-1）

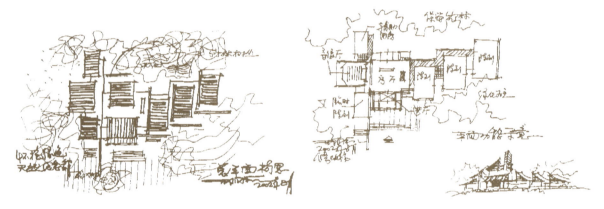

构思草图

总平面图

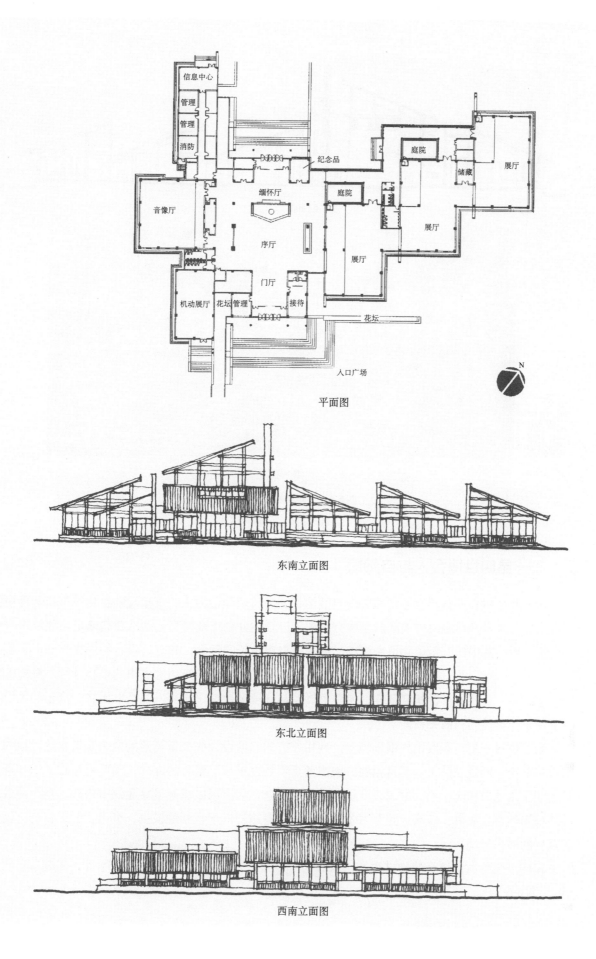

平面图

东南立面图

东北立面图

西南立面图

展陈建筑 第六章 // 355

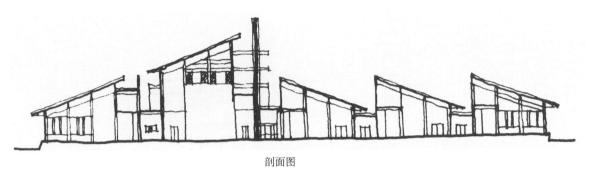

剖面图

透视图

图6-6-1　邓小平故居陈列馆

(引自建筑学报，2004年第7期)

二、昆明世博会人与自然馆*

1999年中国昆明世界园艺博览会的自然馆，人与自然和谐的主题直接反映在建筑与自然环境的结合上，并且贯穿在室内外连续的整体空间内，设计充分利用地势高差塑造建筑格局，建筑本身依势而筑，由一连串的三角单元组合而成，体现了自由生长的理念。并且，设计构思充分利用了植物生态方面的线索，从三叶草的形态中提炼建筑基本单元，整个建筑仿佛成串的植物叶片，室内外空间紧密结合，互相借景、相互延伸，使整个展馆与环境融合统一。可以说是以园林、园艺的思想取得了建筑与自然的和谐关系。

为了烘托主题，在展馆外围环境上，利用原有的水塘设计成高低错落的两个观赏水池，池内自由种植荷花、睡莲及芦苇等观赏植物。展馆前后广场也进行了精心的设计，前广场布置了三叶草形状的喷泉水池及雕塑小品，表现春夏秋冬的四季主题。后广场以流泉贯穿建筑室内外。整个建筑的外环境由池水、叠瀑、流泉、花草名木及广场小品等精巧搭配，妙趣横生，突出了园艺特色，创造了良好的展示环境。

室内外装饰材料以天然饰材为主，包括花岗石、天然鹅卵石、碎青石、实木等，尽量与自然贴近。(图6-6-2)

---

* 曹理，昆明市建筑设计研究院，1999

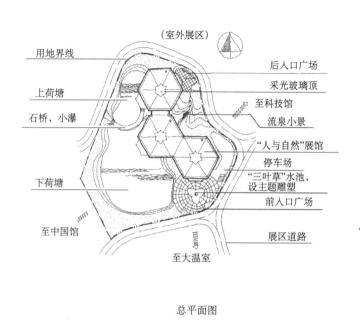

总平面图

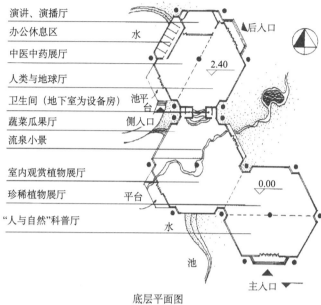

底层平面图

透视图

图6-6-2 昆明世博会人与自然馆

（引自室内设计与装修，1999年第5期）

三、威尔士国家植物园大玻璃温室[*]

威尔士国家植物园的大玻璃温室坐落于卡马森郡梯维（Tywi）山谷中，是230hm²的公园的景观中心。这个玻璃温室是世界上最大的单跨玻璃温室，容纳了1 000多种植物，其中很多是濒临灭绝的品种。它倾斜的椭圆形外壳形成了环形的屋顶，尺度大约99m×55m，像一个玻璃小山丘从地面膨胀起来，与周围起伏波动的地势融合在一起，只是利用玻璃的材料在环境中凸显出来。

这个温室代表了现代植物园温室的技术发展方向，建筑使用计算机控制的系统对内外环境进行监控，可通过调节供热系统及开关屋顶的釉面扣板以达到理想的温度、湿度和空气流通状态。

在混凝土基础里面布置了公共场所、自助餐厅，还有教学空间和服务设施。建筑的主要热源是一个生物锅炉，置于公园的能量中心，主要燃烧木材。屋顶收集的雨水可以作为"中水"用于灌溉和冲洗厕所，而厕所排出的废水在进入河道前又可先经过芦苇河床的处理。（图6-6-3）

总平面图

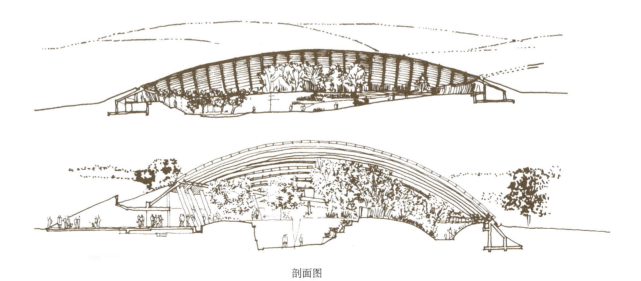

剖面图

---

[*] 福斯特及合伙人事务所

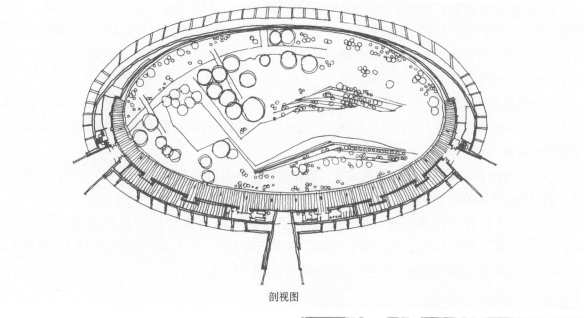

剖视图

鸟瞰图

内景

图6-6-3 威尔士国家植物园大玻璃温室

(引自世界建筑，2002年第1期)

四、石家庄盆景艺术馆[*]

石家庄盆景艺术馆位于石家庄植物园新区，占地面积3hm²，建筑面积约4 000m²，包括一个小型博物馆、三个展厅、一个钟塔、一个插花与陶艺馆、一个茶室和咖啡馆、一个山顶水院和一个小型日式园。

整个建筑组群采用现代建筑的手法和理念来演绎传统园林的空间意境，没有用通常盆景园采用的传统的亭台楼阁形式，而多以更加本源的方式呼应东方精神。在布局中，两堵从圆形山顶水院延伸出的高墙，将视线导向辽远的西部群山。

---

[*] 蔡凌豪，北京林业大学园林学院，2003

建成的石家庄盆景艺术馆由七组建筑和庭院序列组成，它们分别是入口序列、下沉水院、展厅序列、插花与陶艺馆、茶室、山石展馆以及山顶水院。用地被S形的建筑序列分为三个部分：西部的展览建筑群，东南部的中央湖区，北部用人工堆就的山体获得游览路线的高度变化，并遮挡北侧的工厂。主体建筑置于湖面的西侧和北侧，介于山水之间，具有了符合传统意境的背景。

整个组群中，水形成了一条隐藏的序列，山顶水院曲折下流的溪水在山石展馆后院汇聚后，汇入中央湖区，湖水在西南方向通过直桥跌入下沉水院。建筑序列和水系交织成多层次的丰富空间和多角度的视景。

不同内容的展馆都有各自的景观领域，插花与陶艺馆与山坡上矗立的钟塔形成对话关系，茶室、展廊构成艺术馆的主要视觉面。

建筑单体吸收了古典园林元素的概念，但构成的是具有文化底蕴的现代"厅""廊""桥""院""巷"。建筑和墙体只存在白、浅灰、深灰三种色彩，以不同的叠加方式构成对深度和节奏的呼应，其余都保持在简约、冷静、退隐的状态。（图6-6-4）

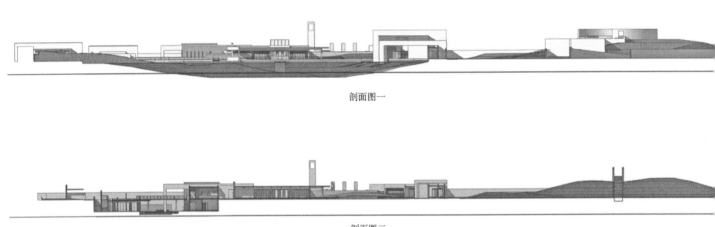

剖面图一

剖面图二

剖面图三

剖面图四

剖面图

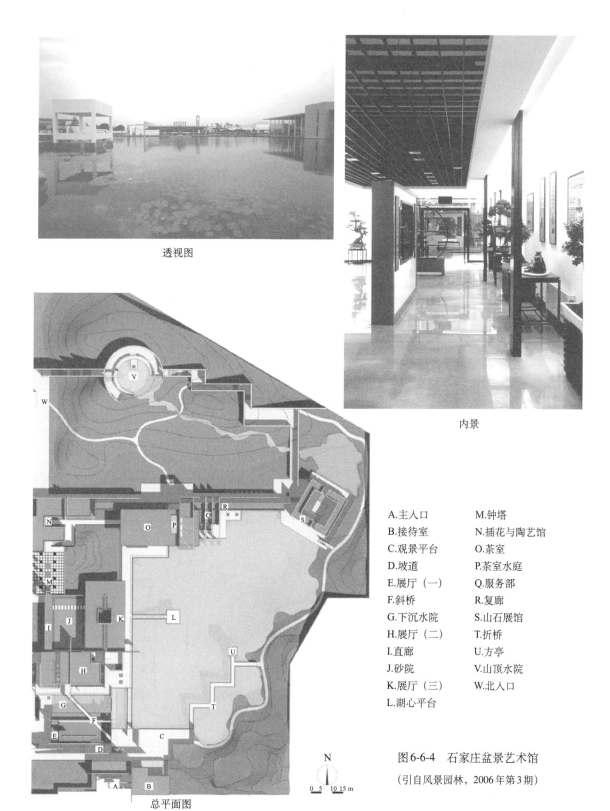

透视图

内景

A.主入口　　　M.钟塔
B.接待室　　　N.插花与陶艺馆
C.观景平台　　O.茶室
D.坡道　　　　P.茶室水庭
E.展厅（一）　Q.服务部
F.斜桥　　　　R.复廊
G.下沉水院　　S.山石展馆
H.展厅（二）　T.折桥
I.直廊　　　　U.方亭
J.砂院　　　　V.山顶水院
K.展厅（三）　W.北入口
L.湖心平台

图6-6-4　石家庄盆景艺术馆

（引自风景园林，2006年第3期）

总平面图

五、英国纽卡斯尔植物园温室*

英国纽卡斯尔植物园温室是纽卡斯尔大学（Newcastle University）的植物收藏所，室内空间高

---

* 威尔金森·艾尔建筑有限公司，2003

内景

透视图一

透视图二

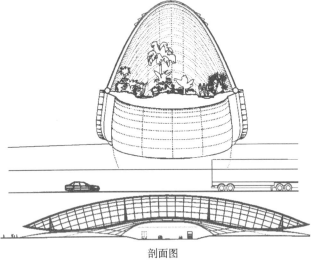
剖面图

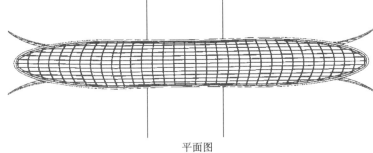
平面图

图6-6-5 英国纽卡斯尔植物园温室

（引自世界建筑，2006年第6期）

12m，被从屋顶悬挂下来的一系列屏障分割成温度不同的区域。桥的平面布局暗示了植物按照纬度的不同分布，在建筑的中部种植热带植物，端部种植沙漠中的植物。这样一来，参观者在进入热量散失较少的中心区时，先经过两端温度相对较低的"热屏障区"。

这座温室规模不大，但是整体的造型构思和布局却非常有意义，在造型上形成了"桥"的概念，并成为该城市一个重要的标志性入口，改善了摩尔镇和市中心以及泰恩河的关系，是一个非常引人注目的地景艺术。（图6-6-5）

六、重庆南山植物园展览温室[*]

由于重庆带有酸性的潮湿环境的腐蚀问题，南山植物园的设计方案创造性地采用了铝合金作为结构材料，而不是常用的钢结构。铝合金本身易于挤压成型、切割加工，使覆面结构构件与承重结

---

[*] 陈荣华，重庆建筑设计院，2003

构构件合二为一。同时，为了减轻自重，选用了容重极轻的乙烯-四氟乙烯共聚物（ETFE）气囊作为覆面材料，将静荷载减小到最低程度，为采用铝合金结构创造了前提条件。

在造型上，以竹篾编成的捕鱼器具作为灵感的来源，这是一种形态自如的筛网结构。要把它变成真正的温室结构，需要解决许多前人未曾碰到的问题。采用这个形式的目的是希望创造一种自由生长的有机体，并且是一个轻盈但足够坚固的薄壳体。这样的一种形态与重庆南山特有的地形地貌协调一致并充满了生机和活力，仿佛是山丘的表皮在向上生长，体现了山地温室的特征，具有鲜明的地域特色。

在游线组织上，该温室设计有很多独特的考虑。重点不是植物本身的生境创造，而是考虑作为观赏者的人的环境生理和行为心理的需求，注重使观众渐次适应气候环境的变化，不至于觉得突然而感到不适。游览路线高低回环，变化丰富，形成了一种新的体验。（图6-6-6）

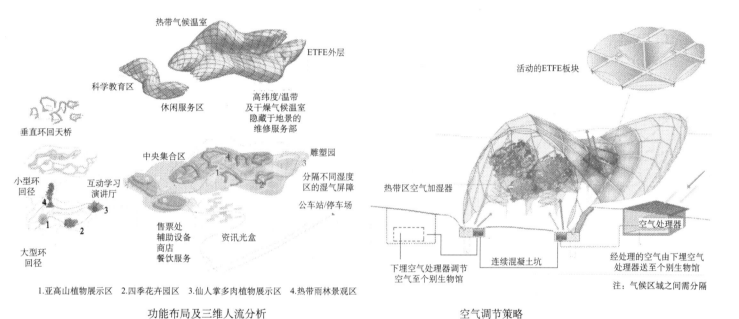

图6-6-6 重庆南山植物园展览温室

（引自建筑学报，2006年第6期）

七、贝耶勒基金会博物馆*

贝耶勒基金会博物馆的设计者为伦佐·皮亚诺。该博物馆位于瑞士巴塞尔附近瑞亨贝罗沃公园内，自1997年10月18日开放以来，该城市围绕这一建筑明显变得富裕起来。位于瑞亨村庄中心边缘的公园，与现有的农庄建筑很好地协调起来。山坡以及其上的葡萄藤和大量的樱桃树、雄伟的绿色丘陵构成了完整的景观。

该建筑作为展陈建筑的技术性，主要是通过解放屋顶，形成独特的采光方式。一个水平放置的屋顶桁架延展在一个支架上，仿佛是漂浮在土地或墙壁上。这个网络状的玻璃屋顶结构，以其明显性、透明性和轻巧性表明了建筑的高挑和解放。

建筑内部非常简洁干净，内部空间面向公园之间的连接形成引人注目的标志性景观。墙的比例、采光方式、空间的开敞特性，使得内部展示的艺术画面能够时常与外部的自然画面形成对照。（图6-6-7）

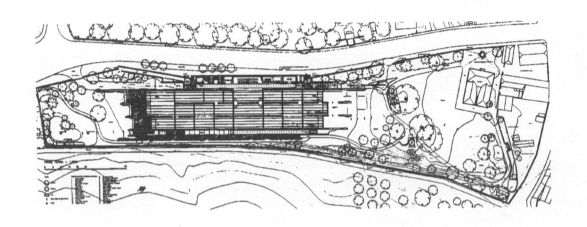

平面图

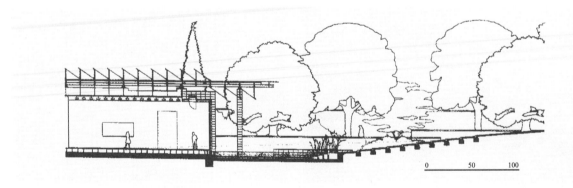

剖面图及详图

---

* 伦佐·皮亚诺

透视图

鸟瞰图　　　　　　　　沿街外墙　　　　　　　入口水池

图 6-6-7　贝耶勒基金会博物馆

（引自 Vittorio, Magnago Lampugnani, ed. Museums for a new Millennium Concepts Projects Buildings. Munich：Prestel, 1999）

八、"昆蒂利尼别墅"考古发现储存间*

"昆蒂利尼别墅"是一栋古老的罗马别墅,建造于哈德良时期,周围有剧场、浴场等场所,现已成为一个对公众开放的考古公园。考古发现储存间建筑位于"昆蒂利尼别墅"考古区域内,是一个用于庇护、清理和储存从附近挖掘区出土的考古文物的临时建筑,构思的理念是充分考虑历史和自然环境。附近古罗马时期的蓄水池、周围植被的色彩、形成建筑景观的不同天际线等都对建筑的设计产生重要影响。

这种开发模式和公园及建筑的生成,很能体现国外的风景建筑的特点:建筑成为环境的主角,而环境对建筑的生成起到重要的作用。在这个例子中,周围的环境对建筑材料的选择产生了影响。建筑采用了强化玻璃和耐候钢。玻璃反射出不同的天气变化情况,耐候钢围合了建筑的其他部分,并在自然氧化的过程中逐渐产生与周围环境色彩相融合的变化。油漆面镀锌钢是主要的框架材料,填充其间的绝缘板在朝向室内的一侧以钢板覆盖,室外的一侧用耐候钢贴面,它同时也是屋顶的材料。背立面采用水平向线条分割以降低建筑体量的厚重感,营造与附近古代罗马蓄水池相类似的低矮、延伸的意向。(图6-6-8)

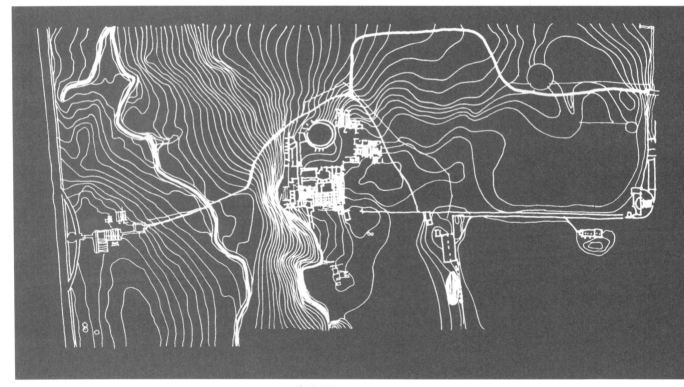

总平面图

---

* N!工作室,路易吉·费莱蒂奇建筑师事务所,2006

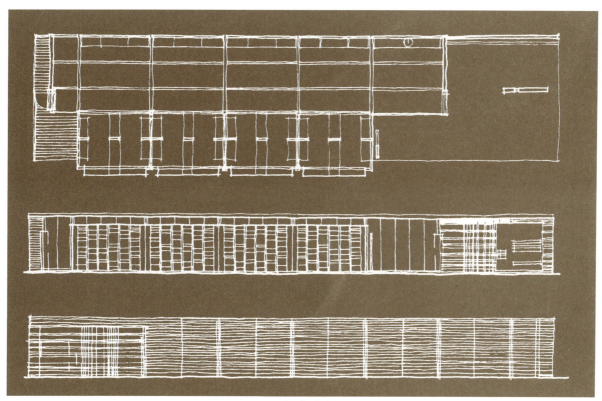

平、立面图

透视图

入口透视图

顶部透视图

图6-6-8 "昆蒂利尼别墅"考古发现储存间

（引自世界建筑，2006年第9期）

九、广州动物园河马池

广州动物园位于广州市先烈中路，于1958年建成开放，占地面积42hm²，目前饲养和展览国内外400多种近5 000头（只）动物，年接待游客300万人次，是我国三大城市动物园之一。园内的动物按昆虫类、两栖爬行类、鸟类、灵长类、猫科动物、草食动物分区展出。既有我国特产的珍稀动物大熊猫、金丝猴、华南虎、麋鹿、坡鹿、黑颈鹤等，也有来自世界各大洲的黑猩猩、长颈鹿、非洲象、河马、斑马、犀牛、黑天鹅等珍禽异兽。

河马池位于动物园中的山脚部分，是一个营造环境意向超越建筑意向的实例。整个动物馆以礁岩堆砌，环绕中央的水面，周围植以棕榈树丛，模仿河马产地热带沼泽地的情趣。

建筑部分相对简单，与整个水面、铺装构成环形布局，内部包括兽舍、室内水池，是河马栖息的场所，另外还有一小间管理用房。周围的绿化、矮墙、围护栏杆等形成了河马池环形的场所限定。（图6-6-9）

外景

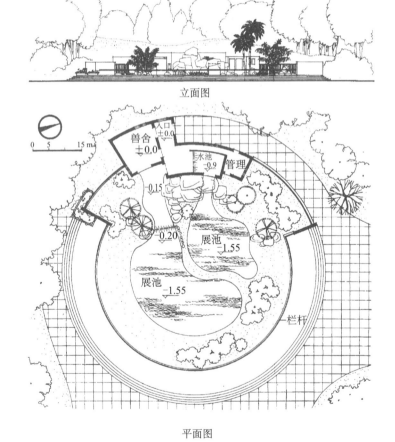

立面图

平面图

图6-6-9 广州动物园河马池

十、上海动物园虎山

上海动物园位于上海市西南端,所处区域生态环境优美,是上海市区最佳的生态园林之一。

由于猛兽生活环境的特点,需要营造的环境范围较大。上海动物园的虎山更像人造山丘,建筑只是山丘中的洞穴。建筑采用混合结构,外塑水泥山面,形成高低起伏的山势。山脚洞穴深邃,峭壁临池,绿藤攀附其上,险峻的环境塑造很好地表现了猛兽的凶猛特性。

馆舍建筑的内部主要是虎笼,是猛虎栖息的场所。隔离室、饲料室、管理室等内部空间偏于一隅。游客与猛虎之间有隔离用的管理廊道。在室外猛虎活动的场所边缘,也有宽达10m的隔离水沟,并且还设有安全护栏。

整个建筑的前后有不同的设计意向,正面是具虎山意境的对老虎生存环境的模仿场所,背后则是通常的动物馆参观大厅。西侧有独立的内部人员的出入口。整个建筑流线清晰,分区明确。(图6-6-10)

外景

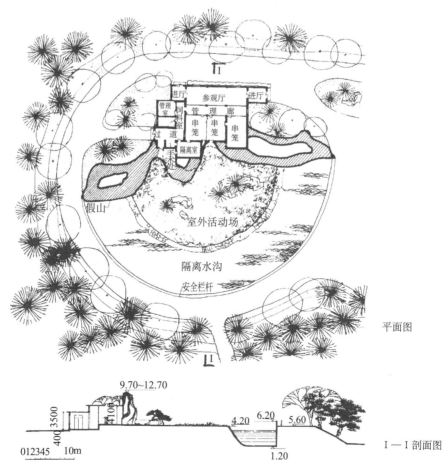

平面图

I—I 剖面图

图6-6-10 上海动物园虎山

十一、上海虹口公园艺苑

上海虹口公园现在又叫鲁迅公园,坐落于四川北路,占地面积28.63hm²。始建于清光绪二十二年(1896年),是上海主要历史文化纪念性公园和中国第一个体育公园。公园中的文娱活动区位于西南部,设儿童园、大型游艺机活动区和艺苑展览馆。

艺苑展览馆是一组中国庭园式建筑,整组建筑采用传统园林的手法,内外空间结合,形成了富有情趣的三进院落,内有两个展览厅,主要展出花卉、盆景、书画和手工艺品等。两个展厅以展廊连接,并根据展厅的规模,在相对隐蔽的位置布置了附属用房如接待、储藏、美工、休息室等。工作人员有单独的入口,位于美工室的东北侧,与正面游客的流线分离。(图6-6-11)

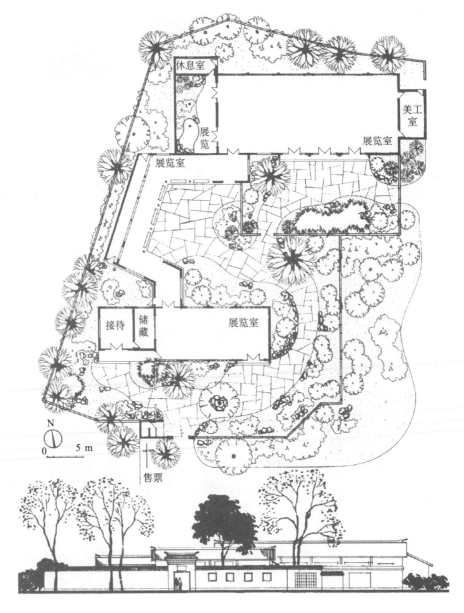

图6-6-11 上海虹口公园艺苑

十二、上海复兴公园展览温室

复兴公园是上海最早兴建的公园之一,是全市唯一的法式公园,为规则式园林布局,偏西南部递变成自然式。

公园的展览温室相对集中,以传统园林的手法设置了多个院落。内部展示空间以单一串联式布局形成一个曲折的廊道状展示温室。在温室东北侧配有辅助用房,包括接待室、男女厕所,还有管理用房等,并设有单独的出入口。管理用房与玻璃温室之间通过露天的园路相连。(图6-6-12)

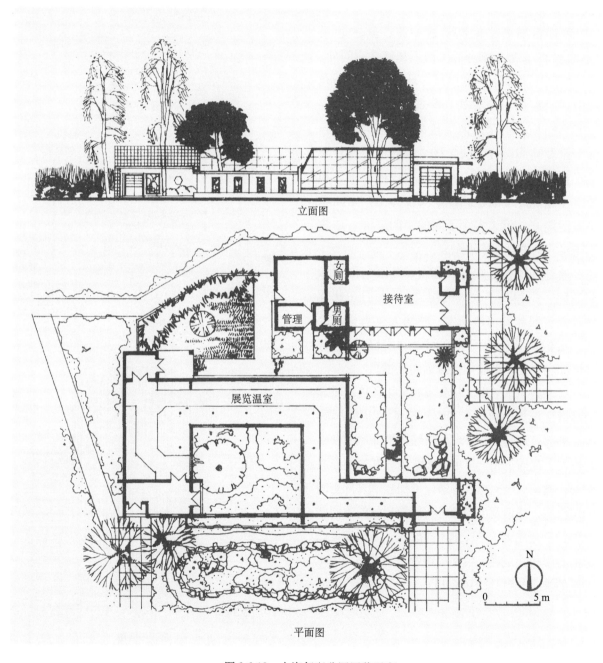

图6-6-12 上海复兴公园展览温室

十三、萧娴纪念馆*

萧娴是我国著名的女书法家，萧娴纪念馆位于南京浦口求雨山文化公园内。纪念馆总体布局分为三部分，分别以仿建故居、展厅、墓园为主，形成一个院落。

整个建筑布局按照主题空间的方式组织并展开。入口部分从故居开始。仿建故居部分由三个小体量的传统建筑构成，与展厅部分形成前院，主题为"田园情趣"，以竹篱笆、花草树木映衬建筑，追求质朴纯真的情调。人们可以在此感受传统的文化气息，此处也成为从喧嚣都市进入展厅之前的过渡空间。

展厅区域各空间围合成中院，其主题是"书法艺术"。展厅部分除了门卫和储藏空间外，还包括五个大小不等的展厅，环绕中央的小庭院形成合院的布局方式。参观流线清晰明了，呈环形布局。主厅是两层楼高度的共享空间，从天窗及高侧窗打入的光线柔和舒适，充分满足了自然照明的要求，并且具有拔风作用，利于自然通风。平面柱网以小尺度为主，空间采用灵活隔断，形成大小不同的空间展面，适合不同尺寸的书画艺术展示。

通过展厅休息廊进入墓园，墓园与展厅形成后院，主题是"永久的纪念"。人们在此凭吊萧老，回味其书法艺术，感悟人生真谛。至此，人们从开始喧闹的空间走到宁静的墓园，心情彻底平复，更能体悟深远的意境。

考虑到与求雨山文化公园的绿化环境、毗邻的林散之纪念馆白墙灰瓦的建筑风格相互协调，展厅外部处理为白色外墙、灰绿色平瓦屋面及红色构架，瓦面亚光。单坡屋面背墙端部开洞形成构架，使前后空间相互渗透，增加建筑外部空间的层次感。檐墙及山墙面皆有精细划分的不同线装饰，且分成粗、中、细不同层次，与檐墙上凸起的石块相映成趣，给整个馆舍增添了书法艺术殿堂的神圣气氛。（图6-6-13）

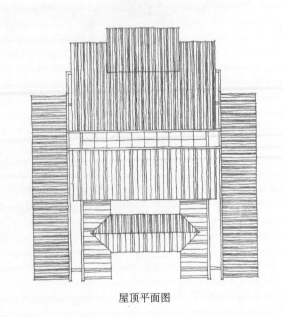

平面图

屋顶平面图

---
* 傅雪梅、姚晨、姜丛梅，1998

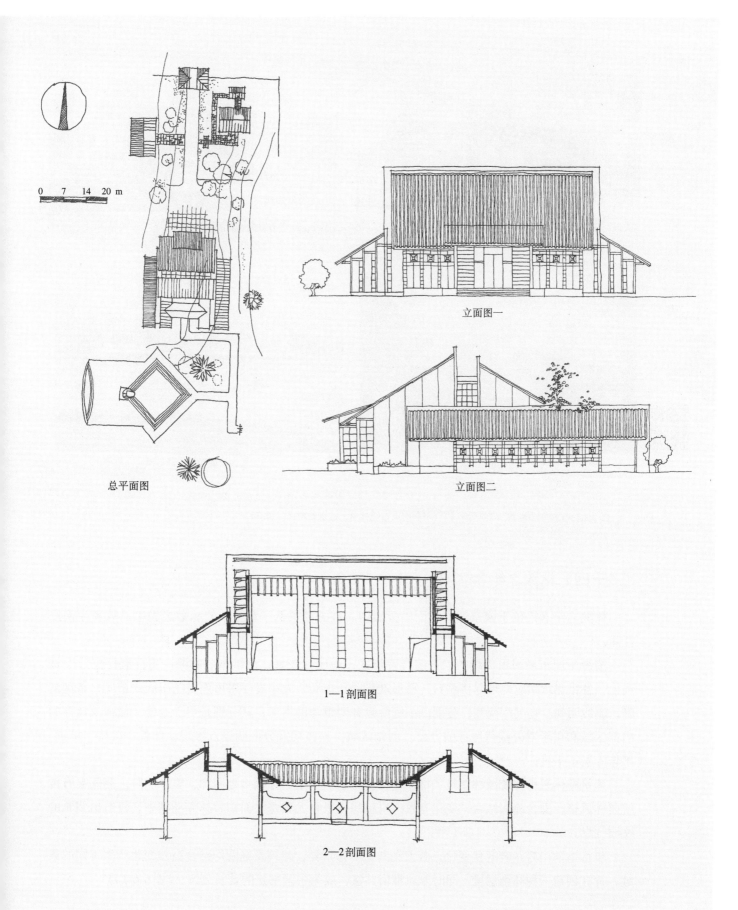

总平面图　立面图一　立面图二　1—1 剖面图　2—2 剖面图

展陈建筑　第六章 // 373

透视图　　　　　　　　　　　　　　　　主馆正面

入口　　　　　　　　　　　　　　墓园与展厅形成的后园

图6-6-13　萧娴纪念馆

(引自南京市园林局，南京新园林，2003)

十四、林散之纪念馆*

林散之纪念馆位于南京浦口求雨山公园内。被誉为书法"草圣"的林散之先生的故乡为南京江浦。

馆舍平面布局采用传统的二进四合院形式，封闭性较好，便于布展收藏。主要展厅位于中轴线上，各组建筑顺应地形起伏跌宕，随形就势展开布局。大小展厅采用连贯的串联式布局，条理清晰，流线明确。在展厅两侧，分别以小庭院隔开两组辅助用房，其分别是用于办公、住宿及储存的内部区域和用于对外接待服务的办公、创作区域。整体功能分区明确，参观、休憩、接待、培训、工作等互不干扰。

建筑整体采用传统园林建筑风格，结合山势起伏多变，穿插多处回廊、室外山阶。空间富有传统园林风格，围合疏漏结合，变化有致。自然绿化景物尤其是大面积竹林穿插其中，营造出儒雅的文园气息。

步行道顺山势跌宕起伏变化，游人在其上步移景异，建筑及庭院均结合高差变化产生不同的景趣，旨在创造一种高雅意境，同时兼顾雅俗共赏，成为中国书法的普及之园。(图6-6-14)

---

* 李蕾、刘源新、傅雪梅，1997

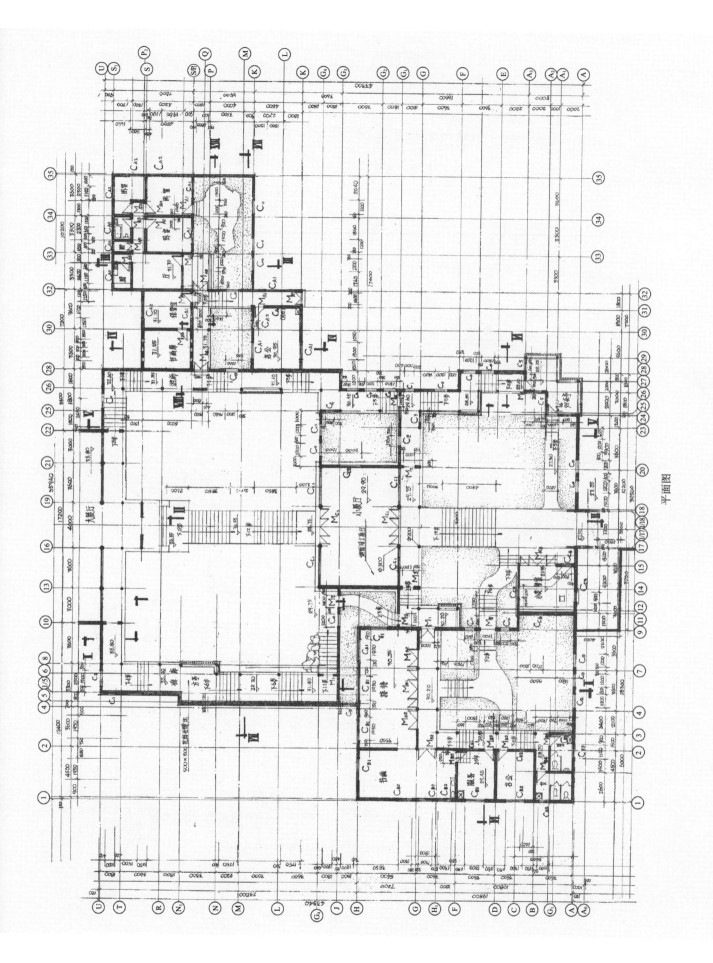

平面图

展陈建筑 第六章 // 375

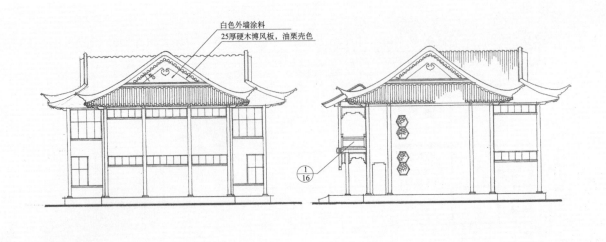

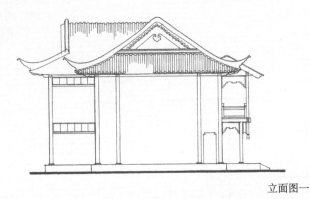

立面图一

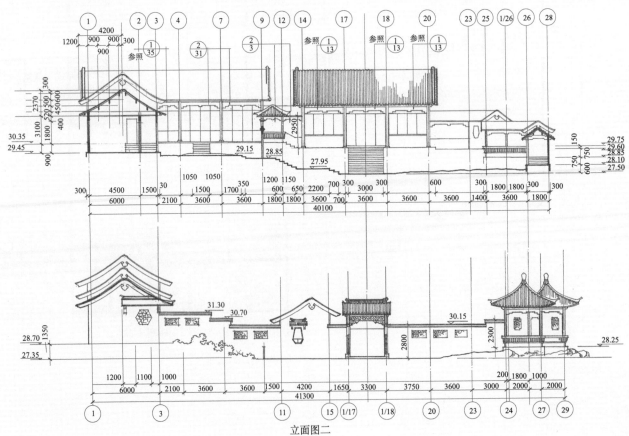

立面图二

376 // 园林建筑设计 第二版

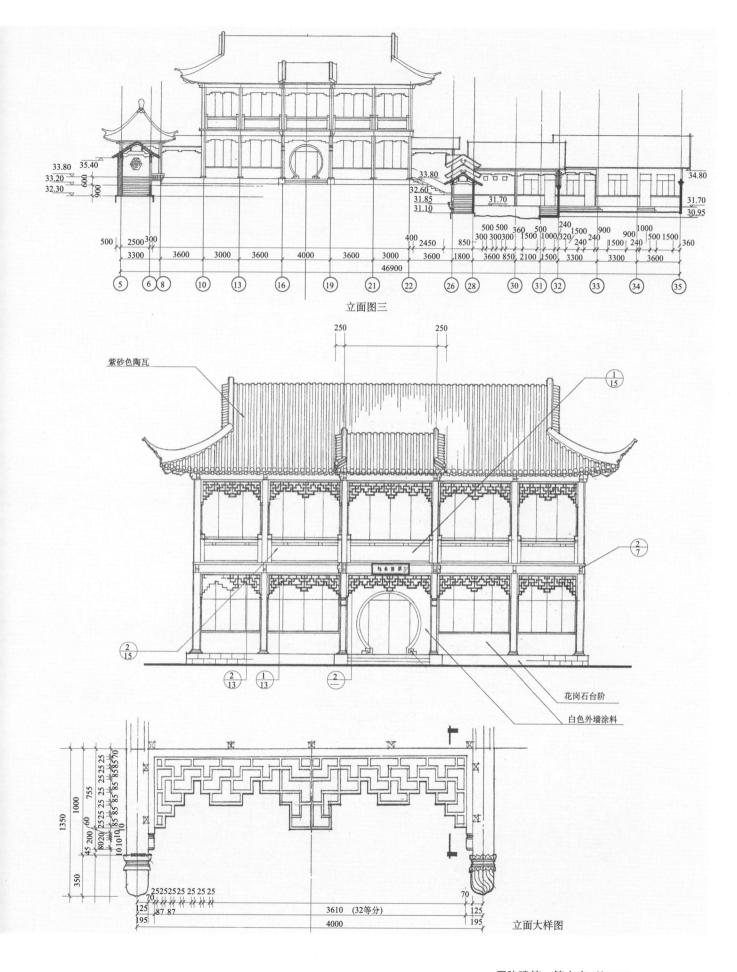

立面图三

紫砂色陶瓦

花岗石台阶
白色外墙涂料

立面大样图

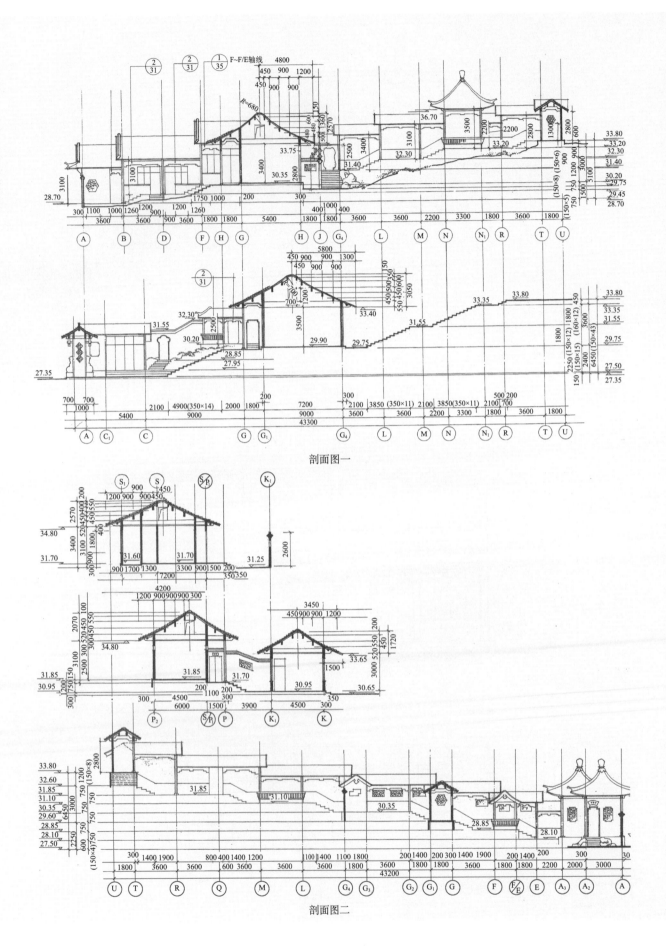

剖面图一

剖面图二

入口透视

匾额碑廊

入口塑像

图6-6-14 林散之纪念馆

（引自南京市园林局，南京新园林，2003）

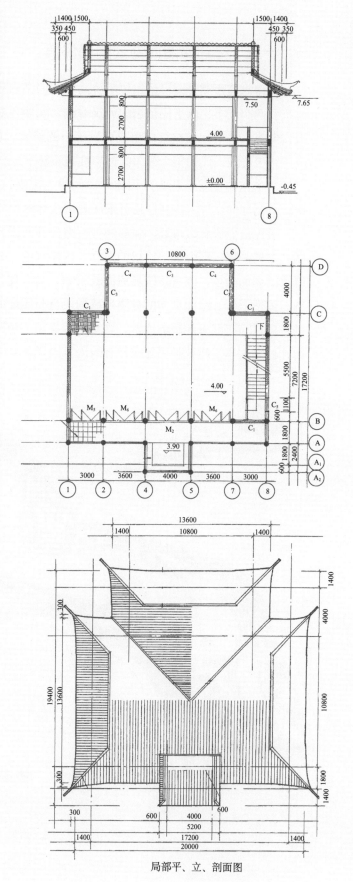

局部平、立、剖面图

十五、福建漳浦西湖公园民俗馆*

福建漳浦西湖公园民俗馆位于公园中部的湖心岛上，是整个公园的视觉中心。岛上共包括两幢建筑及两个亭子，除了民俗馆的建筑群外，北面还矗立有高大的储英阁。民俗馆的平面呈1/4圆形，入口向东。民俗馆与储英阁组成有机统一的整体，并与岛的形状相吻合。两组建筑一个高大挺拔，一个水平舒展，成为整个公园的标志性建筑群。

民俗馆的主要功能为陈列当地民间手工艺品，门厅取敞开的形式。按顺时针方向组织参观路线，自门厅向左进入陈列厅后可依次观赏全部陈列内容。

展厅沿弧形周边布置，弧形的外边面向湖面展开，具有很好的景观视角。环形的展示空间为串联式布局。展厅围合成一扇形的内庭，内设水池，并一直延伸到入口之外。整个建筑最具特色的是厚重的屋面造型，既有传统坡屋面的精髓，又有现代建筑的简洁与肌理。底层的斜坡与屋面顺势同构，浑然一体。屋面穿插的分隔片墙的浅色与屋面的深灰色产生对比，使得整组建筑既有南方建筑的轻巧，又有北方建筑的浑厚。马头山墙提示了孕育着的传统，自然曲面的坡顶又表达了对现代的向往。在这里，建筑师用建筑特有的语言诠释了乡土建筑与现代生活碰撞的火花。（图6-6-15）

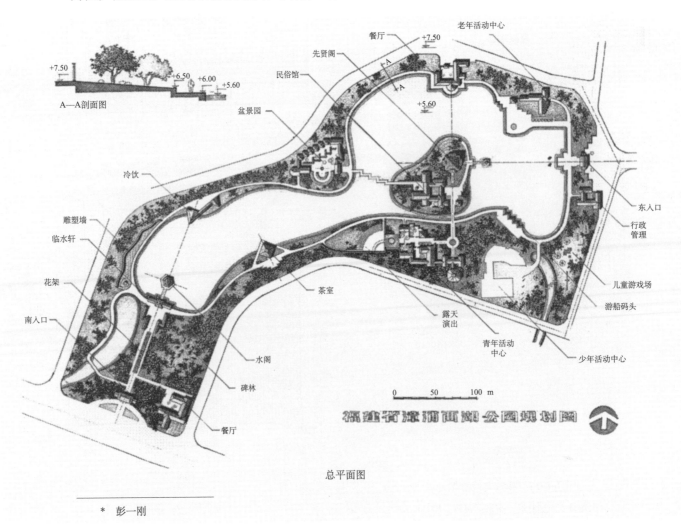

---

* 彭一刚

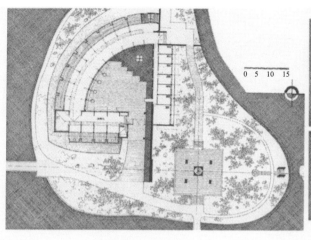

民俗馆、储英阁平面图　　　　民俗馆、储英阁屋顶平面图

民俗馆、储英阁东立面图

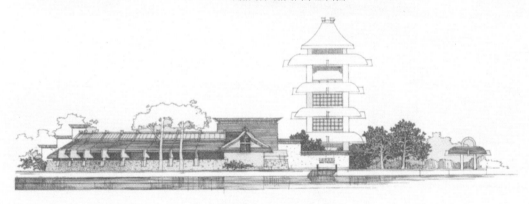

民俗馆、储英阁南立面图

民俗馆、储英阁西立面图

透视图1

透视图2

北立面片段

剖立面片段

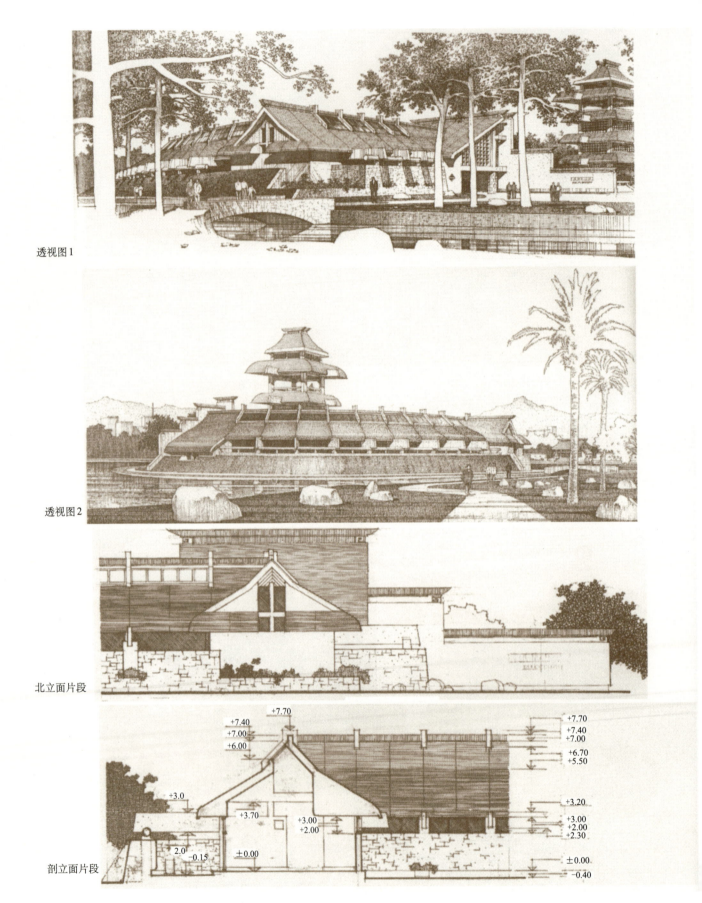

图6-6-15 福建漳浦西湖公园民俗馆

(引自彭一刚,感悟与探寻,2000)

十六、高二适艺术馆*

高二适艺术馆位于南京浦口求雨山公园内，总占地面积约0.54hm²，由主展馆、墓园两部分组成。

入口部分设有接待室、值班、画库、管理等辅助用房。考虑到与山势相呼应，在建筑四面方向上都设有独立的对外出入口，与室外露台相连，增加了参观流线的灵活性。同时四面露台也是自然景观与人工景观之间过渡的桥梁与连接的纽带。

展馆西面入口巧妙利用地势落差，形成长长的单坡屋顶，内部空间跌宕有致，变化丰富，气韵相连。展厅的组织没有采用传统的平面串接的方式，而是顺应地势，充分利用高差，在展厅空间内部有节奏地形成多级平台，依次跌落，在同一个单向坡顶下，实现多空间的共享与分隔。这种空间套空间的组织方式体现在每一个展厅之中。在建筑体量的平面组织上，围绕中央的四跑楼梯形成风车状布局。屋顶的坡向也随着风车的几何规律四面铺开，共同营造出顺应山势的中心体量。

建筑物门窗采用黑色铝合金框，饰面玻璃为白玻璃和浅烟灰色镀膜玻璃，配合浅色的外墙，营造出建筑秀气而沉稳的格调，充分体现高二适先生庄重、严谨的学术风格。（图6-6-16）

透视图一

内景

透视图二

透视图三

内部台阶

---

* 单踊，东南大学建筑学院，2000

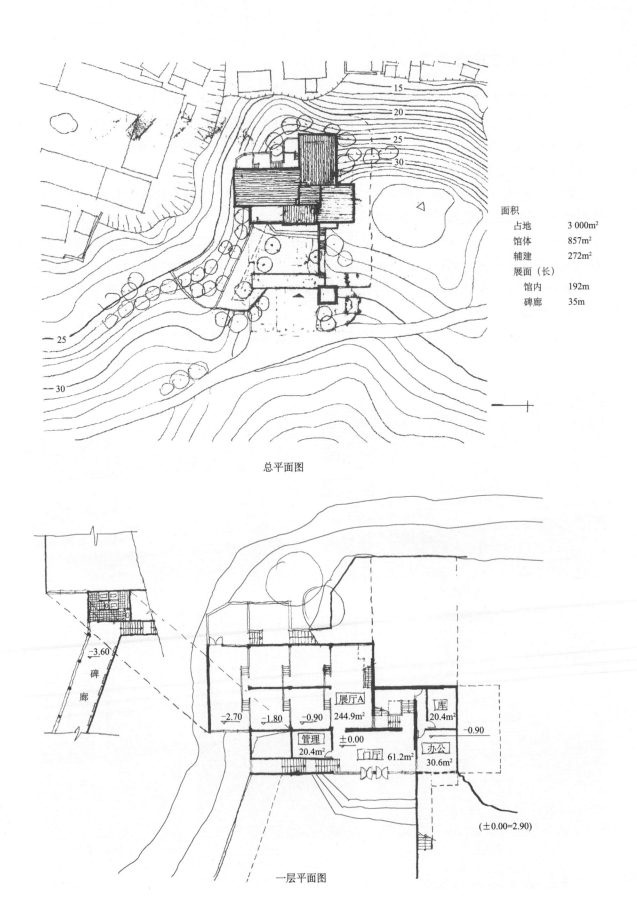

总平面图

面积	
占地	3 000m²
馆体	857m²
辅建	272m²
展面（长）	
馆内	192m
碑廊	35m

一层平面图

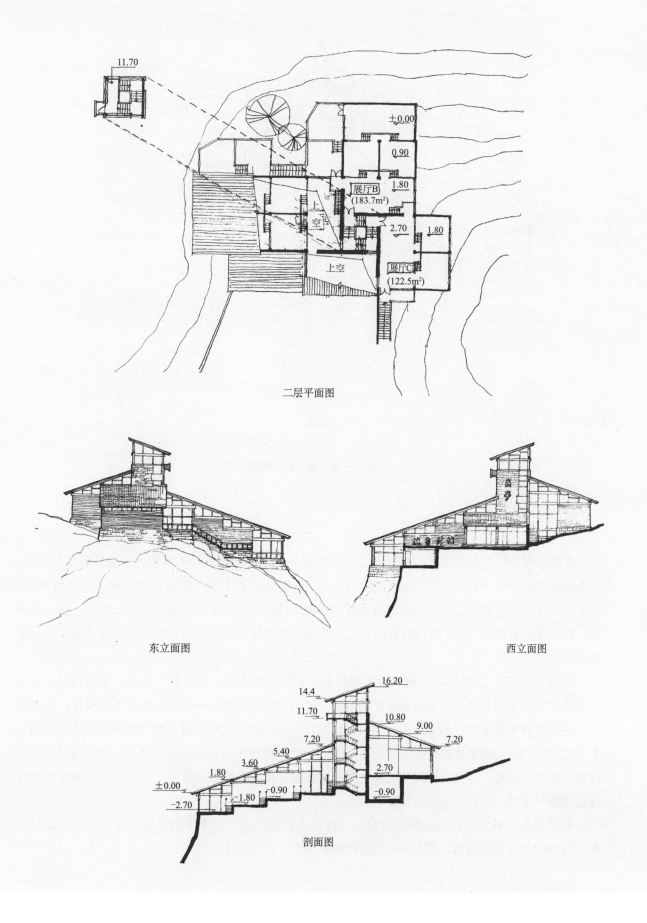

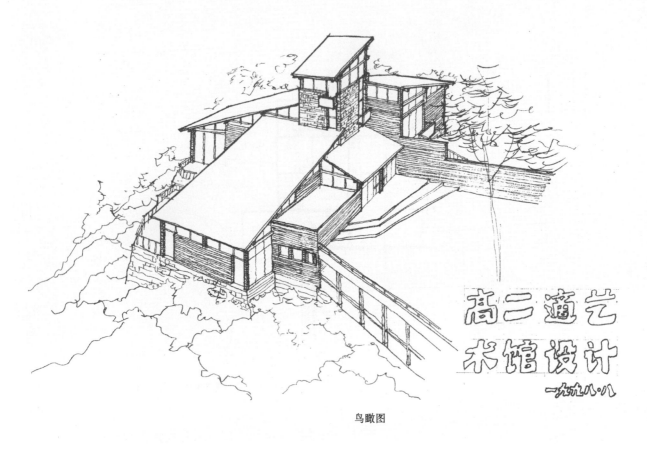

鸟瞰图

图6-6-16　高二适艺术馆

十七、林散之艺术馆*

安徽马鞍山的林散之艺术馆是林散之先生的作品陈列馆。林散之艺术馆设计为传统园林风格，占地面积3 800m²。绿草茵茵的庭院里的台地上呈L形分布着主馆、副馆和学术馆三个传统建筑。其中，主馆以茅草为顶，相对独立，副馆和学术馆连接在一起，采用的是传统的瓦屋面。除了屋顶外，整个建筑群浑然一体，粉墙红窗的仿古风格突显出优雅闲适的气息，建筑依坡度高低变化，错落有致。

主馆名为"江上草堂"，内藏林散之先生各个时期的代表作一百余幅，大多为草书精品，先生生前所作写生画稿及诗作手稿则保存于副馆内。主馆内空间完整，中央竖立着先生的铜像。主馆的上空采用玻璃采光天窗，内部运用轻巧的吊顶取得柔和的照明光线，满足馆内的采光需求。副馆与学术馆通过门厅与踏步连接，副馆的展厅与学术馆的接待创作综合厅各置于两端，中央通过创作研究室、画库、值班、办公、储存等辅助空间进行连接，保证功能相对独立，互不干扰。副馆的展厅通过连廊与主展厅相连，功能流线简洁清晰。

庭院里有几株史前时代的树木遗骸——硅化木默然伫立，与草堂内先生晚年自述中曾以"散木"自号的内容相得益彰，成为一处点睛的构思理念。（图6-6-17）

---

* 单踊，东南大学建筑学院

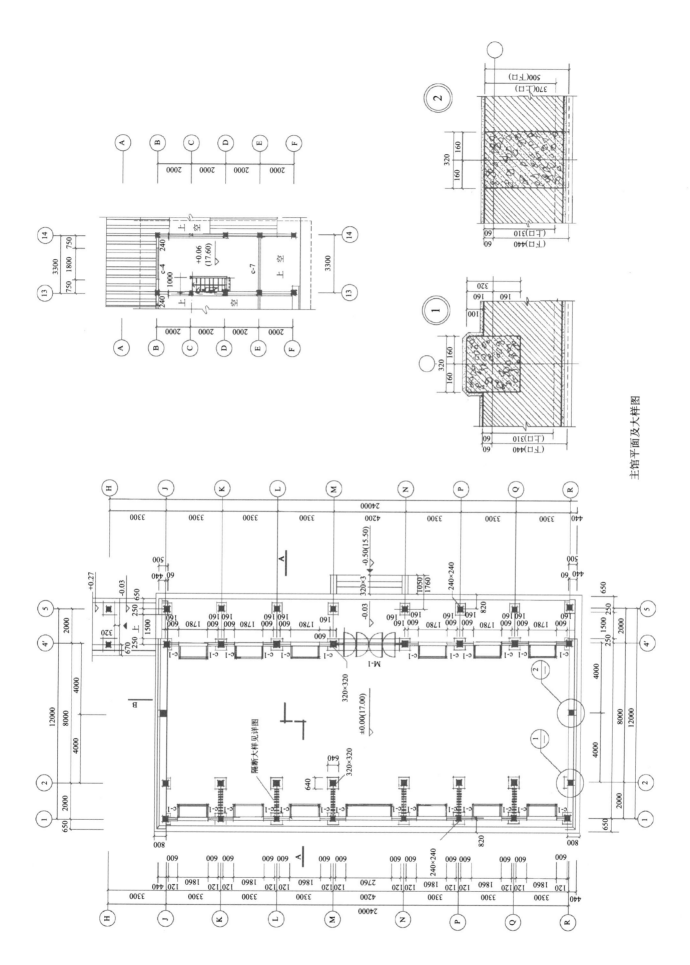

主馆平面及大样图

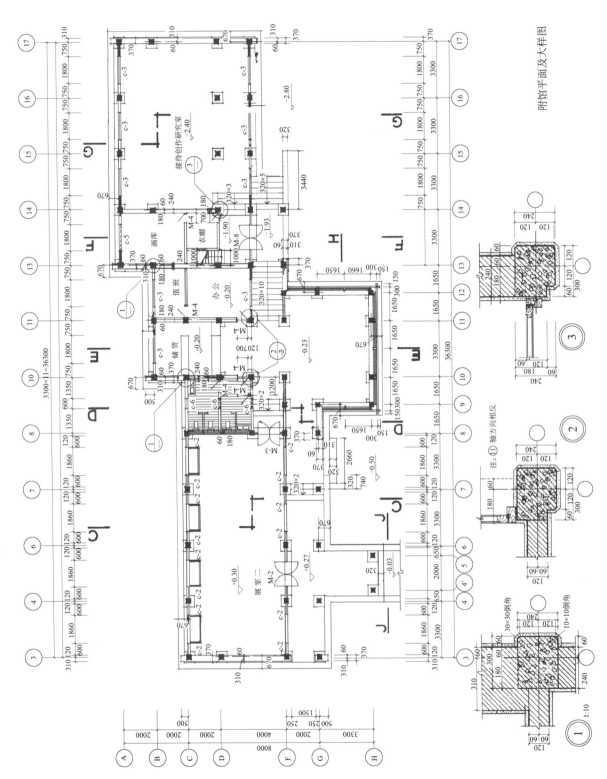

附馆平面及大样图

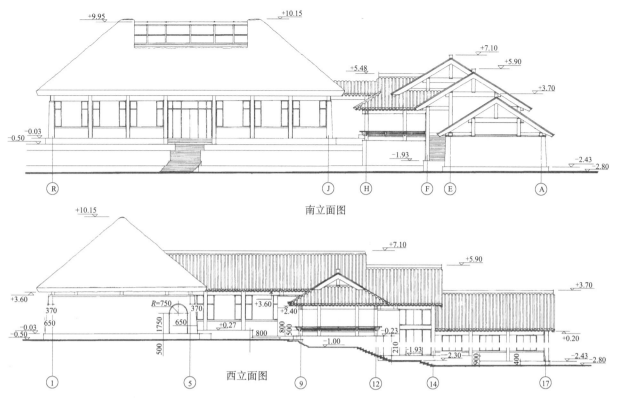

南立面图

西立面图

透视图一

透视图二

透视图三

透视图四

入口

内景

图6-6-17 林散之艺术馆

十八、昆明西华园标本陈列室及接待室*

标本陈列室及接待室是昆明西华园的主体建筑之一，位于园区的北侧。所有建筑都围绕花区布置，建筑形式以云南白族民居为设计蓝本，采用"三坊一照壁""四合五天井"的平面布局。标本陈列室与接待室并列，但独立成院，两者以院墙、游廊衔接。

标本陈列室有独立的天井，正面及西面为标本陈列室，东侧设有办公用房。在正南向设置了

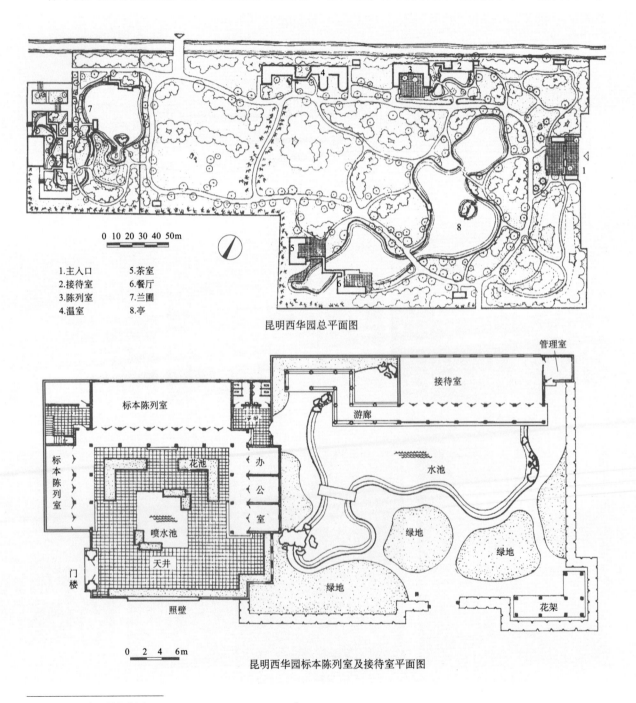

1.主入口　5.茶室
2.接待室　6.餐厅
3.陈列室　7.兰圃
4.温室　　8.亭

昆明西华园总平面图

昆明西华园标本陈列室及接待室平面图

* 昆明市园林规划院，1990

传统民居风格的照壁，而入口则开在西侧，形成门楼。整个建筑群 风格在云南传统民居的基础上有所创新，地方色彩浓郁。厕所通过小天井设置在东北侧，非常隐蔽，同时也方便使用。相对应的西侧设置了楼梯，可以到达主标本陈列室的二层部分。东侧的接待部分可以看作陈列室的辅房，虽然独立成院，但是空间布局以绿化小品为主，建筑体量只有一层，结合游廊水平向展开，与陈列室的空间部分仅仅通过厕所前的天井相连，十分隐蔽。接待部分的空间气氛十分安逸宁静。（图6-6-18）

鸟瞰图

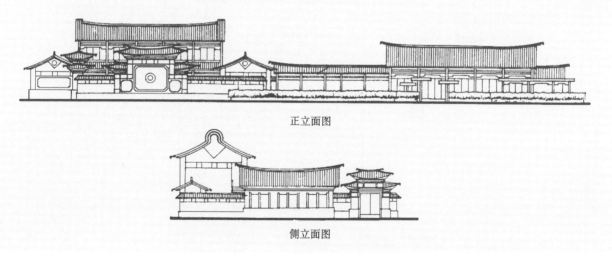

正立面图

侧立面图

图6-6-18 昆明西华园标本陈列室及接待室

主要参考文献

Emporis, 2006. 千禧年公园/美国伊利诺伊州芝加哥. 景观设计(1): 34.
安田幸一, 2004. 自然环境与高科技共生——波拉美术馆. 郭屹民, 译. 时代建筑(1): 102-109.
蔡凌豪, 2006. 空间视觉与空间运动——石家庄盆景艺术馆的创作札记. 风景园林(3): 85.
曹理, 1999. 共同的家园——1999年世博会人与自然馆. 室内设计与装修(5): 16-19.
岑健, 2004. 实现建筑与环境的协调. 建筑(7): 94.
陈雷, 李浩年, 2001. 园林景观设计详细图集2. 北京: 中国建筑工业出版社.
陈谅闻, 1998. 环西湖各类旅游建筑的合宜性讨论. 杭州大学学报(自然科学版), 25(1).
陈荣华, 2006. 重庆南山植物园展览温室设计. 建筑学报(6): 76-77.
陈薇, 朱光亚, 胡石, 2003. 不可预见因素对建筑设计的影响——从三台阁设计谈起. 建筑学报(9): 56-57.
杜汝俭, 李恩山, 刘管平, 2001. 园林建筑设计. 北京: 中国建筑工业出版社.
杜汝俭, 1986. 园林建筑设计. 北京: 中国建筑工业出版社.
范青, 1999. 浅谈园林建筑在各种自然环境下的应变. 当代建设(4): 39.
冯钟平, 2000. 中国园林建筑. 2版. 北京: 清华大学出版社.
高鉁明, 覃力, 2003. 中国古亭. 北京: 中国建筑工业出版社.
哈德森, 2001. 博物馆建筑. 孙硕, 译. 北京: 中国轻工业出版社.
金承藻, 1991. 园林建筑设计. 北京: 中国林业出版社.
劳诚, 2000. 景观建筑创作漫笔. 安徽建筑(2): 47-49.
李景成, 朱三中, 2005. 观光亭设计与亭的应用. 四川建筑(6): 33-34.
李茹冰, 2003. 传统山地建筑视觉造型分析. 重庆建筑(2): 19-21.
梁美勤, 2003. 园林建筑. 北京: 中国林业出版社.
刘敦桢, 2005. 苏州古典园林. 北京: 中国建筑工业出版社.
刘少宗, 1997. 中国优秀园林设计集. 天津: 天津大学出版社.
刘宛, 2002. 威尔士国家植物园的大玻璃温室, 卡马森郡, 英国. 世界建筑(1): 52-56.
刘先觉, 潘谷西, 2007. 江南园林图录——庭院. 南京: 东南大学出版社.
刘永德, 1988. 建筑空间的形态·结构·涵义·组合. 天津: 天津科学技术出版社.
卢仁, 金承藻, 2005. 园林建筑设计. 北京: 中国林业出版社.
卢仁, 2004. 园林析亭. 北京: 中国林业出版社.
罗福午, 张惠英, 杨军, 2003. 建筑结构概念设计及案例. 北京: 清华大学出版社.
梅坚, 2000. 浅谈山地自然环境与山地建筑. 广西土木建筑, 25(3): 131-132.
缪朴, 2003. 黄河上的一座茶楼——小浪底公园茶室. 建筑学报(3): 48-49.
南京园林局, 2002. 南京新园林. 北京: 中国建筑工业出版社.
潘谷西, 2001. 江南理景艺术. 南京: 东南大学出版社.
彭怒, 王炜炜, 姚彦彬, 2007. 中国现代建筑的一个经典读本——习习山庄解释. 时代建筑(5): 50-59.
彭一刚, 1995. 瞻形窥意两相顾, 南北风格融一炉: 就山东平度公园规划设计谈园林建筑的承袭与创新. 建筑学报(3): 33.
彭一刚, 1999. 中国古典园林分析. 北京: 中国建筑工业出版社.
彭一刚, 2000. 感悟与探寻: 建筑创作·绘画·论文集 1994—1999. 天津: 天津大学出版社.

区伟耕, 2002. 园林景观设计资料集: 园林建筑. 乌鲁木齐: 新疆科技出版社.
区伟耕, 2006. 新编园林景观设计资料2. 乌鲁木齐: 新疆科技出版社.
孙可群, 1982. 温室建筑与温室植物生态. 北京: 中国林业出版社.
孙力扬, 周静敏, 2005. 建筑与环境景观的融合. 世界建筑(6): 83-87.
孙力扬, 周静敏, 2004. 景观与建筑——融于风景和水景中的建筑. 北京: 中国建筑工业出版社.
覃建明, 郑景文, 2005. 再识休闲建筑. 新建筑(2): 67-69.
覃力, 1995. 亭旁植物的配置与意境创造. 中国园林, 11(3): 47.
同济大学建筑系园林教研室, 1986. 公园规划与建筑图集. 北京: 中国建筑工业出版社.
王畅, 周璐, 2006. 水榭. 合肥: 安徽科技出版社.
王健, 2002. 仿古亭的设计. 安徽建筑(5): 22.
王庭熙, 周淑秀, 1994. 园林建筑设计图选. 南京: 江苏科技出版社.
王庭熙, 周淑秀, 2001. 新编园林建筑设计图选. 南京: 江苏科技出版社.
王向荣, 林箐, 2002. 西方现代景观设计的理论与实践. 北京: 中国建筑工业出版社.
王信, 2002. 渗透可持续发展理念的新简约主义建筑——对瑞士Giornico雕塑博物馆的透析. 华中建筑(1): 8-10.
吴璟, 卜菁华, 2003. 地域环境特征的建筑表达——中国茶叶博物馆国际茶文化交流中心设计思考. 建筑学报(4): 37-40.
吴人韦, 2000. 梦的逻辑——方塔园创作. 建筑学报(1): 51-52.
厦门大学建筑系, 1999. 当代中国建筑师: 黄仁. 北京: 中国建筑工业出版社.
肖风雪, 吴为廉, 2003. 中国古亭的建筑意及环境观. 南方建筑(3): 75-77.
邢同和, 2004. 邓小平故居陈列馆. 建筑学报(7): 54-57.
余树勋, 2000. 植物园规划与设计. 天津: 天津大学出版社.
余卓群, 2001. 博览建筑设计手册. 北京: 中国建筑工业出版社.
朱钧珍, 1981. 杭州园林植物配置. 城市建设杂志(专辑).
张乐峰, 2001. 中国园林建筑环境探讨. 湖南城建高等专科学校学报, 10(2): 39-40, 77.
张伶伶, 李存东, 2004. 建筑创作思维的过程与表达. 北京: 中国建筑工业出版社.
张钦楠, 1997. 从一对亭子说起……新建筑(1): 58-59.
张晏华, 2005. 避暑山庄的亭台楼阁榭建筑艺术. 文物春秋(1): 55-60.
张宇, 2000. 北京植物园展览温室. 建筑知识(1): 7-8.
钟华楠, 1990. 亭的继承——建筑文化论集. 台北: 台湾商务印书馆.
周长吉, 2003. 现代温室工程. 北京: 化学工业出版社.
周方中, 2000. 环境, 文脉, 创新: 山地建筑创作体验. 华中建筑(1): 27.
周桂菁, 1995. 风景园林建筑的功能与作用. 北京工业大学学报(2): 46-51.
朱广福, 2004. 园林中的亭与阁. 扬州文学(5): 26.
张锦秋, 2006. 大唐芙蓉园. 北京: 中国建筑工业出版社.
邹瑚莹, 2002. 博物馆建筑设计. 北京: 中国建筑工业出版社.
邹林英, 1995. 亭、廊、架在园林绿地中的应用. 中国园林, 11(3): 46.
伦佐·皮亚诺工作室, 2006. 保罗·克利美术馆, 伯尔尼, 瑞士. 世界建筑(9): 92-96.
苏珊娜·费里尼与安东尼洛·斯泰拉联合建筑师事务所, 2006. "昆蒂利尼别墅"考古发现储存间, 罗马, 意大利. 世界建筑(9).
巴尔科·莱宾格建筑师事务所, 2006. 生物圈及花卉馆, 波茨坦, 德国. 世界建筑(9): 104-109.
威尔金森·艾尔建筑有限公司, 2006. 新植物园, 纽卡斯尔, 英国. 世界建筑(6): 47-48.
El Escorial, Madid Richard C Levene. Elcroquis 1983-2000tadao ando.
Carter Wiseman, 1987. The architecture of I. M. PEI. Thames & Hudson.
Frank Loyd Wright. Life & Work
Lampugnani, Vittorio Magnago ed, 1999. Museums for a new Millennium Concepts Projects Buildings. Munich: Prestel.

图书在版编目（CIP）数据

园林建筑设计 / 成玉宁主编．—2版．—北京：中国农业出版社，2024.1

面向21世纪课程教材

ISBN 978-7-109-31503-7

Ⅰ.①园… Ⅱ.①成… Ⅲ.①园林建筑－园林设计－高等职业教育－教材 Ⅳ.①TU986.4

中国国家版本馆CIP数据核字(2023)第239223号

园林建筑设计 第二版

YUANLIN JIANZHU SHEJI

中国农业出版社出版

地址：北京市朝阳区麦子店街18号楼

邮编：100125

责任编辑：史 敏

版式设计：杜 然 责任校对：吴丽婷

印刷：北京通州皇家印刷厂

版次：2024年1月第1版

印次：2024年1月北京第1次印刷

发行：新华书店北京发行所

开本：889mm×1194mm 1/16

印张：25.5

字数：650千字

定价：59.00元

版权所有·侵权必究

凡购买本社图书，如有印装质量问题，我社负责调换。

服务电话：010-59195115 010-59194918